中文版

Photoshop CS6

平面设计 案例教程

王宇　任远　吴华堂 / 主　编
路腾飞　黄艳兰 / 副主编

中国青年出版社
CHINA YOUTH PRESS

中青雄狮

图书在版编目（CIP）数据

中文版Photoshop CS6案例教程 / 王宇, 任远, 吴华堂主编. — 北京: 中国青年出版社，2017.10
ISBN 978-7-5153-4898-8
I.①中… 　II.①王… 　②任… 　③吴… 　III.①图像处理软件–教材 　IV.①TP391.413
中国版本图书馆CIP数据核字（2017）第217840号

中文版Photoshop CS6案例教程

王宇　任远　吴华堂　主编
路腾飞　黄艳兰　副主编

出版发行　中国青年出版社
地　　址：北京市东四十二条21号
邮政编码：100708
电　　话：（010）50856188 / 50856199
传　　真：（010）50856111
企　　划：北京中青雄狮数码传媒科技有限公司
策划编辑：张　鹏
责任编辑：张　军

印　　刷：北京凯德印刷有限责任公司
开　　本：787×1092　1/16
印　　张：19
版　　次：2018 年 2 月北京第 1 版
印　　次：2018 年 2 月第 1 次印刷
书　　号：ISBN 978-7-5153-4898-8
定　　价：36.00 元（附赠资料，含案例视频教学与案例素材文件）

本书如有印装质量等问题，请与本社联系
电话：（010）50856188 / 50856199
读者来信：reader@cypmedia.com
投稿邮箱：author@cypmedia.com
如有其他问题请访问我们的网站: http://www.cypmedia.com

前言 FOREWORD

软件介绍

Photoshop是一款堪称世界顶尖级水平的图像设计软件，它是美国Adobe公司开发的图形图像处理软件中最为专业的一款，集图像设计、编辑、合成以及高品质输出功能于一体，具有十分完善且强大的功能，是目前市面上功能最强大、使用最广泛的图形图像软件之一，广泛应用于平面设计、创意合成、照片后期处理等领域。

内容提要

本书以理论知识结合实例操作和课后练习的方式编写，融入诸多长期从事平面设计教学的大师的丰富经验，全面讲解了Photoshop CS6的基础知识与操作技能。

第1~2章主要介绍Photoshop CS6软件的基础知识，帮助读者简单了解操作前的必要准备知识，包括操作环境、常用图像文件格式、启动与退出方法以及打开、创建、保存图像等简单的操作等内容。

第3~14章由浅入深，分门别类地对Photo-shop CS6的图层、通道、蒙版等重要概念进行了深入分析，并运用大量案例对图像选取、图像色调调整等基础技能进行了大量演示。

第15章运用7个具有代表性的综合案例，演示本书所涉及的理论知识的具体运用，帮助读者充分巩固前面章节所学的知识与技巧。

本书特色

◎结构由浅入深。特别针对初学者的学习特点设计的知识结构，确保读者在学习本书的过程中能循序渐进地掌握Photoshop的精髓。

◎讲解全面细致。全面覆盖Photoshop CS6的重要知识点，不仅有大篇幅的理论讲解，更运用大量的案例进行生动剖析，力求使读者更深层地理解并掌握软件的知识点及操作技能。

◎示例新颖实用。本书中所选用的大量实例都是最具代表性也是最贴近行业实际要求的案例，更能帮助读者理论联系实际，尽快达到学以致用的目的。

◎贴合考试大纲。本书按照Adobe Photoshop授课大纲编写，所有知识点均为最实际有用的知识，认真学习本书可以帮助读者迅速掌握相关知识并通过资格考试。

适用人群

本书将呈现给那些迫切希望了解和掌握Photoshop CS6软件的初学者，以及正在准备学习和继续提高的广大读者进行阅读，读者群体包含以下几类。

从零开始学习Photoshop软件知识的初学者
◎各大中专院校相关专业的师生
◎社会各级同类培训班学员
◎从早期版本Photoshop升级到Photoshop CS6的用户
◎对Photoshop软件有着浓厚兴趣的发烧友
◎需要进一步提升操作技巧的熟练用户

本书在编写过程中得到了很多人的帮助和支持，在此一并表示感谢。由于时间仓促，书中内容难免会有一些疏漏和不足之处，恳请广大读者给予批评指正。

目录 CONTENTS

05 图像色彩调整

06 绘制与修饰图像

07　文字操作

08　蒙版的运用

09　使用通道选取图像

10 滤镜效果

11 3D图像处理

12 视频与动画

01 掌握Photoshop 基础知识

本 章 导 读	Photoshop是一款非常优秀的图形图像编辑软件，其应用领域十分广泛。本章讲解了Photoshop CS6的各项基础知识，包括Photoshop CS6操作界面、Photoshop CS6操作环境的调整、Photoshop CS6常用图像文件格式、Adobe Bridge常用功能以及Photoshop的基础操作等，为以后的学习打下良好基础。

本 章 要 点	
• 了解Photoshop操作界面	• 查看照片元数据
• 调整Photoshop工具箱	• 在Bridge中将文件夹添加至收藏夹
• 调整Photoshop面板	• 启动Photoshop
• Photoshop常用图像文件格式	• 退出Photoshop
• 在Bridge中浏览文件夹	• 设置Photoshop首选项

1.1 初识Photoshop界面

打开Photoshop CS6，您会看到一个全新的界面，深色的背景更加时尚，许多我们很熟悉的图标都做了新的设计，还添加了新的模糊滤镜库、自适应广角滤镜以及不同于以往的光照效果滤镜，这带来更多有趣的新体验。

在"开始"菜单中选择Adobe Photoshop CS6，或者双击桌面上的快捷方式图标，即可打开Photoshop CS6的操作界面，打开一个图像文件后，如图1-1所示。

工具箱　　　　菜单栏　　　　　　　选项栏　　　　　　　　面板

状态栏　　　　图像窗口

图1-1　Photoshop CS6的操作界面

从上图中可以看到，Photoshop CS6的操作界面包括菜单栏、选项栏、工具箱、工作区、状态栏与面板等几个部分，下面分别进行介绍。

1. 菜单栏

在Photoshop CS6的菜单栏中包含11大类近百项菜单命令，单击菜单名即可打开相应菜单。使用这些菜单命令可完成如复制、粘贴等基础操作，也可完成调整图像颜色、修改选区等较为复杂的操作。

2. 选项栏

选项栏是工具箱中工具功能的延伸，用于设置工具的各种参数，它会随所选工具的不同而变化。大大方便了对工具的修改和设定，并有效提高了工作效率。

3. 工具箱

工具箱是Photoshop必不可少的组成部分，其中包含几十个常用工具，使用这些工具可以完成移动、绘制、编辑等多种操作。

4. 图像窗口

图像窗口是Photoshop中的深色区域，打开的图像即显示在其中，既可以选项卡的形式排列图像窗口，也可分离显示图像窗口。对图像的主要操作均在此窗口中完成。

5. 状态栏

状态栏位于图像窗口的底端，用于显示当前文件的显示比例、文档大小、文档尺寸、显示比例等信息。

6. 面板

面板是Photoshop的重要组成部分，利用面板可以对图像进行控制图层、调整动作和更改及添加颜色样式等各种编辑，如图1-2、图1-3所示。

 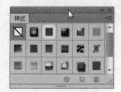

图1-2 "图层" 面板　图1-3 "样式" 面板

提 示

选择隐藏的工具

单击图标即可选择相应工具，右击或按住右下角带有小三角的工具图标几秒均可以打开隐藏的工具组。

画笔工具组

1.2 调整Photoshop操作环境

在Photoshop中进行图像操作时主要会用到工具箱与面板两大部分组件，为了创建符合自己操作习惯的界面环境，我们需要对工具箱与面板的位置、组合方式等进行调整，下面讲解具体的调整方法。

1.2.1 调整工具箱

Photoshop CS6的工具箱中包含了实际操作中最常用的工具，且它具有伸缩功能，可以进行单栏或双栏显示。当工具栏为单栏时，单击顶部的伸缩栏，即工具箱顶部的双箭头按钮，可将其变为双栏；反之，则可变为单栏，如图1-4所示。

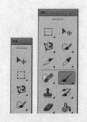

图1-4 单栏与双栏状态

1.2.2 调整面板

Photoshop中有20多个面板，每个面板的功能各不相同。例如，与图层相关的操作大部分集中在"图层"面板中，而如果要进行与颜色相关的操作，则要使用"颜色"面板。

在实际工作中，为了方便操作，可以根据个人的操作习惯和使用需要将面板固定在工作区中的任何位置。

1. 展开与折叠面板

Photoshop CS6中的面板可以展开或者折叠。面板处于展开状态时，单击顶部的折叠按钮，可以将其折叠为图标状态，如图1-5所示；反之，如果面板为图标状态，单击折叠按钮，则可将面板展开，如图1-6所示。

图1-5 面板折叠时的状态

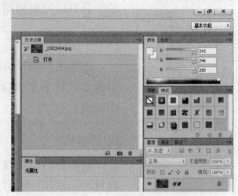

图1-6 面板展开时的状态

2. 显示与隐藏面板

在菜单栏的"窗口"菜单中，包含了Photoshop的所有面板命令选项，在此勾选或取消勾选面板名称，即可显示或隐藏相应的面板。

一般来说，会将常用的面板显示出来，而将不常用的面板隐藏，这样可以节省工作区中的空间，为图像操作留出更大的空间。

3. 拆分面板

单击并拖动某个面板标签，可以将该面板从组合面板中拆分出来，放置在工作区的任何位置。图1-7所示即为拆分出的独立面板。

图1-7 拆分的面板状态

4. 组合面板

面板过多会占用工作区的空间，可以通过组合面板的方式将几个面板合并到一个面板栏中，需要使用某个面板时，单击其标签即可切换到该面板。按住鼠标左键拖动面板标签到目标面板栏，当出现蓝色边框时，如图1-8所示，释放鼠标左键，即可完成面板的组合，组合后的面板如图1-9所示。

图1-8　拖动面板　　　　　　　　　图1-9　组合面板后的状态

面板处于折叠状态时，也可以按照此方法进行操作。拖动面板标签到目标位置，如图1-10所示，当出现蓝色边框时释放鼠标左键即可，图1-11所示即为面板组合后的状态。

图1-10　拖动面板　　　　　　　　图1-11　组合并面板后的状态

5. 创建新面板栏

拖动一个面板至面板栏最左侧边缘，当边缘处出现蓝色高光显示条时，如图1-12所示，释放鼠标左键即可创建新面板栏，如图1-13所示。按照此方法可以在两个面板栏之间创建新面板栏，也可以在工具箱左侧或右侧增加面板栏。

图1-12　拖动面板　　　　　　　　图1-13　创建的新面板栏

1.3 矢量图形与位图图像

计算机绘图主要分为两种类型，一种是矢量图形，一种是位图图像。两者之间存在巨大差别，分清两者对用户来说非常重要。下面来了解一下矢量图形和位图图像的概念，在进行设计之前也请务必分辨清楚这两种图形。

1.3.1 矢量图形

矢量图形是使用图形软件通过数学的矢量方式进行计算得到的图形。它与分辨率没有直接关系，可以进行任意缩放和旋转，而不会影响到图形的清晰度和光滑性。矢量图形所占的存储空间比位图图像要小，但是，它不适合用于创建过于复杂的图形。

1.3.2 位图图像

位图图像由像素（Pixel）组成，Photoshop是典型的基于位图的软件。在Photoshop中处理图像，就是对像素进行编辑。位图的特点是可以表现色彩的变化和颜色的细微过渡，产生逼真的效果。但是，所占用的存储空间较大，并且在放大图像时，会看到马赛克状的像素点。

1.4 常用图像文件格式

图像文件格式是指计算机中存储图像文件的方法。Photoshop在保存数字图像信息时必须选择一定的文件格式，若文件格式选择得不正确，则之后读取文件时可能会产生变形或不能使用等问题。

作为图像处理的常用工具，Photoshop提供了完善的图像文件处理格式，如图1-14所示。为不同的工作任务选择不同的文件格式非常重要，因为使用Photoshop制作的图像要发布到各个领域，但如果不能对应个应用领域选择正确的文件格式，可能得到的图像效果会大打折扣，甚至会不能使用。

下面介绍几种在Photoshop操作中常用的图像文件格式。

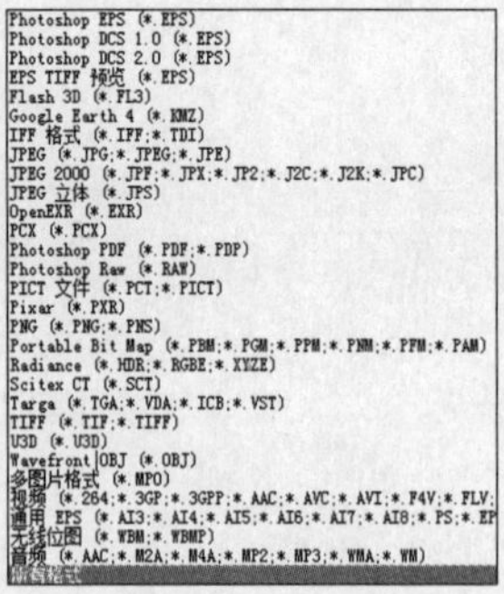

图1-14 Photoshop文件格式

1.4.1 PSD/PSB文件格式

PSD图像文件格式是Photoshop的默认文件格式，能够支持全部图像模式（位图、灰度、双色调、索引颜色、RGB、CMYK、Lab和多通道），还可以保存图层、Alpha通道及辅助线。

PSB属于大型文件格式。除了具有PSD的所有属性外，最大的特点就是支持宽度或高度最大为300000像素的文件。

1.4.2 JPEG文件格式

JPEG图像文件格式是互联网上最常见的图像文件格式之一。它既是一种文件格式，又是一种压缩技术，主要用于具有色彩通道性能的照片图像中。JPEG格式支持RGB、CMYK及灰度等色彩模式，也可以保存图像中的路径，但无法保存Alpha通道。

使用JPEG格式保存图像文件的最大优点是能够大幅度降低文件容量，图像经过高倍率的压缩，可使图像文件变得较小。但会丢失掉部分不易察觉的数据，且图像质量会有一定的损失，所以在印刷时不宜使用此格式。

1.4.3 TIFF文件格式

TIFF（标签图像文件格式）图像文件格式是为色彩通道图像创建的最有用的格式，可以在许多不同的平台和应用软件间交换文件，应用相当广泛。

该格式是一种通用的位图图像文件格式，几乎所有的绘图、图像编辑和页面设计程序都支持这种格式。TIFF图像文件格式支持具有Alpha通道的CMYK、RGB、Lab、索引颜色和灰度图像，以及没有Alpha通道的位图模式。

TIFF图像文件格式可以保存通道、图层和路径。但是，如果在其他应用程序中打开此格式的图像，所有图层将被拼合。只有在Photoshop中打开时，才能够修改其中的图层。

1.4.4 GIF文件格式

GIF图像文件格式是为在网络上传输图像而创建的文件格式，它使用8位颜色，可以在保留图像细节的同时有效压缩实色区域。因为GIF图像文件格式只有256种颜色，当原来的24位图像转换为8位GIF文件时，会导致颜色信息的丢失。

GIF文件格式最大的特点是能够创建具有动画效果的图像，在Flash没有出现之前，几乎所有动画图像均要保存为GIF格式。

除此之外，GIF文件格式支持背景透明，如果需要在设置网页时使图像更好地与背景相融合，则需将图像保存为GIF文件格式。GIF文件格式还可以进行LZW压缩，缩短图形加载的时间，使图像文件占用较少的磁盘空间。

1.4.5 PNG文件格式

PNG文件格式是一种将图像压缩到Web上的文件格式，是20世纪90年代中期开始开发的图像文件存储格式，其目的是企图替代GIF和TIFF文件格式。与GIF文件格式不同的是，PNG文件格式支持244位图像并产生无锯齿状的背景透明度。

1.4.6 BMP文件格式

BMP图像文件格式是一种标准的点阵图像文件格式，主要用于保存位图文件。该格式是DOS和Windows兼容计算机上的标准图像格式，它可以处理24位颜色的图像，支持RGB、索引颜色、灰度和位图颜色模式，但不支持Alpha通道。

1.4.7 PDF文件格式

PDF图像文件格式是一种通用的文件格式。使用PDF文件格式可以精确显示并保留字体、页面版式、矢量图形和位图图像。另外，PDF文件格式还可以包含电子文件搜索和导航功能。

Photoshop PDF文件格式支持RGB、索引颜色、CMYK、灰度、位图和Lab颜色模式，但不支持Alpha通道。PDF文件格式具有良好的传输及文件信息保留功能，已经成为无纸化办公的首选文件格式。

1.5 使用Adobe Bridge CS6管理图像

Adobe Bridge功能非常强大，使用它可以组织、浏览和查找所需资源，还可以用于创建供印刷、网站和移动设备使用的内容。在Adobe Bridge中可以方便地访问本地PSD、AI、INDD和Adobe PDF文件以及其他Adobe和非Adobe应用程序文件。

Adobe Bridge CS6既可以独立使用，也可以从Adobe Photoshop CS6、Adobe Illustrator CS6和Adobe InDesign CS6中使用。

Adobe Bridge CS6可以完成的操作如下。

● 浏览图像文件：在Adobe Bridge CS6中，可以查看、搜索、排序、管理和处理图像文件，可以创建新文件夹，对文件进行重命名、移动和删除操作以及运行批处理命令。

● 打开和编辑相机原始数据：如果已经安装了Adobe Photoshop CS6，可以从Bridge中打开和编辑相机中的原始数据文件，并将它们保存为与Photoshop兼容的格式。即使未安装Photoshop CS6，仍可以在Bridge中预览相机原始数据文件。

● 进行色彩管理：可以使用Bridge在不同应用程序之间同步设置颜色。这种同步可以确保无论使用哪一种Creative Suite应用程序来查看，颜色效果都相同。

1.5.1 选择文件夹进行浏览

利用Adobe Bridge可以组织、浏览和查找文件，创建供印刷、Web、电视、DVD、电影及移动设备使用的内容，并轻松访问原始Adobe文件及非Adobe文件。

在Photoshop的菜单栏中选择"文件>在Bridge中浏览"命令，即可弹出Adobe Bridge窗口，如图1-15所示。

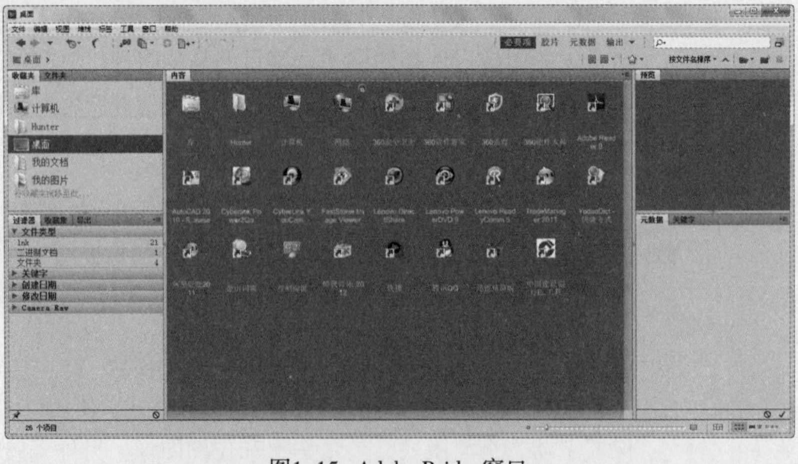

图1-15　Adobe Bridge窗口

提示

在"预览"面板中预览图像

用户在"文件夹"或"内容"面板中选择需要查看的图像时，"预览"面板中会自动显示图像效果，用户还可以手动调整"预览"面板的大小。

提示

元数据有何用？

在拍摄照片时，图片会自动将原始拍摄数据记录下来，包括相机与图像的各种参数，从而方便后期处理，以及查阅当时的拍摄参数。由于元数据中绝大部分是相机的参数设置数据，所以一般摄影师用得比较多。

1.5.2 查看照片元数据

使用Bridge CS6可以轻松查看数码照片的拍摄元数据，单击"元数据"标签即可切换到相应面板，在其中可查看照片拍摄时所采用的曝光参数、焦距、白平衡、闪光灯等数据，如图1-16所示。

图1-16 照片元数据

1.5.3 将文件夹添加至收藏夹

对于经常查看的文件夹，可以将其添加到"收藏夹"中，之后直接在"收藏夹"面板中单击即可查看该文件夹中的图像。可以采用下述方法，将常用文件夹保存至"收藏夹"面板中。

Step 01 显示"收藏夹"面板。选择"窗口>文件夹面板"命令，即可显示"文件夹"面板；选择"窗口>收藏夹面板"命令，即可显示"收藏夹"面板，如图1-17所示。

Step 02 调整面板位置。拖动"文件夹"面板标签，将其拖至"收藏夹"面板下方的面板组中，如图1-18所示。

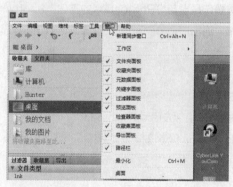

图1-17 显示需要的面板

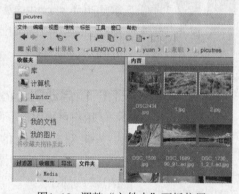

图1-18 调整"文件夹"面板位置

提示

从"收藏夹"面板中删除文件夹

如果需要从"收藏夹"面板中删除某个文件夹，可以在该文件夹名称上单击鼠标右键，在弹出的快捷菜单中选择"从收藏夹中移去"命令。

Step 03 选择文件夹。在"文件夹"面板中切换至需要保存到"收藏夹"面板中的文件夹，并选中该文件夹。

Step 04 添加至收藏夹。将选中的文件夹拖至"收藏夹"面板中，直至出现一条粗直线，如图1-19所示。

Step 05 释放鼠标左键。释放鼠标左键后，所选文件夹即添加到了"收藏夹"面板中。

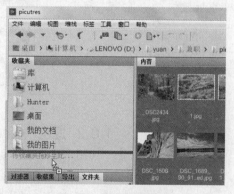

图1-19 添加至收藏夹

除上述方法之外，还可以单击窗口上方的"显示最近使用的文件，或转到最近访问的文件夹"下拉按钮 ，在弹出的下拉列表中显示了最近访问的文件夹，从中选择要添加到"收藏夹"面板中的文件夹即可，如图1-20所示。

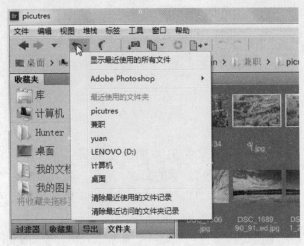

图1-20 选择最近访问过的文件夹

1.6 Photoshop必备基础操作

掌握Photoshop中的基本操作是学习好Photoshop的基础。Photoshop中的必备基本操作包括启动Photoshop、退出Photoshop以及设置Photoshop首选项，下面将分别介绍这几种基础操作。

1.6.1 启动Photoshop

用户可采用以下两种常用方法启动Photoshop。

● 双击桌面上的Photoshop CS6快捷方式图标，即可启动Photoshop。

● 在"开始>所有程序"菜单中找到Adobe Photoshop CS6，单击即可启动，如图1-21所示。

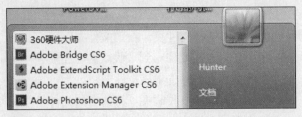

图1-21 在"开始"菜单中启动Photoshop

1.6.2 退出Photoshop

用户可采用如下3种方法退出Photoshop。

● 单击Photoshop操作界面右上角的关闭按钮 。

● 按下快捷键Ctrl+Q或快捷键Alt+F4。

● 选择菜单栏中的"文件>退出"命令。

1.6.3　设置Photoshop首选项

在Photoshop中选择"编辑>首选项"级联菜单中的任一命令，均可打开"首选项"对话框，其中包含了用于设置光标显示方式、参考线与网格颜色、透明度、暂存盘和增效工具等选项的命令。我们可以根据使用习惯来修改首选项，以提高工作效率。

1."常规"首选项

选择"编辑>首选项>常规"命令，打开"首选项"对话框，如图1-22所示。

● 拾色器：可选择Adobe或Windows拾色器。Adobe拾色器可根据4种颜色模型从整个色谱和PANTONE等颜色匹配系统中选择颜色；Windows拾色器仅涉及基本的颜色，允许根据两种颜色模式选择需要的颜色。

● "选项"选项区域：设置文档的相关选项，包括是否自动更新、是否使用提示音、是否导出剪贴板（退出Phtoshop后剪贴板中的内容仍然保留，可用于其他程序）、缩放时是否显示动画效果等。

● "历史记录"选项区域：指定将历史记录数据存储在何处，以及历史记录中所包含信息的详细程度。可选择"元数据"、"文本文件"或"两者兼有"单选按钮，从而保存相应的信息。

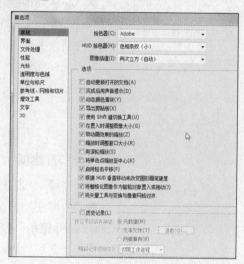

图1-22 "常规"选项面板

2."界面"首选项

选择"编辑>首选项>界面"命令，打开"首选项"对话框，如图1-23所示。

● "外观"选项区域：设置"标准屏幕模式"、"全屏（带菜单）模式"和"全屏"模式时，界面的颜色方案与边界效果。

● "选项"选项区域：用于设置界面中的一些细节，包括图像窗口的布局方式、是否显示工具提示信息、是否显示菜单颜色、是否自动折叠图标面板等。

● "文本"选项区域：用于设置用户界面的语言和文字大小，修改后需重新启动Photoshop方可生效。

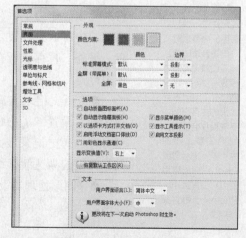

图1-23 "界面"选项面板

3."文件处理"首选项

选择"编辑>首选项>文字处理"命令，以打开"首选项"对话框，如图1-24所示。

● "文件存储选项"选项区域：设置存储图像时是否保存图像缩略图、文件扩展名的大小写，以及文件存储的方式。

● "文件兼容性"选项区域：用于设置处理不同格式文件时的兼容性问题，包括是否忽略EXIF配置文件标记，存储分层TIFF文件之前是否弹出提示等。

● Adobe Drive选项区域：设置是否启用Adobe Drive工作组，以及在最近使用的文件列表中显示的文件个数。

图1-24 "文件处理"选项面板

4."性能"首选项

选择"编辑>首选项>性能"命令，打开"首选项"对话框，如图1-25所示。

● "内存使用情况"选项区域：显示计算机内存使用情况，可拖动滑块或在"让Photoshop使用"数值框中输入数值，调整分配给Photoshop的内存空间。设置完成后需要重新启动Photoshop方可生效。

提示

设置合适的内存使用量

在"内存使用情况"选项区域中设置允许Photoshop使用的内存量时，要设置合适的值。如果设置太高的内存量，将会导致Photoshop占用太大的内存空间，系统操作会变慢；如果设置太小的内存量，则会导致Photoshop可用的内存空间太小，Photoshop软件操作变慢。

● "暂存盘"选项区域：如果系统没有足够内存来执行某项操作，则将使用专有的虚拟内存技术（即暂存盘）。默认情况下，Photoshop将系统磁盘作为主暂存盘，在此选项区域中可以更改暂存盘为其他磁盘。另外，暂存盘所在的磁盘应定期进行碎片整理。

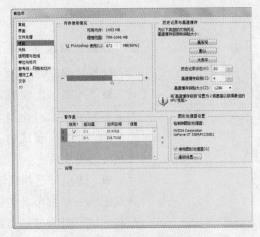

● "历史记录与高速缓存"选项区域：设置"历史记录"面板中可保存的历史记录最大数量，以及图像数据的高速缓存级别等。

图1-25 "性能"选项面板

● "图形处理器设置"选项区域：用于显示计算机的显卡，并可启用OpenGL绘图。

5.“光标”首选项

选择“编辑>首选项>光标”命令，打开“首选项”对话框，如图1-26所示。

● “绘画光标”选项区域：设置使用绘画工具时，光标在画面中的显示状态，以及光标中心是否显示为十字线。

● “其他光标”选项区域：设置在使用其他工具时，光标在画面中的显示状态。

● “画笔预览”选项区域：定义用于画笔预览的颜色。

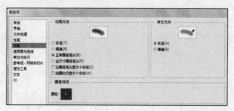

图1-26 “光标”选项面板

6.“透明度与色域”首选项

选择“编辑>首选项>透明度与色域”命令，打开“首选项”对话框，如图1-27所示。

● “透明区域设置”选项区域：图像中的背景为透明区域时，会显示为棋盘状的网格。“网格大小”和“网格颜色”可分别设置棋盘的格子大小与颜色。

● “色域警告”选项区域：设置当图像中的色彩过于鲜艳而出现溢色时，选择“视图>色域警告”命令，溢色的显示颜色；在此选项区域中可以修改溢色的不透明度。

图1-27 “透明度与色域”选项面板

7.“单位与标尺”首选项

❗ 提示

Photoshop中的单位规格

在“标尺”下拉列表中提供了像素、英寸、厘米、毫米、点、派卡、百分比等7种单位规格。

选择“编辑>首选项>单位与标尺”命令，打开“首选项”对话框，如图1-28所示。

● “单位”选项区域：设置标尺和文字的单位。

● “列尺寸”选项区域：如果需要将图像导至排版软件（比如InDesign）中，并用于打印和装订，则可在此选项区域中设置“宽度”和“装订线”的尺寸，用列来指定图像的宽度。

● “新文档预设分辨率”选项区域：用于设置新建文档时预设的打印分辨率和屏幕分辨率。

● “点/派卡大小”选项区域：设置如何定义每英寸的点数。选择“Post-Script（72点/英寸）”，将设置一个兼容的单位大小，以便打印到PostScript设备；若选择“传统（72.27点/英寸）”，则将使用72.27点/英寸（传统打印中使用的点数）。

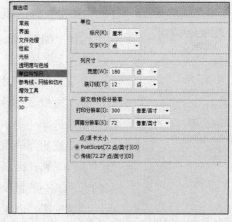

图1-28 “单位与标尺”选项面板

8."参考线、网格和切片"首选项

选择"编辑>首选项>参考线、网格和切片"命令，打开"首选项"对话框，如图1-29所示。

● "参考线"选项区域：设置参考线的颜色和样式。

● "智能参考线"选项区域：设置智能参考的颜色。

● "网格"选项区域：设置网格的颜色与样式。可以直接在"网格线间隔"数值框中输入数值设置间隔。在"子网格"数值框中输入数值，基于该值重新细分网格。

● "切片"选项区域：设置切片边界框的颜色。勾选"显示切片编号"复选框，可显示切片的编号。

图1-29 "参考线、网格和切片"选项面板

9."增效工具"首选项

选择"编辑>首选项>增效工具"命令，打开"首选项"对话框，如图1-30所示。增效工具是由Adobe公司和第三方经销商开发的，可在Photoshop中使用的外挂滤镜或者插件。Photoshop自带的滤镜保存在Plug-Ins文件夹中。

● "附加的增效工具文件夹"选项区域：如果将外挂滤镜或插件安装在了Plug-Ins文件夹之外的位置，勾选此复选框后，在打开的对话框中选择安装位置并重启Photoshop，外挂滤镜即可用于Photoshop中了。

● "滤镜"选项区域：设置是否显示滤镜库中的所有组和名称。

● "扩展面板"选项区域：设置是否允许Photoshop扩展面板连接到Internet以获取新内容或更新程序；若勾选"载入扩展面板"复选框，则启动时载入已安装的扩展面板。

图1-30 "增效工具"选项面板

提示

"启用丢失字形保护"复选框释义

勾选"启用丢失字形保护"复选框后，当系统字体中不存在打开图像中包含的某个字体时，将弹出警告信息。

10."文字"首选项

选择"编辑>首选项>文字"命令，打开"首选项"对话框，如图1-31所示。

● "文字选项"选项区域：设置文字中的智能引号、字体名称是否以英文显示，以及缺失字体时是否弹出警告信息并替换为可用字体。

● "选取文本引擎选项"选项区域：如果选择"中东"单选按钮，非中文、日文或朝鲜语版本的Photoshop会隐藏"字符"和"面板"中出现的亚洲文字的选项。一般情况下，我们选择"东亚"单选按钮，以正常显示这些选项。

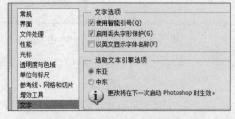

图1-31 "文字"选项面板

1. PSD格式是Photoshop的默认文件格式，它支持（　　）。

A. 图层　　　　　　B. 通道　　　　　　C. 路径　　　　　　D. 样式

2. 网页中最常使用的图片格式是（　　）。

A. GIF　　　　　　B. BMP　　　　　　C. PSD　　　　　　D. TIF

3. 关于矢量图形和位图图像的说法，正确的是（　　）。

A. 矢量图形是由一系列用数学公式表达的线条所构成

B. 使用矢量表达的图形，线条不光滑，对矢量图形进行放大后图形的线条带有锯齿

C. 位图图像由像素点组合而成，使用Photoshop处理图像时全部都是由位图组成的

D. 位图图像的显示或输出效果与分辨率有关，对于一幅100%显示的图像，其包含有固定数量的像素点

4. 按如下步骤调整Photoshop界面。

Step 01 将图1-32中的工具箱改为双栏模式，并调整至软件界面的右侧。

Step 02 将图1-33中的"样式"面板拖离出面板组，并添加到上方的"通道/路径/调整"面板组中。

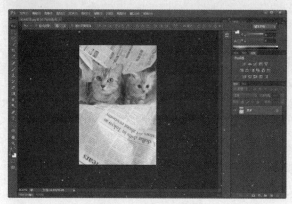

图1-32　调整工具箱　　　　　　　　　　　　　　图1-33　调整"样式"面板

5. 按如下步骤设置Photoshop首选项。

Step 01 更改Photoshop的界面颜色为中灰色。

Step 02 设置网格线的颜色为"浅红色"。

02 图像处理基本操作

本章导读

在Photoshop CS6中对图像文件进行编辑时，一定离不开图像文件的基本操作，包括打开、创建图像文件，调整图像大小、形状等。在操作过程中，往往会有误操作，或需要对比操作前后的效果的情况，此时，"历史记录"面板与撤销、恢复功能会是不可或缺的技能。

本章要点

• 创建图像文件	• 变形图像
• 保存图像文件	• 操控变形
• 重置图像大小	• 透视裁剪工具
• 更改画布大小	• 应用"历史记录"面板
• 自由变换图像	• 撤销与恢复操作

2.1 图像文件操作

在Photoshop CS6中对图像文件进行编辑之前，首先需要学习如何新建、打开和保存图像等图像文件操作。图像文件操作虽然比较简单，但是对整体的设计而言很重要，图像文件的大小、变形效果、保存格式等，对作品有着最直接的影响。

2.1.1 打开图像文件

选择"文件>打开"命令，弹出"打开"对话框，在该对话框中找到所需图像文件所在的文件夹，选择图像文件并单击"打开"按钮，即可在Photoshop中打开该文件。

选择"文件>打开为"命令，也可以打开图像文件，不过此命令可以打开使用"打开"命令无法辨认的文件。Photoshop支持很多种图像格式，如图2-1所示为"打开"对话框，图2-2所示为Photoshop支持的图像格式列表。

图2-1 "打开"对话框　　　图2-2 "文件类型"下拉列表

2.1.2 创建图像文件

选择"文件>新建"命令,弹出"新建"对话框,在该对话框中可以设置图像文件的名称、大小、分辨率、颜色模式、背景内容等,对话框右下角将提示当前创建的图像文件的大小。

● 名称:用于设置新建的图像文件的名称。

● "预设"与"大小":选择预设的图像文件参数,比如标准纸张、照片、胶片或视频等。

● "高度"与"宽度":设置图像文件的宽高值,在数值框中输入数值即可,单击后面的下三角按钮,可选择计量单位。

● 分辨率:设置图像文件的分辨率,单击下三角按钮,可选择分辨率的计量单位。

● 颜色模式:设置图像文件采用的颜色模式与位深度。

● 背景内容:设置背景的填充内容,比如白色、背景色或透明。

● 高级:设置要使用的颜色配置文件与像素长宽比。

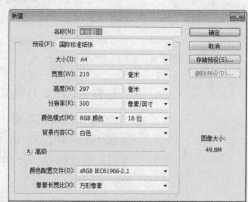

图2-3 "新建"对话框

2.1.3 保存图像文件

选择"文件>存储"命令可保存当前文件中的修改,选择"文件>存储为"命令,弹出"存储为"对话框,在此可设置图像保存位置、文件名、格式与存储选项,可保存的文件格式如图2-4所示。选择"文件>存储为Web所用格式"命令,可以将图像保存为适用于网络显示的文件格式。下面介绍保存为最常用的文件格式的方法。

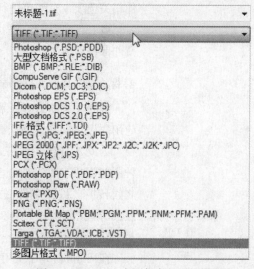

图2-4 Photoshop中可保存的文件格式

1. 保存为PSD格式

PSD文件格式是Photoshop的默认保存格式,也是Photoshop自身的文件格式,能完整地保存文件中的图层、蒙版、通道、路径、未栅格化文字、图层样式等信息,当再次打开该文件时,可对其再次进行修改,不过操作信息是重新记录的。

2. 保存为JPEG文件格式

处理完图像后，选择"文件>存储为"命令，弹出"存储为"对话框，设置"格式"为JPEG，单击"保存"按钮，会弹出如图2-5所示的"JPEG选项"对话框。

● "图像选项"选项区域：设置图像文件的保存品质，可直接输入数值或拖动滑块，也可在下拉列表中选择预设品质，数值越大，压缩越少，品质越高，细节越丰富。

● "格式选项"选项区域：设置文件在显示器中显示时的扫描方式。

● "预览"复选框：勾选此复选框可预览文件保存后的大小。

图2-5 "JPGE选项"对话框

3. 保存为GIF文件格式

GIF文件格式是基于网络传输图像而创建的一种图片文件格式，它支持透明背景和动画，在保存为GIF文件格式之前，必须将图片格式转换为位图、灰阶或索引色等颜色模式，如图2-6所示。

● "调板"选项区域：设置图像文件的颜色模式、调板模式，以及强制转换颜色方式。

● "选项"选项区域：设置图像文件的其他相关选项，对颜色进行细调。

● "预览"复选框：勾选此复选框可预览文件保存后的大小。

图2-6 "索引颜色"对话框

4. 保存为TIFF文件格式

TIFF文件格式是一种无损压缩格式，便于应用程序之间和计算机平台之间的图像数据交换。因此，TIFF文件格式是应用非常广泛的一种图像格式，可以在许多图形图像软件和平台之间转换。TIFF文件格式支持RGB、CMYK和灰度3种颜色模式，还支持使用通道、图层和裁切路径的功能。

在Photoshop中另存图像为TIFF文件格式时，会弹出"TIFF选项"对话框，如图2-7所示。

● "图像压缩"选项区域：设置图像文件的压缩方式，并可调整压缩后的品质与文件大小。

● "像素顺序"选项区域：此选项主要用于PC机与苹果机之间跨平台使用，目前一般不会遇到此类兼容问题。

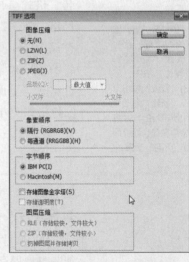

图2-7 "TIFF选项"对话框

● "字节顺序"选项区域：从中选择PC机或苹果机的字节顺序。

● "图层压缩"选项区域：选择图层压缩方式，以减少文件所占磁盘空间。虽然可以减少文件大小，但会增加打开文件和存储文件的时间。

5. 保存为PSB文件格式

PSB文件格式是Photoshop的大型文件格式，该文件格式能完全保留Photoshop中的全部信息，包括保持通道、图层样式和滤镜效果不变，最高可支持300000像素大小的超大图像文件，而且该文件格式只能在Photoshop中打开。

6. 保存为PDF文件格式

PDF文件格式是由Adobe Acrobat软件生成的文件格式，该格式文件可以存有多页信息，其中包含图形文件的查找和导航功能。因此，使用该软件不需要排版或图像软件即可获得图文混排的版面。由于该格式支持超文本链接，因此是网络下载经常使用的文件格式。

2.1.4 查看图像文件

在打开图像后，由于操作需要，通常需要改变图片的显示比例，以方便观察图像的局部信息。改变图片显示比例主要有以下几种方法。

方　法	操　作
使用工具	单击工具箱中的缩放工具，如图2-8所示，在图像中单击时，默认为放大图像，按住Alt键可切换为缩小工具
使用菜单命令	在"视图"菜单中，选择"放大"、"缩小"命令，如图2-9所示，命令快捷键分别是Ctrl++和Ctrl+-
更改显示比例	将图片导入后，细心观察图像窗口的左下角，如图2-10所示，其中显示了图片的显示比例，更改数据，可直接更改图片的显示比例
滚轮操作	按住Alt键，直接滚动鼠标滚轮，亦可更改图片显示比例

🛈 提示

查看图像时的注意事项

● 在使用缩放工具观察图片的时候，常常要利用抓手工具移动图片，从而更为方便地观察图片局部信息，其快捷键为H；

● 选择缩放工具后，在图像窗口上方会出现缩放工具的选项栏。

实际像素：图片以实际像素大小在屏幕上显示；

适合屏幕：图片将以与图像窗口相同的比例显示；

填充屏幕：图片将填充整个图像操作窗口。

图2-8　工具箱　　图2-9　"视图"菜单　　　　图2-10　图像的比例

Photoshop CS6中的旋转视图工具可以用来旋转查看图片的视图，以倾斜或倒立的角度来查看图像，下面通过实例了解该工具的用法。

🖥 上机实践 利用旋转视图工具查看图片

Step 01 选择旋转视图工具。打开光盘中的素材文件"楼宇.jpg"，如图2-11所示，可以看到这栋楼房有些倾斜，使用旋转视图工具可以改变查看视角。在工具箱中右击抓手工具，在弹出的隐藏工具组中选择旋转视图工具。

Step 02 旋转视图。按住鼠标左键不放并拖动，即可以倾斜视图来查看图像，此时图像中心会出现一个导航图标，如图2-12所示。

> **ⓘ 提示**
>
> **此工具并不能更改图像**
>
> 需要注意的是，这个工具只能用来查看图像，不对图像做任何修改。也就是说，旋转后保存图像，再次打开查看时图像不是倾斜的。如果要旋转图，可使用"自由变换"命令或者裁剪工具。

图2-11 素材文件

图2-12 旋转时出现导航图标

2.1.5 重置图像大小

打开图片，选择"图像>图像大小"命令，弹出"图像大小"对话框，如图2-13所示。在此对话框中可以看到原图像大小、分辨率等信息，Photoshop会用两种单位来向用户展示图像信息，我们可以按照自己的意愿对图像大小进行相应的修改。

● "像素大小"选项区域：用于设置图像高宽的像素点的多少，决定了图像的清晰度。

● "文档大小"选项区域：用于设置图像的输出大小，在打印过程中决定了打印图片的大小。

● "缩放样式"复选框：与约束比例同步。

● "约束比例"复选框：与缩放样式共同决定对图像大小进行操作时，图像高宽是否等比缩放。勾选此复选框后，改变图像的任一数值，另一数值将等比变化。

●"重定图像像素"复选框：像素大小和文档大小是有对应关系的，具体关系参照公式：像素大小（高×宽）=文档大小（高×宽×分辨率的平方），分辨率单位要选择"像素／厘米"，与高宽的单位统一。

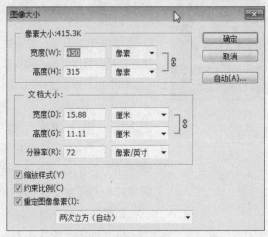

取消勾选"重定图像像素"复选框，"像素大小"选项区域中的参数变为不可更改，更改文档大小里的任何数据，分辨率随之变动，且变动数值符合公式；勾选时，更改任何数据，图像的像素均随之变化。

图2-13 "图像大小"对话框

2.1.6 更改画布尺寸

选择"图像>画布大小"命令，弹出"画布大小"对话框，如图2-14所示。在该对话框中，可以改变当前图像所属画布的大小。

●"当前大小"选项区域：显示当前图像的尺寸，也是原始画布的大小。

●"新建大小"选项区域：改变高宽数值将改变画布的大小，将画布缩小，图像将会被裁剪掉相应的区域；增大画布，将会以背景色自动填充。在单位下拉列表中可以更改画布的高宽单位。

！提示

更改画布大小时尽量先新建图层

如果在更改画布大小时希望图像与背景层是分开的，建议在更改画布大小前，先创建空白图层，并移到最底层，这样在更改画布大小后，图像与背景即是分开的。

●"相对"复选框：勾选此复选框，"新建大小"选项区域的数值将归为零，此时输入数值，画布将根据数值进行精确地变化。

● 定位：决定画布向哪个方向扩展或缩小，黑点代表的是图像的位置。

● 画布扩展颜色：在下拉列表中可以更改画布大小后的填充颜色，默认为背景色。

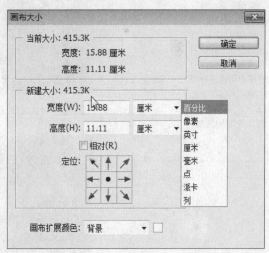

图2-14 "画布大小"对话框

"画布扩展颜色"下拉列表中包含"前景"、"背景"、"白色"、"灰色"与"黑色"等选项，如果需要自定义颜色，则可以单击右侧的小色块，在弹出的"拾色器（画布扩展颜色）"对话框中进行设置。

2.2 图像变换操作

在Photoshop中导入图像后，会根据创作需要对图像进行相应的变换操作，自由变换、变换、操作变形、透视裁剪工具是我们在实际的图像变换操作中常用的工具，在作品创作中将发挥重要作用。

2.2.1 "自由变换"命令

选择"编辑>自由变换"命令（快捷键为Ctrl+T），图像周围将出现一圈线框，正方形的空心点表示的是控制点，如图2-15所示，用鼠标拖动中心点将更改图像的中心位置，拖动拐角处的控制点可以更改图像的大小，如图2-16所示。

拖动四边的控制点，可在相应方向上对图像进行拉伸或压缩，如图2-17所示。

将光标置于图像正上方，出现旋转箭头时拖动鼠标，可对图像进行旋转操作，如图2-18所示。

⚠ 提示

自由变换时的注意事项

● 自由变换（包括本章后面所介绍的所有变形工具）只能对普通图层进行操作，如果所选图层并非普通图层或为背景图层，需双击图层，在弹出的对话框中，单击"确定"按钮，解锁为普通图层。

● 在对图像进行整体缩放操作时，按住Shift键可对图片进行等比例缩放。

图2-15 对此图片进行自由变换

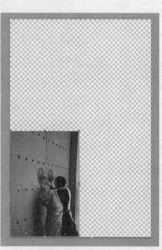

图2-16 对图片进行整体缩放

图2-17 对图片进行水平压缩

图2-18 对图片进行旋转

Step 01 打开图像。打开光盘中的素材文件"京剧.psd",可以看到"图层"面板中"京剧人像"图层位于最下方。

Step 02 切换至自由变换模式。选中"京剧人像"图层,选择"编辑>自由变换"命令(快捷键Ctrl+T),此图层周围出现边框,如图2-19所示。

Step 03 旋转图像。将光标置于图像正上方,出现旋转箭头时,向左拖动鼠标以旋转图像,旋转到适当角度,得到如图2-20所示的效果。

图2-19 出现自由变换控制框   图2-20 调整后的效果图

2.2.2 "变形"命令命令

选择"编辑>变换>变形"命令,如图2-21所示,为图像添加变形控制框后,如图2-22所示。每一个线的交叉点都将会影响图像,移动交叉点,点附近的像素点将跟着移动,如图2-23所示,这样便可以十分方便地改变图像的形状,也可以只对局部进行部分修改,如图2-24所示。

提示

"变形"命令

使用"变形"命令可以对图形进行更加细致的调整,如拉伸、褶皱操作等。

图2-21 选择"变形"命令   图2-22 出现变形控制框

<table>
</table>

提示

利用设定形状对图像进行变形

为图像添加变形控制框后，在选项栏中会出现一些属性参数，打开"变形"下拉列表，其中包含许多预设的变形形状。

用户也可调节选项栏中的数值，对效果进行细微调整。

添加变形效果

提示

取消变形

在自由变换、变形或操控变形过程中，如果想要取消变形，恢复为原始图像形态，按下Esc键即可。如果已经完成变形，想撤销变形，则参见本章"2.3 撤销与恢复操作"一节的内容。

图2-23 调整控制点对图像进行修改　　　图2-24 图像变形后的最终效果

2.2.3 "操控变形"命令

选择"编辑>操控变形"命令，为图像添加操控变形工具，如图2-25所示。在图像中添加操控变形工具后，在图像上单击，将会在单击的位置添加图钉，如图2-27所示。操控图钉，可移动图钉周围的像素点，如图2-28所示。移动图钉点后，将背景中露出来的部分遮盖，此时图像已经变形，如图2-29所示。

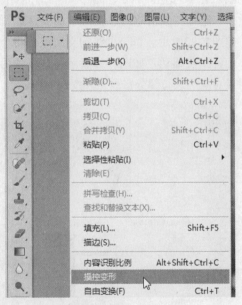

图2-25 选择"操控变形"命令

图2-26 原图

图2-27 添加操控变形工具

图2-28 调整操控点对图像进行修改

图2-29 调整后的效果

2.2.4 裁剪工具与透视裁剪工具

透视裁剪工具是Photoshop CS6中新增的工具，右击工具箱中的裁剪工具，在弹出的隐藏工具组中选择透视裁剪工具（也可以单击裁剪工具并按住鼠标左键不放，在弹出的隐藏工具组中选择透视裁剪工具），然后按住鼠标左键在图像中拖动，创建透视裁剪控制框，调整控制点，得到如图2-30所示的图像透视，然后在控制框中双击，即可得到透视图的正面平视图，如图2-31所示。

图2-30 创建透视裁剪控制框　　　　　　　　图2-31 裁剪后得到的图像

　　裁剪工具用于裁剪图像中的某一区域，在工具箱中单击裁剪工具，按住鼠标左键，在图像中拖动，即可划定要裁剪出的区域，按下Enter键将只保留裁剪区域内的图像。

📺 上机实践　　使用裁剪工具调整照片的地平线

Step 01 查看原始图像。打开光盘中的素材文件01.jpg，如图2-32所示。此照片拍摄时相机未水平放置，导致图像地平线倾斜。

Step 02 设置参数。在工具箱中选择裁切工具 ，此时出现裁剪工具的选项栏，在"视图"下拉列表中选择"网格"选项，如图2-33所示。

⚠ 提示

"视图"下拉列表中的选项

在"视图"下拉列表中共有"三等分"、"网格"、"对角"、"三角形"、"黄金比例"、"金色螺线"等6个选项，这些都是较常见的摄影构图方式，用于为裁剪照片提供参考。

 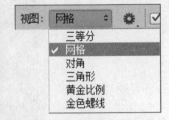

图2-32 打开素材文件　　　　　　　　图2-33 设置参数

Step 03 旋转并裁切。移动光标至裁切框边角处，直到光标变为 ，按下鼠标左键并拖动鼠标，参考网格的水平线，将图像调整至合适的角度，如图2-34所示。单击选项栏中的"提交当前裁剪操作"按钮 确认修改，按下Enter键或双击图像，也可确认修改结果，完成调整后的图像效果如图2-35所示。

图2-34　调整图像角度　　　　　　　图2-35　调整后效果

　　这里是利用网格来确保旋转后的线条水平，我们也可以在选择裁剪工具后，利用选项栏中的"拉直"，将画面中的线条拉成水平线，从而使画面摆正。

2.3 撤销与恢复操作

在设计过程中，难免会出现误操作，或对操作结果不满意，需要撤销之前的操作，当然，也就很可能出现撤销操作后需要重新恢复操作的情况。有时候，我们在应用某操作后，想对比应用前后的效果，也可以利用撤销与恢复操作的方法，来对比前后效果。

2.3.1 "历史记录"面板

　　选择"窗口>历史记录"命令，将弹出"历史记录"面板，如图2-36所示，面板中记录了用户在软件中对图像进行的所有操作，可以单击每一步操作，删除或者将操作停留在该步，然后对图像进行操作，后面所有操作将视为无效。

　　● "从当前状态创建新文档按钮" ：选择任一步骤，单击该按钮，将会以选中步骤下的状态为最终状态，创建一个新的Photoshop文件。

　　● "创建新快照" 按钮 ：选择任一步骤，单击该按钮，将为文件创建新的快照，方便用户查看当前图像效果，快照被保存在"历史记录"面板上方的快照栏，单击可查看当前效果。

　　● "删除当前状态" 按钮 ：选择任一步骤，直接单击或拖曳到该按钮上，"历史记录"面板中的该步骤及该步骤以后的操作都将被删除。

　　以上操作均可在"历史记录"面板中右击，在弹出的快捷菜单中找到相应命令。

图2-36　"历史记录"面板

2.3.2 撤销操作

在操作过程中发生错误后，用户可以选择"编辑>还原状态更改"命令，撤销前一步操作（快捷键为Ctrl+Z），如果需要撤销多步操作，则可以使用快捷键Ctlr+Alt+Z，但如果需要撤销到前面的任一步骤，则需要进入"历史记录"面板，选择相应的步骤进行撤销。

总体来说，常用的撤销操作方法有以下几种。

方法一：使用快捷键Ctlr+Alt+Z进行撤销操作。若只需要撤销一步操作，则按下快捷键Ctlr+Z即可，但并不能无限次撤销，如果超过软件的默认次数，则撤销操作无效。

方法二：使用"历史记录"面板中的"删除"命令。打开"历史记录"面板后，选择需要撤销的步骤，右击并选择"删除"命令，如图2-37所示。也可以直接将该步骤拖曳到面板底部的"删除当前状态"按钮上，如图2-38所示。

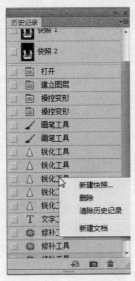 

图2-37 右键菜单撤销　　图2-38 使用删除按钮撤销

方法三：如果想保留某一步骤之前的所有操作，并另外新建一文件对图像进行编辑，可以在"历史记录"面板中选择该步骤，右击并选择"新建文档"命令，将会在软件中以该步骤为初始状态，建立新的文件。

方法四：如果在操作过程中，对图像进行了快照操作，则选择任一快照，图像将会切换到快照之前最后一步操作的状态。

2.3.3 恢复操作

恢复操作与撤销操作在"历史记录"面板中的操作类似，主要包括以下两种方法。

方法一：选择"编辑>前进一步"（快捷键为Shift+Ctrl+Z）命令，该命令只能恢复一步操作；

方法二：在"历史记录"面板中找到需要恢复的操作，选中并将操作停留在该处即可。

提示

设置可撤销的操作步骤数

在"首选项"对话框的"性能"选项面板中，可以更改"历史记录"面板可记录的状态数量，即可撤销的操作步骤数。具体内容见第1章中"1.6.3设置Photoshop首选项"小节的内容。

提示

创建与删除快照

所谓"快照"，其实就是对图像的当前状态进行快速记录，并做备份，以备将来使用。在设计过程中，单击"历史记录"面板中的"创建新快照"按钮，即可对当前图像状态创建快照，并且显示于历史记录列表中。

之后如果需要恢复到快照时的状态，单击该快照即可。

删除快照的方法与删除操作步骤的方法相同，在"历史记录"面板中右击快照，选择"删除"命令，或者直接将快照拖到"删除当前状态"按钮上即可。

1. 以下变形工具可以对图片进行局部修改的是（　）。

A. 变形　　　　B. 操控变形　　　　C.自由变换　　　　D.透视裁剪

2. 以下操作一定能撤销操作中的任意一步的是（　）。

A. 在"历史记录"面板中选择需要撤销的步骤，右击并选择"删除"命令

B. 按下快捷键Ctrl+Z撤销步骤

C. 按下快捷键Ctrl+Alt+Z撤销步骤

D. 没有方法

3. 按照如下步骤完成操作。

Step 01 创建一个宽度为12厘米、高度为10厘米、背景为白色、分辨率为300像素/英寸的图像文件。

Step 02 将其保存为TIFF文件格式，并设置文件名称为"知行时代"。

4. 将光盘中的素材文件"狗. jpg"的画布更改为1500像素×1500像素，然后裁剪出如图2-39中框线所示区域。

5. 对光盘中的素材文件"狗. jpg"进行自由变换，旋转、缩放并拉伸，然后使用"历史记录"面板撤销自由变换操作。

图2-39　素材文件

03 选区的创建与编辑

<table>
<tr><td>本 章 导 读</td><td>选区是Photoshop中一个非常重要的概念，本章将重点介绍选区的创建与编辑，主要内容包括：选区的创建与修改、使用工具创建选区、根据颜色创建选区、调整选区以及路径的相关知识。选区的操作是Photoshop中比较基本的操作，掌握好选区的操作有利于以后的Photoshop学习。</td></tr>
<tr><td rowspan="4">本 章 要 点</td><td>

• 选区的创建与修改　　　　　　　• 调整选区

• 利用矩形选框工具创建选区　　　• 绘制路径

• 利用套索工具创建选区　　　　　• 选择路径

• 使用魔棒工具创建选区　　　　　• 描边路径

• 使用快速选择工具创建选区　　　• 填充路径

</td></tr>
</table>

3.1 选区的创建与修改

选区是一个闭合区域，在进行图像处理时，若图像中创建了选区，则只会影响选区内的图像，而不影响其他区域。选区的创建有多种方法，本节将介绍各种创建选区的方法，以及创建的模式、修改选区的方法。

3.1.1 操作模式

使用选框工具、套索工具和魔棒工具创建选区时，在工具选项栏中会出现操作模式按钮，如图3-1所示。

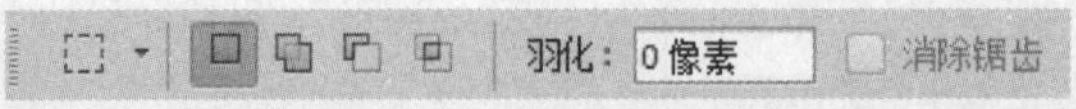

图3-1 操作模式按钮

提示

取消选择与重新选择的方法

如果想取消刚创建的选区，可以选择"选择>取消选择"命令，或按下快捷键Ctrl+D。如果想恢复被取消的选区，可以选择"选择>重新选择"命令。

● 新选区▢：单击"新选区"按钮，在图像中拖动创建选区，新选区会替换原有选区。如图3-2所示为在图像中创建了新选区，图像中树叶位于选区内，其他区域位于选区之外。

图3-2 存在选区的图像

● 添加到选区▣：单击"添加到选区"按钮，在图像中拖动鼠标，可以在原有选区的基础上添加新选区，如图3-3所示。下页左图中有一个矩形选区，右图为单击"添加到选区"按钮后再次在图像中增加一个矩形选区后得到的效果。如果原图像中没有创建选区，单击"添加到选区"按钮，则会创建一个新选区，再次创建选区时，会在原有基础上继续添加选区。使用此方法进行操作，可以在图像中创建多个选区。

图3-3 在原有选区上增加新选区

● 从选区减去 🔲：单击"从选区减去"按钮，在图像中拖动，可以从原有选区中减去当前创建的选区，如图3-4所示。如果图像中没有选区，则会创建新选区，再次创建选区时，会在原有基础上继续减去新创建的选区。

图3-4 在原有选区上减去选区

● 与选区交叉 🔲：单击"与选区交叉"按钮，在图像中拖动，得到的选区是原有选区与新建选区交叉的区域，如图3-5所示。如果图像中没有选区，则会创建新选区，再次创建选区时，会得到两个选区交叉的部分。

图3-5 创建交叉选区

3.1.2 羽化

羽化选区是指使选定范围的边缘形成朦胧的效果。这种模糊方式会使选区边缘的一些图像细节丢失。羽化值越大,朦胧范围越大,羽化值越小,朦胧范围越小。下面以实例形式,展现羽化选区的功能。

Step 01 打开一张素材图片,如图3-6所示。

Step 02 绘制出所选区域的大致轮廓,如图3-7所示。

图3-6 打开素材图像　　　　　图3-7 绘制选区

Step 03 在菜单栏中选择"选择>修改>羽化"命令或按下快捷键Shift+F6,如图3-8所示,弹出"羽化选区"对话框,在该对话框中设置"羽化半径"值为30,单击"确定"按钮,如图3-9所示。

① 提示

警告对话框

如果创建的选区较小而"羽化半径"值设置得较大,则会弹出警告对话框。单击"确定"按钮,将正常进行羽化,这时选区边线将不可见,但选区仍然存在。

图3-8 选择"羽化"命令　　　　　图3-9 "羽化选区"对话框

Step 04 羽化之后,若需要查看羽化效果,则按下快捷键 Ctrl+Shift+I 对其进行反选(也可以单击菜单栏上的"选择>反向"命令),反选后按下快捷键Ctrl+De-lete,可以看到羽化的效果。继续按下快捷键Ctrl+Delete,每按一次,设置的羽化效果就重复一次。查看后再次反选选区。

Step 05 按下快捷键Ctrl+C复制选区内的图像，打开另外一张图像，按下快捷键Ctrl+V粘贴图像，得到如图3-10所示的效果。

图3-10 调整前后的效果

① 提示

"样式"选项的设置

"样式"下拉列表中的3个选项各有长处和适用的情况，需要根据不同的选区创建要求和图像情况进行选择。

3.1.3 样式

在选区创建工具的选项栏中，"样式"下拉列表中包含"正常"、"固定比例"、"固定大小"选项，如图3-11所示，各选项作用如下。

● 正常：默认状态下即选择"正常"选项，可以利用选框工具创建任意大小的选区。

● 固定比例：选择此选项时，会激活后面的"宽度"和"高度"选项。在"高度"和"宽度"数值框中输入数值，可以固定选区宽度和高度的比值，绘制出的选区宽高比例相同但大小可以不同。

● 固定大小：选择此选项时，会激活后面的"宽度"和"高度"选项。在"高度"和"宽度"数值框中输入数值，在图像中单击，即可绘制出设定大小的选区。在选择此选项的状态下，按住Shift键还可绘制出多个大小相同的选区。

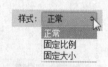

图3-11 "样式"列表

3.2 使用工具创建选区

常用的创建选区的工具包括选框工具和套索工具。其中，选框工具又包括矩形选框工具 ⬚、椭圆选框工具 ○、单行选框工具 ═ 和单列选框工具 ❙，用于创建规则选区；套索工具包括套索工具 ◠、多边形套索工具 ◹和磁性套索工具 ◿，用于创建不规则选区。

3.2.1 矩形选框工具

矩形选框工具用于创建矩形和正方形的选区。

单击工具箱中的矩形选框工具 ⬚ 后，出现如图3-12所示的选项栏。

⬚ ▾ ｜▢ ▣ ▦ ▤ ｜羽化: 0 像素 ｜□ 消除锯齿 ｜样式: 正常 ◦ ｜宽度: ｜⇄ 高度: ｜调整边缘…

图3-12 矩形选框工具选项栏

单击矩形选框工具 ⬚，按住鼠标左键在画面中拖动，即可创建矩形选区，如图3-13所示。选择"选择>反向"命令或按下快捷键Ctrl+Shift+I，可以进行反选，如图3-14所示。

图3-13 创建的矩形选区

图3-14 反选后的效果

使用矩形选框工具时，按住Shift键拖动，可以创建正方形选区；按住Alt键拖动，则可以创建以单击点为中心的矩形选区；按住Shift+Alt键拖动，则可以创建以单击点为中心的正方形选区。

创建选区后，选择"选择>取消选择"命令或按快捷键Ctrl+D，可取消选区。

3.2.2 椭圆选框工具

椭圆选框工具用于创建椭圆形或圆形选区。

在工具箱中单击椭圆选框工具 ○ 后，出现如图3-15所示的选项栏。

图3-15 椭圆选框工具选项栏

单击椭圆选框工具 ○，在画面中按住鼠标左键并拖动，即可创建椭圆选区，如图3-16所示。使用椭圆选框工具时，按住Shift键拖动鼠标，则可以创建圆形选区；按住Alt键拖动鼠标，则可以创建以单击点为中心的椭圆选区；按住Shift+Alt键拖动鼠标，则可以创建以单击点为中心的圆形选区。

! 提示

"消除锯齿"复选框的作用

勾选"消除锯齿"复选框后，所创建的椭圆选区不会出现锯齿，从而使图像边缘看上去更加圆滑。

图3-16 创建的椭圆选区

3.2.3 单行、单列选框工具

单行选框工具 只能创建高度为1像素的行选区。同理，单列选框工具 只能创建宽度为1像素的列选区，这两个选框工具常用来制作网格。

单击单行选框工具 后，出现如图3-17所示的选项栏。

图3-17 单行选框工具选项栏

单击单列选框工具 后，出现如图3-18所示的选项栏。

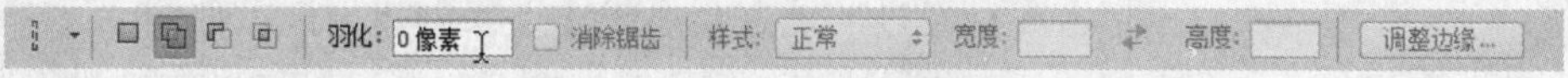

图3-18 单列选框工具选项栏

3.2.4 套索工具

套索工具用于创建不规则选区。

单击套索工具 后，出现如图3-19所示的选项栏。

图3-19 套索工具选项栏

单击套索工具 ，在画面中单击确定起始点，按住鼠标左键不放拖动至起点处，释放鼠标左键后即创建了一个选区，如图3-20所示。如果拖动过程中释放鼠标左键，则会在起点与该点之间形成直线来封闭选区。

同样的，若要取消选区，选择"选择>取消选择"命令或按快捷键Ctrl+D即可。

图3-20 利用套索工具创建选区

3.2.5 多边形套索工具

多边形套索工具用于创建直边不规则选区。

单击多边形套索工具 后，出现如图3-21所示的选项栏。

图3-21 多边形套索工具选项栏

单击多边形套索工具 ，在要选择区域的每个拐点处单击鼠标左键直至起点处，即可创建选区，如图3-22所示。也可以在确定两个点后双击鼠标形成闭合选区。

图3-22 利用多边形套索工具创建选区

提示

使用多边形套索工具时的快捷键

使用多边形套索工具 时，按住 Shift 键拖动鼠标左键，可以得到水平、垂直或45°方向的线；按住 Alt 键拖动鼠标，则可以切换为套索工具。使用套索工具 时，按住 Alt 键拖动鼠标，则可以切换为多边形套索工具。

**使用磁性套索工具
时的快捷键**

使用磁性套索工具
时，按住Alt键单
击，可以切换为多
边形套索工具；
按住Alt键拖动鼠
标，可以切换为套
索工具。

3.2.6　磁性套索工具

磁性套索工具可以自动识别对象边界，用于在背景复杂但对象边缘清晰的图像中创建选区。

单击磁性套索工具后，出现如图3-23所示的选项栏。

图3-23　磁性套索工具选项栏

单击磁性套索工具，单击并沿着对象边缘拖动鼠标，光标经过的地方会形成锚点来创建选区，如图3-24所示。如果锚点位置不对，按下Delete键可以将其删除；连续按下Delete键可以依次删除前面的锚点。

图3-24　利用磁性套索工具创建选区

🖥 **上机实践** ┃ 使用套索工具快速选择区域

Step 01 查看并分析原始图像。打开光盘中的素材文件01.jpg，如图3-25所示。本案例将为该图像增添一点儿有趣的效果。

Step 02 选择区域。选择套索工具，单击并按住鼠标左键进行拖动，选择中间的一颗蓝莓图像，如图3-26所示。选取结果如图3-27所示。

  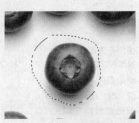

图3-25　打开素材图像　　　　图3-26　创建选区　　　　图3-27　选区范围

Step 03 调整色相/饱和度。选择"图像 > 调整 > 色相/饱和度"命令（快捷键为Crtl+U），设置"色相"为138，"饱和度"为40，"明度"为8，如图3-28所示。单击"确定"按钮，得到如图3-29所示的效果。

 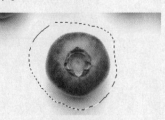

图3-28　设置"色相/饱和度"参数　　　图3-29　调整后的效果

根据颜色创建选区

3.3

根据颜色创建的选区形状通常是不规则的，其优点是能够一次性选择图像中颜色一致的区域。本节主要介绍的是利用魔棒工具、快速选择工具与"色彩范围"命令选取颜色区域的方法。

3.3.1 魔棒工具

魔棒工具根据图像中的不同色域创建选区。单击工具箱中的魔棒工具 后，出现如图3-30所示的选项栏。

图3-30　魔棒工具选项栏

● 容差："容差"可以设置为0~255像素之间的数值。该数值较低时，只能选择与单击点非常相似的颜色；该数值越高，所能选择的颜色范围就越广。图3-31和图3-32分别为设置不同容差值时创建的选区效果，可以看到容差值较大时，选取的区域也较大，与单击点相近的颜色也被选取在内了。

图3-31　容差为15的效果　　　　　　图3-32　容差为55的效果

● 连续：勾选"连续"复选框，则将选择相连的颜色区域；取消勾选该复选框，则可以选择图像中与单击点颜色相近的所有区域，这些区域可以是相互分离的，如图3-33和图3-34所示。

图3-33　勾选"连续"复选框　　　　　图3-34　取消勾选"连续"复选框

● 对所有图层取样：如果文件中包含多个图层，勾选该复选框时，可以选择所有可见图层上颜色相近的区域；取消勾选时，则只选择当前图层上颜色相近的区域。

提示

使用魔棒工具时的快捷键

使用魔棒工具 的时候，按住Shift键单击鼠标左键，可以增加选区；按住Alt键单击鼠标左键，可以从当前选区中减去所选颜色区域；按住Shift+Alt键单击鼠标左键，可以得到与当前选区相交的区域。

Step 01 设置魔棒工具参数。打开光盘中的素材文件"花朵.jpg",如图3-35所示。选择魔棒工具,在选项栏中设置"容差"为50,勾选"消除锯齿"复选框,取消勾选"连续"复选框,如图3-36所示。

Step 02 选择红色区域。单击图像中的红色花瓣,红色花瓣周围出现虚线,如图3-37所示。如果选区有偏差,可以使用其他选择工具删除或增加选区。

图3-36 魔棒工具选项栏

图3-35 打开素材文件   图3-37 创建并修正选区

提示

注意保留选区
创建调整图层时需保留选区,否则调整图层会对整个背景图层进行调整。创建的新图层包含一个图层蒙版,我们可以进一步对调整图层和图层蒙版进行编辑。

Step 03 创建调整图层。选择"窗口>调整"命令,调出"调整"面板,如图3-38所示。单击"色相/饱和度"图标,添加"色相/饱和度"调整图层,在弹出的"属性"面板中将"色相"设置为-79,如图3-39所示。

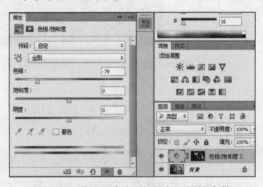

图3-38 "调整"面板   图3-39 设置"色相/饱和度"属性参数

Step 04 查看最终效果。改变"色相"值后,选区中的花瓣颜色发生改变,提高"饱和度"可以使颜色看起来更鲜艳,提高"明度"可以使图像发白。设置"色相"值为-79后,可以看到选区中的颜色变成紫色,如图3-40所示。

图3-40 最终效果图

3.3.2　快速选择工具

快速选择工具用于选取颜色单一或由多种图像组成的选区，可快速创建选区。单击快速选择工具 ，出现如图3-41所示的选项栏，选项栏中各参数含义如下。

图3-41　快速选择工具选项栏

● 选区操作模式：单击"新选区"按钮 ，可以创建一个新选区；单击"添加到选区"按钮 ，可以在原有选区基础上添加新创建的选区；单击"从选区减去"按钮 ，可以在原有选区基础上减去新创建的选区。

● 画笔：单击"画笔"下拉按钮，打开"画笔"选取器。其中包含大小、硬度、间距等相关参数，可以根据需要进行设置。

● 自动增强：勾选此复选框后，可以在绘制选区时自动增加选区边缘。

3.3.3　色彩范围

"色彩范围"命令可以根据图像颜色范围创建选区。选择"选择>色彩范围"命令，打开"色彩范围"对话框，如图3-42所示，在其中设置颜色容差，并单击取样颜色即可创建颜色选区。对话框中的各参数含义如下。

将光标放置在预览区或图像上，单击鼠标左键，即可对颜色进行取样。若要添加颜色，则单击"添加到取样"按钮 ，然后在预览区或图像上单击；若要减去颜色，则单击"从取样中减去"按钮 ，然后在预览区或图像上单击。

● 选择：用于设置选区的创建方式。

● 检测人脸：勾选此复选框后，可以更准确地进行肤色选择。

● 本地化颜色簇：勾选此复选框后，"范围"选项将被激活，拖动滑块可以控制包含在蒙版中的颜色与取样的范围，也可以在数值框中输入数值进行调整。

● 颜色容差：控制颜色的选择范围，数值越大，包含的颜色越多。

● 选区预览区域：可以对选区进行预览。选中下方的"选择范围"单选按钮时，白色代表被选中区域，黑色代表未被选中区域；选中"图像"单选按钮时，将显示彩色图像。

● 选区预览：设置文件窗口中选区的预览方式，具体选项说明见右侧栏中的"提示"内容。

● 载入：单击"载入"按钮，可以载入选区预设。

● 存储：单击"存储"按钮，可以将当前状态存储为选区预设。

● 反相：勾选"反相"复选框，相当于选择"选择>反向"命令。

图3-42　"色彩范围"对话框

提　示

选区预览方式

"无"表示不在文件窗口显示选区；"灰度"表示按照在灰度通道中的外观显示选区；"黑色杂边"表示将未选择的区域覆盖上黑色；"白色杂边"表示将未选择的区域覆盖上白色；"快速蒙版"表示按照在快速蒙版中的状态显示选区。

上机实践 使用"色彩范围"命令选取并替换某一颜色

Step 01 设置色彩范围。打开光盘中的素材文件"木房.jpg",如图3-43所示,选择"选择>色彩范围"命令,弹出对话框。设置"颜色容差"为181,"范围"为71%,如图3-44所示。

图3-43 原图　　　　　　　图3-44 设置色彩范围参数

Step 02 选择颜色区域。在对话框中单击"添加到取样"吸管,单击图像中红色部分,被选中的区域显示为亮色,未选中的区域为黑色,选中一部分的区域显示为灰色,确定选区范围后,单击"确定"按钮。

Step 03 为选区添加调整图层。选择"窗口>调整"命令调出"调整"面板,如图3-45所示,单击"色相/饱和度"图标,添加"色相/饱和度"图层。在弹出的"属性"面板中设置"色相"值为180,得到如图3-46所示的最终效果。

图3-45 "调整"面板　　　　图3-46 最终效果

3.4 调整选区

调整选区的操作包括移动选区位置、选取相似选区、反选选区、羽化选区等,通过对选区进行这些操作,能够在最大程度上通过调整现有选区得到精确选区,从而避免重复操作,提高工作效率。

3.4.1 移动选区

将光标置于选区内,当光标变为时,按住鼠标左键不放进行拖动即可移动选区,如图3-47和图3-48所示为选区移动前后的对比。

图3-47 选区移动前　　　　　图3-48 选区移动后

3.4.2　选取相似

选择"选择>选取相似"命令,可以选择与当前选区颜色相似的像素。"选取相似"命令基于魔棒工具选项栏中的"容差"决定其选区的扩展范围,容差值越大,扩展范围越广。

3.4.3　反选选区

选择"选择>反向"命令,可以选择与当前选区相反的区域,即除当前选区以外的图像区域。

① 提示

反选选区的其他方法
除了在菜单栏中选择相应命令外,还可以按下快捷键Ctrl+Shift+I反选选区,或右击选区,在快捷菜单中选择"选择反向"命令。

3.4.4　取消选择区域

选择"选择>取消选择"命令,或按下快捷键Ctrl+D,都可取消当前选区。

3.4.5　羽化选区

选择"选择>修改>羽化"命令,可以控制羽化范围的大小。

3.4.6　变换选区

选择"选择>变换选区"命令,选区上出现变换控制框,如图3-49所示。拖动控制点即可对选区进行变形操作,但选区内的图像不会发生变化,如图3-50所示。如果选择"编辑>变换"命令,则会同时对选区和选区内的图像进行变形操作,如图3-51所示。

  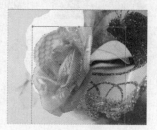

图3-49　变换控制框　　　　图3-50　变形选区　　　　图3-51　变形选区和图像

3.4.7　显示与隐藏选区

创建选区后,选择"视图>显示>选区边缘"命令,或者按下快捷键Ctrl+H,可以隐藏选区。需要注意的是,此时选区虽然不见了,但它仍然是存在的。如果需要重新显示选区,可以按下快捷键Ctrl+H。

图3-52　显示与隐藏选区

3.4.8 修改选区

创建选区后，可以通过对话框来精确调整选区。在"选择"菜单的"修改"子菜单下包含"边界"、"平滑"、"扩展"、"收缩"以及"羽化"几个命令，选择相应命令后，在弹出的对话框中输入数值即可对选区进行修改。

图3-53 平滑选区

图3-54 羽化选区

3.5 利用路径进行选择

在Photoshop中，如果无法使用选择工具顺利选取的话，可以考虑使用路径进行选择，创建出路径之后，将路径转换为选区即可，在设计过程中经常会用路径来选择边缘不规则的图像区域。

3.5.1 了解路径

路径可以转化为选区，并可以使用颜色填充或描边轮廓。它可以是包含起点和终点的开放式路径，也可以是没有起点和终点的闭合路径。通常情况下，Photoshop中的路径需要手动进行绘制与调整。

3.5.2 绘制路径

钢笔工具是创建路径时常用的工具，如图3-55所示为钢笔工具的选项栏。

图3-55 钢笔工具选项栏

单击工具箱中的钢笔工具，在图像中单击以确定路径起点，将光标移动到下一位置再次单击，此时即形成一条直线路径，如图3-56所示。如果再单击另一点，且按住鼠标左键不放拖动鼠标则会形成一条曲线路径，如图3-57所示。

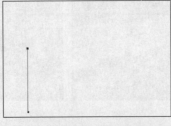
图3-56 绘制直线路经

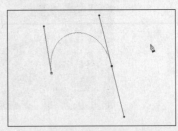
图3-57 绘制曲线路径

3.5.3 路径与选区的相互转换

在Photoshop中，路径还可以与选区进行相互转换，以便能更好地对图像进行编辑操作。将路径转换为选区的方法有3种，分别为使用快捷键转换、使用右键菜单转换和在"路径"面板中进行转换。将路径转换为选区后还可在"路径"面板中将选区转换为工作路径，实现选区与路径之间的相互转换。下面将通过实例介绍路径与选区的相互转化。

上机实践　路径与选区的相互转换

Step 01 选择选区。打开光盘中的素材文件"教堂.jpg"，在图像中创建选区，如图3-58所示。

Step 02 将选区转换成路径。切换至"路径"面板，如图3-59所示，单击面板底部的"从选区生成工作路径"按钮，即可将选区转化为路径，如图3-60所示。

Step 03 路径转换成选区。选择面板中的路径，单击面板底部的"将路径作为选区载入"按钮，则可路径将转化为选区。

⊕ 提 示

调出"路径"面板的方法

如果界面中没有显示"路径"面板，则在菜单栏中选择"窗口>路径"命令，即可调出"路径"面板。

图3-58　创建选区

图3-59　"路径"面板

图3-60　选区转换成路径

3.6　编辑路径

路径在Photoshop中起着非常重要的作用，不仅可以用于绘制图形，且在大多数情况下如果想要制作精确的选择区域或图形只能通过路径。路径创建完成以后，可以像编辑选区一样对其进行操作，比如对其位置、比例、方向等进行调整，以达到满意的效果。

3.6.1 选择路径

当需要选择路径时，可以直接在工具箱中单击路径选择工具，再单击图像中的目标路径即可，整条路径即处于选中状态。

在工具箱中单击直接选择工具，然后在图像中单击路径的锚点，可以对单个锚点进行选择。如果需要同时选择多个锚点，只要在选择时按住Shift键即可。选中的锚点以实心显示，未选中的以空心显示。

3.6.2 调整路径

选择锚点后的下一步就是对锚点进行调整，在Photoshop CS6中利用直接选择工具可以移动直线路径，同时，还可以使用该工具对单个锚点进行拖动，如图3-61所示。

调整曲线线段时，可以使用直接选择工具对需要拖动调整的曲线线段进行编辑，同时也可以通过控制手柄变换该曲线线段，如图3-62所示。

图3-61　更改锚点的位置　　　　　　图3-62　调整曲线段控制手柄

3.6.3 转换锚点

使用工具箱中的转换点工具，可以在直角型锚点、光滑型锚点和拐角型锚点之间进行相互切换。如图3-63所示，使用转换点工具在锚点上单击，即可将光滑型锚点转换为直线型锚点，猫的脚部路径由原来的平滑型变成了尖锐的直线型。

图3-63　光滑型锚点转换成直线型锚点

① 提 示

删除锚点工具的其他作用

通过使用删除锚点工具，还可以使原本较曲折的路径变得平滑。

3.6.4 添加、删除锚点

如果需要在路径中添加锚点，则单击工具箱中添加锚点工具，将光标放置在需要添加锚点的路径上，当光标变为添加锚点工具图标时单击即可。

如果需要删除锚点，则单击工具箱中删除锚点工具，将光标放置在需要删除锚点的路径上，当光标变为删除锚点工具图标时单击即可。

3.6.5 描边路径

如果要对路径进行描边，首先切换至"路径"面板，在面板中单击选择要编辑的路径；将前置色设置为描边线条需要的颜色，然后在工具箱中选择画笔工具，并在选项栏中对画笔的大小、透明度和模式等属性进行调整；接着单击"路径"面板底部的"用画笔描边路径"按钮，即可对路径进行描边。

3.7 使用“路径”面板

“路径”面板是路径的控制与保存中心，所有路径都保存于此面板中，通过该面板提供的相关功能，可以完成选择、复制、删除路径等多项操作。要使用“路径”面板，首先需在“窗口”菜单中激活“路径”命令，以显示该面板。

3.7.1 “路径”面板

“路径”面板用于保存和管理路径，如图3-64所示，该面板中按钮的功能如下。

- 路径：显示了当前文件包含的路径。
- 用前景色填充路径：用前景色填充路径区域。
- 用画笔描边路径：用画笔工具描边路径。
- 将路径作为选区载入：将当前所选路径转化为选区。
- 从选区生成工作路径：从当前选区生成路径。
- 添加蒙版：添加蒙版。
- 创建新路径：创建新路径层。
- 删除当前路径：删除所选路径。

图3-64 “路径”面板

3.7.2 新建路径

单击“路径”面板中的“创建新路径”按钮，即可创建新路径，如图3-65所示。默认新建路径名称为“路径1”、“路径2”等。

如果要在创建新路径时设置路径名称，则可以在创建新路径时，按住Alt键的同时单击“创建新路径”按钮，将弹出“新建路径”对话框，在该对话框中输入路径名称后，单击“确定”按钮即可，如图3-66所示。

提 示

新建路径的方法

可通过使用钢笔工具或自由钢笔工具来绘制新建路径，不同的是自由钢笔工具绘制的路径比较自由和不规则。

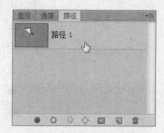

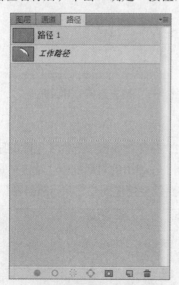

图3-65 创建新路径

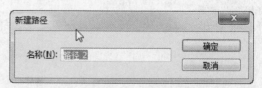

图3-66 “新建路径”对话框

3.7.3 填充路径

默认情况下，单击"路径"面板底部的"用前景色填充路径"按钮 ● ，即可为路径填充前景色。

如果要具体调整填充路径的参数，则可以在按住Alt键的同时单击"用前景色填充路径"按钮，打开"填充路径"对话框，如图3-67所示，在该对话框中进行设置。用户也可以单击"路径"面板右上角的扩展按钮 ，从扩展菜单中选择"填充路径"命令，打开"填充路径"对话框。对话框中的具体参数含义如下。

● "内容"选项区域：用于设置填充的内容。在"使用"下拉列表中包含"前景色"、"背景色"、"颜色"、"内容识别"、"图案"、"历史记录"、"黑色"、"50%灰色"、"白色"等选项。选择"图案"选项时，将激活下面的"自定图案"选项，可以从下拉列表中选择一种图案填充路径。

● "混合"选项区域："模式"选项用于选择填充效果的混合模式。"不透明度"数值框用于设置填充内容的不透明度。勾选"保留透明区域"复选框，将只将填充应用于包含像素的图层区域。

● "羽化半径"数值框：为填充设置羽化值。

● "消除锯齿"复选框：在选区像素和周围像素之间创建平滑过渡。

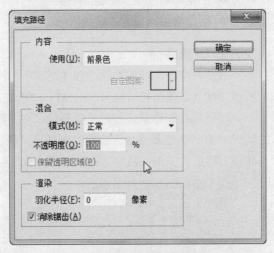

图3-67 "填充路径"对话框

3.7.4 删除路径

如果要删除路径，则先在"路径"面板中选择要删除的路径，然后单击面板底部的"删除当前路径"按钮 ，在弹出的对话框中，单击"是"按钮，即可删除路径，如图3-68所示。也可以将路径直接拖到"删除当前路径"按钮上。

提 示

删除路径的其他方法

除了通过"删除当前路径"按钮删除路径外，还可以直接选择路径，然后按下 Delete 键进行删除。

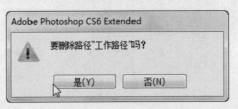

图3-68 提示对话框

练习题

1. 在创建选区时，可以使用的操作模式有（ ）。

A. 创建新选区　　　　　B. 从选区中减去　　　　C. 添加到选区　　　　D. 与选区交叉

2. 下面关于"羽化"的说法正确的是（ ）。

A. 羽化的作用是使选区边缘的像素分散，以选取柔和的边缘

B. 羽化值越大，柔和程度越小，边缘越明显

C. 如果要使选择工具的羽化值有效，必须在创建选区前先在工具选项栏中设置羽化值

D. 选择"选择>修改>羽化"命令，可以弹出"羽化选区"对话框

3. 使用（ ）可以创建规则选区。

A. 魔棒工具　　　　　　B. 矩形选框工具　　　　C. 快速选择工具　　　　D. 磁性套索工具

4. 在对图像进行变形处理时，可以使用（ ）命令。

A. 操控变形　　　　　　B. 变形　　　　　　　　C. 缩放　　　　　　　　D. 透视

5. 选择"编辑>变换"命令下的级联命令，可以对图像进行（ ）操作。

A. 缩放图像　　　　　　B. 旋转图像　　　　　　C. 扭曲和透视图像　　　D. 变形图像

6. 打开光盘中的素材图像"五台山4.jpg"，如图3-69所示，利用快速选择工具创建选区，得到如图3-70所示的效果。

图3-69　打开素材文件　　　　　　　　图3-70　创建选区

04 图层操作

本章导读

本章将主要讲解与Photoshop图层有关的绝大部分操作，深入理解本章讲解的各类图层概念，并通过练习切实掌握有关图层的操作，对于掌握Photoshop的图层知识将会有很大帮助。另外，学习和掌握本章讲解的图层样式功能，可以制作平面设计作品的立体效果。

本章要点

• 图层的基本概念	• 合并图层样式的使用
• 图层的基本操作	• 图层样式的使用
• 图层组的使用方法	• 填充图层
• 对齐图层	• 调整图层
• 分布图层	• 智能对象的使用

4.1 了解"图层"面板

Photoshop的图层功能几乎都可以通过"图层"面板来实现，因此要掌握图层操作，必须掌握"图层"面板的操作方法。"图层"面板可用于创建、编辑及管理图层，在Photoshop中，图像可存放在相同或不同的图层上，而图层都放在"图层"面板中。

如图4-1所示为Photoshop的"图层"面板，下面简单介绍"图层"面板中各个按钮与控制选项的含义。

● 图层混合模式 柔光：用于设置当前图层的混合模式。

● 不透明度 不透明度: 100% ▼：用于设置当前图层的不透明度。数值越小，当前图层越透明。

● 图层属性控制按钮组 锁定：☑ ✔ ⊕ ⊕：用于设置当前图层的属性。

● 填充 填充: 100% ▼：用于设置当前图层的填充不透明度。该数值只影响图层中图像的不透明度，而不会影响该图层上图层样式的不透明度。

图4-1 "图层"面板

● 指示图层可见性 ◉：显示该标志的图层为可见图层。单击该标志，可以隐藏相应图层。

● 链接图层 ⇔：显示该标志的图层彼此链接，可以一同操作。单击此按钮，则可将选中的图层链接起来。

● 添加图层样式 fx：单击该按钮，可以从弹出的下拉列表中选取一个效果，为当前图层添加图层样式。

● 添加图层蒙版 ▢：单击该按钮，为当前选中图层添加蒙版。

● 创建新的填充或调整图层 ◕：单击该按钮，可以从下拉列表中为当前图层创建填充图层或调整图层。

● 创建新组 ▢：单击该按钮，可以创建新图层组。

● 创建新图层 ▢：单击该按钮，可以创建新图层。

● 删除图层 ▥：单击该按钮，可以删除当前选中的图层。

4.2 图层的基本操作

图层的基本操作包括创建与选择图层、显示和隐藏图层、复制图层、更改图层名称与颜色、删除图层、改变图层的次序、设置图层不透明度与填充、栅格化图层、锁定与解锁图层等，掌握这些操作基本上就可以掌握有关图层操作40%的技能与知识。

4.2.1 创建与选择图层

创建图层可采用如下两种方法。

● 单击"图层"面板中的"创建新图层"按钮 ▢，即可创建新图层。

● 选择"图层>新建>图层"命令，打开"新建图层"对话框，如图4-2所示，进行相关设置，然后单击"确定"按钮，创建新图层。

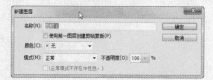

图4-2 "新建图层"对话框

选择图层一般采用如下方法。

● 选择一个图层：单击"图层"面板中所需的图层，该图层即可变成当前图层，即被选中。

● 选择多个图层：要选择几个连续的图层时，可以在单击第一个图层后，按住Shift键单击最后一个图层；若选择不相邻的多个图层，可以在单击第一个图层后，按住Ctrl键单击其他图层。

① 提示

快速隐藏其他图层
按住Alt键的同时单击"指示图层可见性"图标，可以隐藏该图层外的其他图层；按住Alt键再次单击"指示图层可见性"图标，可以显示其他图层。

4.2.2 显示和隐藏图层

设计工作中，经常需要对比添加某图层的前后效果，此时可以来回切换显示与隐藏图层，对比查看效果。

单击"图层"面板中该图层左侧的"指示图层可见性"图标 ◉，可以隐藏该图层。如果要重新显示该图层，则再次单击图标即可。

4.2.3 复制图层

如果需要重复使用图层中的内容，可以复制图层。复制图层可采用如下方法。

● 在"图层"面板中，将图层拖动到"创建新图层"按钮 ▢ 上，即可复制该图层。

● 选择一个图层，选择"图层>复制图层"命令，打开"复制图层"对话框，如图4-3所示，进行相关设置后，单击"确定"按钮，即可复制图层。

图4-3 "复制图层"对话框

4.2.4 更改图层名称与颜色

在"图层"面板中，双击图层名称，图层名称变为可编辑状态，在此输入名称后单击其他位置，即可修改图层名称，如图4-4所示。

对于一些特殊的图层，可以通过更改颜色来突出显示，右击图层左侧区域，在弹出的快捷菜单中选择一种颜色作为图层的颜色，即可更改图层显示颜色，如图4-5所示。

图4-4 修改图层名称　　　　图4-5 修改图层颜色

4.2.5 删除图层

对于不需要的图层，可以将其删除，删除图层可采用如下方法。

● 在"图层"面板中选中需要删除的图层，单击"图层"面板右下角的"删除图层"按钮，在弹出的对话框中单击"是"按钮，即可删除图层。

● 将要删除的图层直接拖到"删除图层"按钮 🗑 上，即可删除图层。

● 在"图层"面板中选中图层，然后在菜单栏中选择"图层>删除>图层"命令，在弹出的对话框中单击"是"按钮，即可删除图层。

● 选择菜单栏中"图层>删除>隐藏图层"命令，可以删除隐藏的图层。

4.2.6 改变图层的次序

在"图层"面板中，图层是按照创建顺序排列的。直接在面板中拖动图层，可以改变图层的次序。也可以选中需要调整的图层，选择"图层>排列"级联菜单中的命令进行调整，如图4-6所示。

● 置为顶层：将所选图层放置在最顶层。

● 前移一层：将所选图层向上移动一层。

图4-6 "图层>排列"级联菜单

● 后移一层：将所选图层向下移动一层。

● 置为底层：将所选图层置于最底层。

● 反向：反转所选图层顺序。

🛈 提 示

利用快捷键改变图层顺序

按下快捷键Ctrl+]可以将当前图层向上移动一层；按下快捷键Ctrl+[可将当前图层向下移动一层；按下快捷键Ctrl+Shift+]可将当前图层移至最顶层；按下快捷键Ctrl+Shift+[可将当前图层移至最底层。

提示

“填充”透明度的影响范围

需要注意的是，图层的“填充”透明度只改变图像本身的透明效果，不会影响到图层样式的透明效果。

4.2.7 设置图层“不透明度”与填充

选择设置图层的“不透明度”与填充，可以得到不同的遮盖效果。图4–7中，左图为椭圆选区外图层添加了渐变叠加，此时不透明度和填充均为100%。选中添加渐变叠加的图层，将不透明度设置为75%，填充设置为100%，得到右图所示效果，即不透明度可改变图层本身及其样式的透明度。

如果将不透明度设置为100%，填充设置为75%，则效果如图4–8中左图所示，仍和图4–7中左图相同。但是，如果此时关闭渐变叠加，则得到图4–8中右图所示效果，即填充只对图像本身起作用，而不会影响图层所添加的样式。

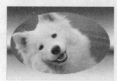

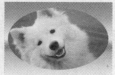

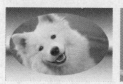

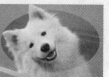

图4–7 不透明度分别为100%与75%

图4–8 填充只影响图像本身

4.2.8 栅格化图层

如果要编辑文字图层、形状图层、矢量蒙版等包含矢量数据的图层，需要先将其栅格化，使图层转化为光栅图像，之后才能进行编辑。

选择需要栅格化的图层，选择菜单栏中“图层>栅格化”级联菜单中的命令，如图4–9所示，即可栅格化图层中的内容。

图4–9 “图层>栅格化”级联菜单

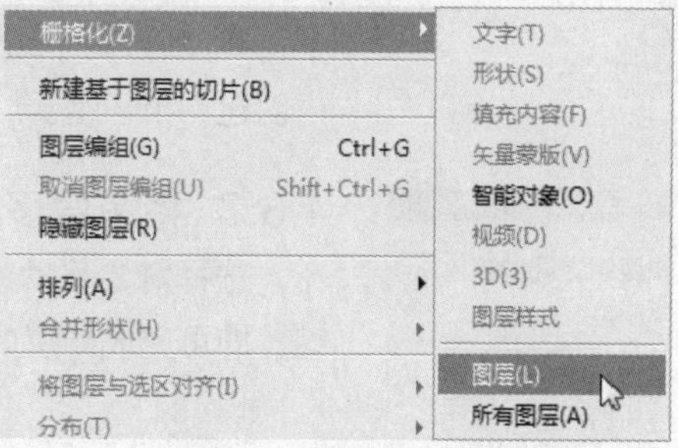

- 文字：栅格化文字图层。栅格化后，文字不能更改。
- 形状：栅格化形状图层。
- 填充内容：栅格化形状图层的填充内容。
- 矢量蒙版：栅格化形状图层的矢量蒙版。
- 智能对像：栅格化智能对像，将其转化为像素。
- 视频：栅格化视频图层。
- 3D：栅格化3D图层。
- 图层：栅格化当前图层。
- 所有图层：栅格化包括矢量数据、智能对象和生成的数据的所有图层。

4.2.9 锁定与解锁图层

在“图层”面板中，图层属性控制按钮组中的按钮 锁定: 具有锁定功能。具体作用如下。

- 锁定透明像素：激活该按钮，则图层的透明区域受到保护。
- 锁定图像像素：激活该按钮，则不能对图层中的图像像素进行编辑。
- 锁定位置：激活该按钮，则图层不能移动。
- 锁定全部：激活该按钮，则锁定图层的全部属性。

4.3 图层组

在大型的设计文件中，往往包含很多素材图层，如果能把这些图层分类放置，将会使设计工作更具条理性。本节就将介绍利用图层组功能整理杂乱的图层，并集中进行图层删除、复制等操作。

4.3.1 创建图层组

创建图层组可采用如下两种方法。

● 单击"图层"面板下方的"创建新组"按钮 ，可以创建新图层组。

● 选择"图层>新建>组"命令，打开"新建组"对话框，如图4-10所示，进行相关设置后，单击"确定"按钮，可创建新图层组。

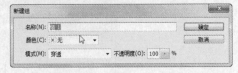

图4-10 "新建组"对话框

4.3.2 嵌套图层组

嵌套图层组即在图层组中创建子图层组，嵌套图层组可采用如下方法。

● 在当前组中选择一个图层，然后单击"图层"面板下方的"创建新组"按钮 ，创建一个子图层组。

● 将一个组拖到"创建新组"按钮 上，则当前组变为新组的子组。

● 展开一个组，按住Ctrl键的同时单击"创建新组"按钮 ，则可以在当前组内创建一个子组。

4.3.3 将图层移入或移出图层组

提示

图层组之间的移入或移出

这种将图层移入或移出的方法，同样适用于两个图层组之间。

选择需要移动的图层，按住鼠标左键不放，将其拖动到目标位置后释放鼠标左键，即可完成图层的移动，如图4-11所示。

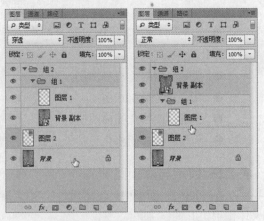

图4-11 图层的移入与移出

4.3.4 复制与删除图层组

复制图层组可采用如下方法。

● 选择一个组，选择"图层>复制组"命令，打开"复制组"对话框，设置参数后单击"确定"按钮，可以完成对该组的复制。

● 在"图层"面板右上角的扩展菜单中选择"复制组"命令，即可复制图层组。

● 将组拖动到"图层"面板中的"创建新图层"按钮 ◙ 上，即可复制图层组。

如果要删除图层组，先选中该组，单击"图层"面板中的"删除图层"按钮 🗑，或直接将组拖动到"删除图层"按钮 🗑 上，弹出提示对话框，如图4-12所示，根据需要选择要删除的内容。若要取消删除，则单击"取消"按钮。

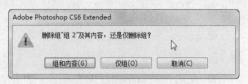

图4-12 删除图层组的提示框

4.4 对齐/分布图层

"图层"面板中的图层是按照一定顺序堆叠起来的，在实际操作中，可以根据需要重新调整图层的排列或分布。使用菜单栏中"图层>对齐"和"图层>分布"级联菜单中的命令，即可对选中的图层或链接的图层进行准确的对齐或分布操作。

4.4.1 对齐图层

选择"图层>对齐"级联菜单中的命令，可以采用多种形式对齐图层，如图4-13所示，各命令功能如下。

● 顶边：将选中图层最顶端的像素与当前图层最顶端像素进行对齐。

● 垂直居中：将图层垂直方向的中心像素与当前图层垂直方向的中心像素对齐。

图4-13 "图层>对齐"级联菜单

● 底边：将图层最底端的像素与当前图层最底端的像素对齐。

● 左边：将图层最左边的像素与当前图层最左边的像素对齐。

● 水平居中：将链接图层水平方向的中心像素与当前图层水平方向的中心像素对齐。

● 右边：将图层最右边的像素与当前图层最右边的像素对齐。

4.4.2 与选区对齐

如果要使图层与选区对齐，可以选中图层并创建选区后，选择菜单栏中"图层>将图层与选区对齐"级联菜单中的命令，如图4-14所示。

图4-14 "将图层与选区对齐"级联菜单

● 提示

执行"对齐"命令前的准备

在执行"对齐"级联菜单中的命令之前，应先链接需要对齐的图层。

4.4.3 分布图层

选择"图层>分布"命令,其级联菜单中的命令可用于分布图层,如图4-15所示,各命令功能如下。

● 顶边:从每个图层的顶端像素开始,按照平均间隔分布图层。

● 垂直居中:从每个图层的垂直中心像素开始,平均分布图层。

● 底边:从每个图层的底端像素开始,按照平均间隔分布图层。

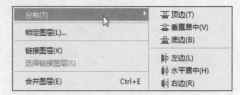

图4-15 "图层>分布"级联菜单

● 左边:从每个图层的左端像素开始,按照平均间隔分布图层。

● 水平居中:从每个图层的水平中心像素开始,按照平均间隔分布图层。

● 右边:从每个图层的右端像素开始,按照平均间隔分布图层。

4.5 图层复合

图层复合是"图层"面板状态的快照,它记录了当前文件中图层的可见性、位置以及外观(例如图层的不透明度、混合模式及图层样式)。通过图层复合可以快速在文件中切换不同版面的显示状态,适用于展示多种设计方案。

执行"窗口>图层复合"命令,即可显示"图层复合"面板,如图4-16所示。

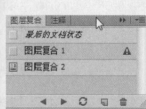

图4-16 打开"图层复合"面板

"图层复合"面板用于创建、编辑以及删除图层复合,"图层复合"面板中各个按钮的作用介绍如下。

● 应用图层复合 ▣:该图标处于激活状态时,表示该图层复合为当前使用的图层复合。

● 应用选中的上一图层复合◀：切换到上一个图层复合。

● 应用选中的下一图层复合▶：切换到下一个图层复合。

● 更新图层复合↻：如果图层复合的配置发生改变，单击该按钮可以更新图层复合。

● 创建新的图层复合▫：单击该按钮，可以创建新的图层复合。

● 删除图层复合▩：单击该按钮，可以删除当前图层复合。拖动图层复合到该按钮上也可以进行删除。

● 无法完全恢复图层复合⚠：如果在"图层"面板中进行了合并图层、删除图层等操作时，可能会影响涉及到该图层的其他图层复合，而导致不能完全恢复图层复合，在这种情况下，图层复合右侧就会出现此图标。

4.6 合并图层

设计过程中，在对较为复杂的图像进行绘制或处理的时候可能会包含很多个图层元素，常常需要用到很多图层，对于确定不再需要更改的图层，可以将其合并，从而减少图层数量，方便操作，减小文件的大小。本节就将主要讲解图层合并的方法。

4.6.1 向下合并图层

选择要合并的图层，选择"图层>向下合并"命令，可以向下合并图层，得到的图层名称沿用下层的图层名称，如图4–17所示。也可以单击"图层"面板右上角的扩展按钮▪，在弹出的扩展菜单中选择"向下合并"命令。

提示

快捷键操作
按快捷键Ctrl+E，可快速执行"向下合并"命令。

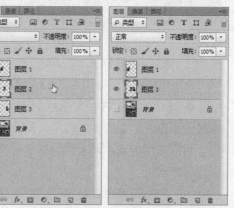

图4–17 向下合并图层

4.6.2 合并可见图层

合并可见图层，首先要确保所有需要合并的图层都在可见状态下，选择菜单栏中的"图层>合并可见图层"命令即可，如图4–18所示。注意仅合并了图层1~图层3这3个可见图层，隐藏状态的背景图层未合并。也可以单击"图层"面板右上角的扩展按钮▣，在弹出的扩展菜单中选择"合并可见图层"命令，或者按快捷键Shift+Ctrl+E，也可得到合并可见图层的效果。

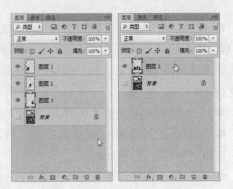

图4-18 合并可见图层后的效果

4.6.3 拼合图层

选择"图层>拼合图像"命令，可以将所有图像拼合到"背景"图层中。如果存在隐藏的图层，则会弹出提示对话框，如图4-19所示，询问是否扔掉隐藏的图层。也可以单击"图层"面板右上角的扩展按钮 ，在弹出的扩展菜单中选择"拼合图像"命令。

图4-19 提示对话框

4.7 图层样式

图层样式是应用于一个图层或图层组的一种或多种效果。可以应用Photoshop提供的某一种预设样式，或者使用"图层样式"对话框来创建自定样式。图层样式具有强大的功能，利用该功能可以简单快捷地制作出各种立体投影、质感以及光晕等效果。

4.7.1 添加图层样式

添加图层样式可采用如下几种方法。

● 选中图层，选择菜单栏中的"图层>图层样式"命令，在级联菜单中选择一种效果命令，如图4-20所示，即会打开"图层样式"对话框，如图4-21所示，进入相应效果的选项面板设置参数后单击"确定"按钮，即可为选中图层添加相应图层样式。

图4-20 "图层样式"级联菜单

图4-21 "图层样式"对话框

● 单击"图层"面板下方的"添加图层样式"按钮 fx，在弹出的下拉列表中选择一种效果命令，如图4-22所示，随后即会弹出"图层样式"对话框，进入相应效果的选项面板。

● 双击需要添加图层样式效果的图层，如图4-23所示，同样会弹出"图层样式"对话框。

!(提示)

为背景图层添加图层样式的方法

图层样式不能用于背景图层和图层组。如果想为背景图层添加效果，可以按住Alt键双击背景图层，将背景图层转换为普通图层，然后再添加图层样式。

图4-22 "添加图层样式"下拉列表

图4-23 双击图层

4.7.2 "图层样式"对话框

前面介绍了添加图层样式的方法，无论哪种添加方式均会弹出"图层样式"对话框，如图4-24所示。

在此对话框的左侧列表框中勾选某一效果复选框，即可添加该效果，右侧会显示相应的选项面板。设置效果选项后，单击"确定"按钮，即可为图层应用该效果，"图层"面板中该图层后会显示图层样式图标 fx 和效果列表，如图4-25所示。

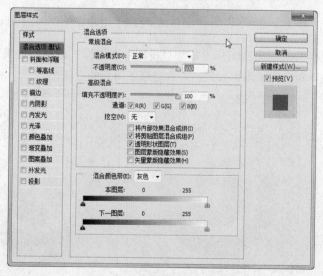

图4-24 "图层样式"对话框

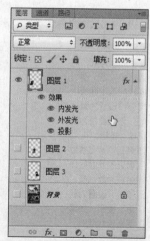

图4-25 添加效果后的图层

4.7.3 "投影" 图层样式

在"图层样式"对话框中勾选"投影"复选框，可以为图层添加阴影，使其产生立体感，该效果选项面板如图4-26所示。

- 混合模式：设置投影与下层图层的混合方式。
- 不透明度：设置投影效果的不透明度。数值越小，投影越暗。
- 角度：拖动角度转盘，可以设置投影的方向。
- 使用全局光：勾选该复选框，则"投影"效果使用全局光设置。
- 距离：拖动滑块，可以设置投影偏离图层的距离。
- 扩展：拖动滑块，可以设置投影效果的投射强度。数值越大，投影效果强度越大。
- 大小：设置投影效果的模糊范围。数值越大，模糊范围越广。
- 等高线：设置投影的形状。
- 消除锯齿：勾选该复选框，可以使等高线边缘更光滑。
- 杂色：勾选该复选框，可以为阴影效果增添杂色。
- 图层挖空投影：控制半透明图层中投影的可见性。

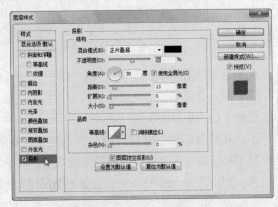

图4-26 "投影"选项面板

提示

参数默认值

在"图层样式"对话框中，各个图层样式的选项面板中均有"设置为默认值"与"复位为默认值"按钮。

如果在调整完参数后想更改此图层样式参数为默认值，则单击"设置为默认值"按钮。如果在调整参数值时，想要撤销之前的设置，恢复到原始默认参数，则可单击"复位为默认值"按钮。

图4-27所示为在图标上添加"投影"图层样式前后的效果对比，可以看到，图标左下角出现了阴影效果，有效增强了图标的立体感。

图4-27 添加"投影"图层样式前后效果对比

4.7.4 "内阴影"图层样式

在"图层样式"对话框中勾选"内阴影"复选框，可以在紧靠图层内容的边缘内添加阴影，使其产生凹陷的效果，该效果选项面板如图4-28所示。

"内阴影"与"投影"图层样式的参数设置基本相同。差别在于"投影"图层样式通过"扩展"参数控制投影边缘的渐变程度，而"内阴影"样式则通过"阻塞"参数来控制。"阻塞"选项用于在模糊之前收缩内阴影边界，"阻塞"范围与"大小"参数值相关联，"大小"值越大，"阻塞"范围也就越大。

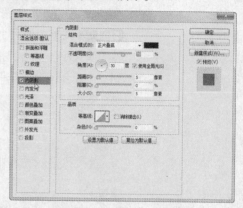

图4-28 "内阴影"选项面板

图4-29所示为图标添加内阴影图层样式前后的效果，可以看到图标右侧边缘的内部，出现了阴影效果，外部则没有阴影。

图4-29 添加"内阴影"效果前后对比

💻 上机实践 　使用"内阴影"样式为玻璃制作马赛克效果

Step 01 打开素材图像。打开光盘中的素材文件"墙面.psd"，如图4-30所示，原始图像为RGB模式。

Step 02 制作材质。双击Layer2图层，在打开的对话框中勾选"内阴影"复选框添加"内阴影"样式，设置"不透明度"为60%，"距离"为4、"大小"为8，如图4-31所示。接下来添加阴影，使马赛克的效果更显真实，勾选"阴影"复选框，设置"不透明度"为40、"距离"为1、"大小"为2，如图4-32所示。

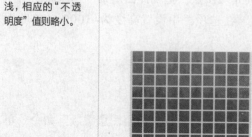

图4-30 打开素材图像

图4-31 设置"内阴影"参数

图4-32 设置"投影"参数

Step 03 跨文件复制图层图像。按住Ctrl键选中这两个图层，右击并选择"合并图层"命令。打开光盘中的素材文件Picture.psd，右击文件中的图层，选择"复制图层"命令。在弹出对话框中，设置"目标"为"墙面.psd"，如图4-33所示。单击"确定"按钮，复制图层。

Step 04 调整图像大小并复制图层。返回"墙面.psd"，选中图层Layer0 copy2，调整图像大小。单击"指示图层可见性"图标，隐藏此图层，然后将图层Layer2拖曳到"创建新图层"按钮上复制该图层，如图4-34所示。

图4-33 跨文件复制图层　　　　　　　　　　图4-34 继续复制图层

Step 05 用马赛克图层制作背景。按下快捷键Ctrl+T，调整两个马赛克图层的形状和位置，得到如图4-35所示效果。新建图层并置于最下层，填充马赛克砖缝颜色，以修补交界处的缝隙，如图4-36所示。

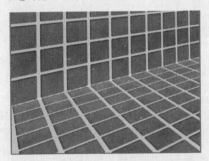
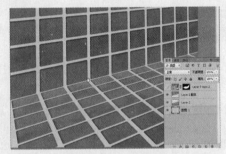

图4-35 调整马赛克图层的形状和位置　　　图4-36 新建并填充图层

Step 06 添加倒影。取消隐藏Layer 0 copy 2图层。拖曳此图层到"创建新图层"按钮上复制图层。按下快捷键Ctrl+T，在选项栏中设置高度为-100%，角度为175.57，如图4-37所示，完成变换。

图4-37 变换参数

Step 07 应用蒙版。右击新图层的蒙版缩略图，选择"应用图层蒙版"命令。单击"添加图层蒙版"按钮，新建一个蒙版。选择渐变工具，设置前景色与背景色分别为黑色和白色，竖直方向拖动渐变工具绘制渐变，得到淡淡的倒影。完成案例，最终效果如图4-38所示。

图4-38 最终效果与图层

提 示

产生类似"描边"图层样式效果

添加"外发光"图层样式时,若在对话框中设置"不透明度"为100%、"范围"为0%,调整大小和扩展生成的图像效果,这样会产生类似"描边"图层样式的效果。

4.7.5 "外发光"图层样式

在"图层样式"对话框中勾选"外发光"复选框,可以沿图层边缘向外添加发光效果,该效果选项面板如图4-39所示。此类效果常用于背景较暗的图像。

● 混合模式:设置发光效果与下面图层的混合方式。

● 不透明度:设置发光效果的不透明度。数值越小,发光效果越弱。

● 杂色:可以在发光效果中添加随机的杂色,使光晕呈现颗粒感。

● 发光方式:在"杂色"选项下,选择颜色块或渐变条来设置发光方式,分别表示纯色和渐变两种发光方式。

● 方法:设置发光的方法,控制发光的准确程度。

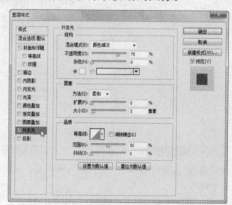

图4-39 "外发光"选项面板

● 扩展:设置发光范围的大小。

● 大小:设置光晕范围的大小。

图4-40所示为添加了"外发光"图层样式前后的效果对比,外发光的颜色设为蓝色,发光方式设为渐变式发光,可以看到图标外侧出现蓝色到透明的渐变,而内部则未出现。

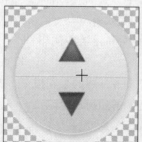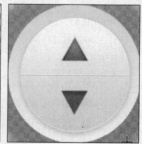

图4-40 添加"外发光"效果前后对比

4.7.6 "内发光"图层样式

在"图层样式"对话框中勾选"内发光"复选框,可以沿图层边缘向内添加发光效果,该效果选项面板如图4-41所示。

除"源"和"阻塞"选项外，"内发光"与"外发光"选项设置基本相同。

● 源：设置发光光源的位置。选择"居中"，则应用从图像中心发出的光；选择"边缘"，则应用从图像内部边缘发出的光。

● 阻塞：在模糊之前收缩内发光杂边边界。

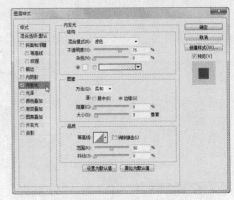

图4-41 "内发光"选项面板

图4-42所示为添加"内发光"图层样式前后的效果对比，可以看到图标内部出现高光，边缘处有羽化的效果。

图4-42 添加"内发光"前后效果对比

4.7.7 "斜面和浮雕" 图层样式

在"图层样式"对话框中勾选"斜面和浮雕"复选框，可以将各种高光和暗调添加到图像中，使图像呈现立体感，其选项面板如图4-43所示。

● 样式：设置斜面和浮雕的样式。

● 方法：设置创建浮雕的方法。

● 深度：设置斜面和浮雕的深度。数值越大，效果越明显。

● 方向：设置斜面和浮雕的视觉方向。选择"上"，则斜面和浮雕在视觉上呈现凸起效果。选择"下"，则斜面和浮雕在视觉上呈现凹陷效果。

● 大小：设置斜面和浮雕中阴影面积的大小。

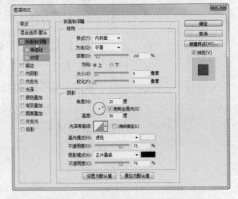

图4-43 "斜面和浮雕"选项面板

● 软化：设置斜面和浮雕的柔和程度。数值越大，效果越柔和。

● 角度：设置光源的照射角度。

● 高度：设置光源的高度。

● 使用全局光：勾选该复选框，则所有浮雕样式的光照角度都一样。

● 光泽等高线：设置等高线样式，为斜面和浮雕表面添加光泽。

● 消除锯齿：消除设置光泽等高线后产生的锯齿。

● 高光模式：设置高光的混合模式、颜色及不透明度。

● 阴影模式：设置阴影的混合模式、颜色及不透明度。

提 示

与"投影"图层样式的区别

使用"斜面和浮雕"图层样式能通过增加图像边缘的明暗度，使其产生向外突出或向内凹陷的效果，这与使用"投影"图层样式带来的立体效果不同，它更为真实准确。

勾选"斜面和浮雕"子列表中的"等高线"复选框，可以切换到"等高线"选项面板，如图4-44所示。

图4-44 "等高线"选项面板

上机实践 自定义等高线

Step 01 单击等高线缩略图，打开"等高线编辑器"对话框，如图4-45所示。

Step 02 在曲线上单击，增加节点。

Step 03 拖动节点进行调整。

Step 04 如果需要将节点转化为直角线节点，可以勾选"边角"复选框。

Step 05 如果需要删除节点，选中该节点后，按Delete键即可删除。

Step 06 单击"新建"按钮，弹出"等高线名称"对话框，可以为新建的等高线命名，如图4-46所示。

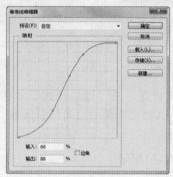

图4-45 "等高线编辑器"对话框　　图4-46 "等高线名称"对话框

Step 07 单击"存储"按钮，打开"存储"对话框，选择要存储的位置，单击"保存"按钮即可。

Step 08 完成设置后，单击"确定"按钮。

勾选"斜面和浮雕"子列表中的"纹理"复选框，可以切换到"纹理"选项面板，如图4-47所示。

● 从当前图案创建新的预设 ：单击该按钮，则将当前图案创建为新的预设图案，并保存到"图案"下拉列表中。

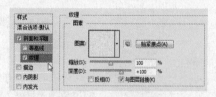

图4-47 "纹理"选项面板

● 缩放：拖动滑块可以调整图案大小。

● 深度：设置图案的纹理应用程度。

● 反相：勾选该复选框，则会反转图案纹理的凹凸方向。

● 与图层链接：勾选该复选框，则将图案链接到图层中。勾选复选框时单击"贴紧原点"按钮，可将图案原点对齐到文件原点；取消勾选时单击"贴紧原点"按钮，则将原点放在图像左上方。

Step 01 查看原始文件。打开光盘中的素材文件01.psd，如图4-48所示。本例将通过添加一些简单的图层样式，制作出一款可口的"巧克力"。

Step 02 制作巧克力基底。选择Shape图层并双击该图层，弹出"图层样式"对话框。勾选"斜面和浮雕"复选框，设置"样式"为"内斜面"，"方法"为"雕刻清晰"，"方向"为"上"，"大小"为23，如图4-49所示。

图4-48　打开素材文件　　　　　图4-49　图层样式参数设置

Step 03 给基底添加花式边缘。在"图层样式"对话框中勾选"等高线"复选框，双击等高线缩略图打开"等高线编辑器"对话框，拖动编辑曲线，如图4-50所示。单击"确定"按钮返回"等高线"选项面板，勾选"消除锯齿"复选框，单击"确定"按钮，如图4-51所示。

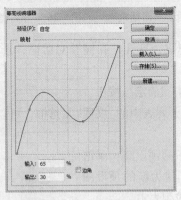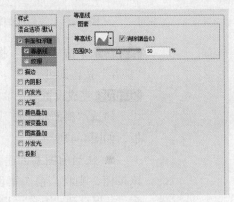

图4-50　绘制等高线曲线　　　　　图4-51　边缘的等高线设置

Step 04 添加纹理。选择Lines图层并双击该图层，在弹出的"图层样式"对话框中勾选"斜面与浮雕"复选框，设置"方向"为"下"，"大小"为3，如图4-52所示，单击"确定"按钮。

Step 05 制作文字效果。采用同样方法，为Love U文字图层添加"斜面和浮雕"图层样式。设置 "方法"为"雕刻柔和"，"大小"为6，"阴影"的"不透明度"为90%，如图4-53所示。勾选"内阴影"复选框，设置"距离"为1、"大小"为7，如图4-54所示。这一设置能够让巧克力的花纹显得更真实。

图4-52 添加纹理

图4-53 制作文字立体效果

图4-54 制作文字阴影效果

Step 06 继续制作文字效果。在"图层"面板中，按住Alt键的同时单击Love U图层右侧的图层样式图标并拖动到Heart图层上，如图4-55所示，完成样式的复制。修改Heart图层的"斜面与浮雕"样式的"大小"值为8，"内阴影"样式的"大小"值为5。完成图像制作，最终效果如图4-56所示。

● 提 示

图层样式的选用
本实例中巧克力上的文字是凹陷进去的，所以添加了"斜面和浮雕"以及"内阴影"图层样式在文字内部产生阴影效果，形成凹陷的感觉。

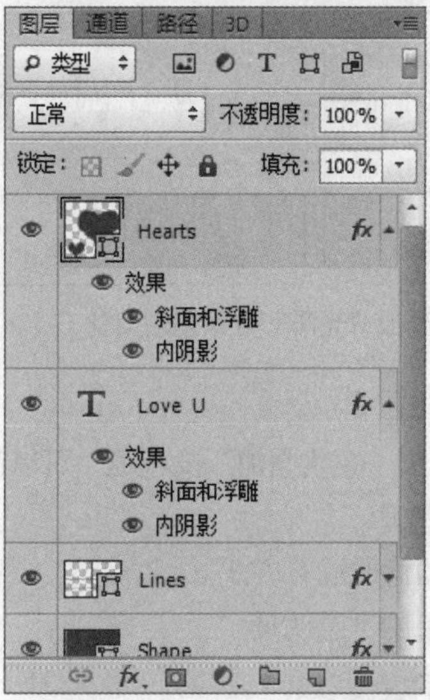

图4-55 复制图层样式

图4-56 最终效果

4.7.8 "光泽"图层样式

在"图层样式"对话框中勾选"光泽"复选框，可以在图层内部应用光滑光泽的内部阴影，常用于创建金属效果，其选项面板如图4-57所示。

● 混合模式：设置光泽与图像的混合方式。
● 不透明度：设置光泽效果的不透明度。
● 角度：设置光源的照射角度。

● 距离:拖动滑块,可以设置投影偏离图像的距离。
● 距离:拖动滑块,可以设置光泽偏离图层的距离。
● 反相:勾选"反相",则会反转图案光泽的方向。

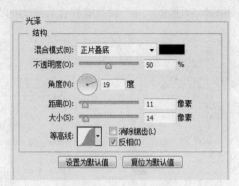

图4-57 "光泽"选项面板

图4-58所示为添加了"光泽"图层样式前后的效果对比,可以看到图案光泽
的变化。

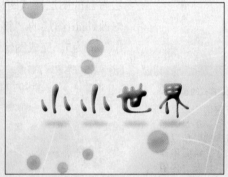

图4-58 添加"光泽"效果前后对比

4.7.9 "颜色叠加" 图层样式

在"图层样式"对话框中勾选"颜色叠加"复选框,可以设置图像上叠加的颜
色,此样式的选项面板如图4-59所示。

● 混合模式:设置颜色与图像的混合方式。
● 不透明度:设置颜色效果的不透明度。

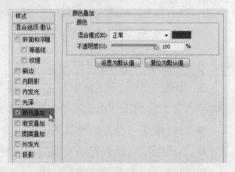

图4-59 "颜色叠加"选项面板

4.7.10 "渐变叠加"图层样式

勾选"渐变叠加"复选框，可以设置图像的渐变颜色，其参数选项面板如图4-60所示。

● 混合模式：设置渐变与图像的混合方式。

● 不透明度：设置渐变效果的不透明度。

● 渐变：编辑图案的渐变颜色。

● 样式：设置图案的渐变方式。

● 与图层对齐：勾选该复选框，渐变由图像中最左侧的像素应用到图像的最右侧。

图4-60 "渐变叠加"选项面板

● 缩放：拖动滑块可以调整渐变大小。

图4-61所示为添加了"渐变叠加"图层样式前后的效果对比，可以看到图像的渐变颜色发生了改变。

图4-61 添加"渐变叠加"效果前后对比

🖥 上机实践   **使用"渐变叠加"样式制作按钮**

Step 01 打开原始文件。打开光盘中的素材文件02.psd，如图4-62所示。本例将通过添加"渐变叠加"样式制作出按钮滑动变化的效果。

Step 02 设置导航栏渐变。双击Rectangle 1图层，弹出"图层样式"对话框，勾选"渐变叠加"复选框。双击渐变条，设置渐变颜色分别为（R23、G70、B140）、（R89、G178、B228），设置"样式"为"线性"，"角度"为90，如图4-63所示。单击"确定"按钮，得到的效果如图4-64所示。

 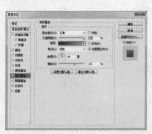 

图4-62 打开素材文件   图4-63 添加图层样式   图4-64 导航栏渐变效果

Step 03 设置按钮的普通状态。双击Button 1图层，添加"渐变叠加"图层样式。双击渐变条，弹出"渐变编辑器"对话框，在其中选中渐变条左侧渐变颜色色标，单击颜色色块，在弹出的"拾色器（色标颜色）"对话框中设置色标颜色为（R28、G79、B147），如图4-65所示，其他参数保持不变。采用同样方法设置右侧渐变颜色色标颜色为（R28、G79、B147），单击"确定"按钮，按钮的最终效果如图4-66所示。

图4-65 设置渐变颜色

图4-66 按钮普通状态时的效果

Step 04 设置光标划过时的按钮状态。为Button 2图层添加"渐变叠加"图层样式。双击渐变条，设置渐变颜色分别为（R60、G131、B190）与（R147、G207、B239），其他设置保持不变，如图4-67所示。为了进一步强化按钮的突出效果，给按钮图层添加"投影"图层样式，设置"距离"为1，"大小"为2，如图4-68所示。单击"确定"按钮，效果如图4-69所示。

图4-67 设置"渐变叠加"样式

图4-68 设置"投影"样式

图4-69 光标划过时的效果

Step 05 设置按钮的"鼠标按下"状态。按住Alt键拖曳Button 2图层的图层样式图标到Button 3图层上，复制图层样式。双击Button 3图层样式图标，在弹出的对话框中修改参数，在"渐变叠加"选项面板中勾选"反向"复选框，在"投影"选项面板中设置"距离"为0，"大小"为1，如图4-70所示。单击"确定"按钮，得到最终效果如图4-71所示。

图4-70 更改图层样式参数　　　　　　　　　图4-71 按钮效果

提 示

按钮的三个状态

一般情况下，按钮有"普通"、"光标划过"、"鼠标按下"三个状态。在制作网页或者设计软件界面的时候，设计师要在设计图中分别表现出这三种状态。

Step 06 设置文字样式。双击"首页"图层，添加"内阴影"图层样式。设置"距离"为1，"大小"为2，如图4-72所示。单击"确定"按钮，将此样式复制到其他两个文字图层中，得到最终效果如图4-73所示。

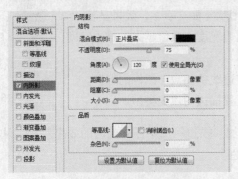

图4-72 设置"内阴影"样式参数　　　　　图4-73 最终效果

4.7.11 "图案叠加"图层样式

在"图层样式"对话框中勾选"图案叠加"复选框，可以在图层上叠加图案，此样式的选项面板如图4-74所示。

● 混合模式：设置图案与图像的混合方式。

● 不透明度：设置叠加图案的不透明度。

● 缩放：拖动滑块可以调整图案的大小。

图4-74 "图案叠加"选项面板

● 与图层链接：勾选该复选框，可将图案链接到图层中。勾选该复选框时单击"贴紧原点"按钮，可将图案原点对齐到文件原点；取消勾选时单击"贴紧原点"按钮，则将原点放在图层左上方。

图4-75所示为添加了"图案叠加"图层样式前后的效果对比，从图中可以看到，原图层没有背景纹理，叠加了背景纹理后，出现气泡图案背景。

图4-75 添加"图案叠加"效果前后对比

4.7.12 "描边"图层样式

在"图层样式"对话框中勾选"描边"复选框，可以描画对象轮廓，其选项面板如图4-76所示。此样式对于硬边形状（如文字），效果显著。

● 大小：设置描边宽度。数值越大，描边宽度越大。

● 位置：设置描边线条相对于图像的位置。

● 填充类型：设置描边的填充类型。

图4-76 "描边"选项面板

图4-77所示为添加"描边"图层样式前后的效果对比，从图中可以看到，边框已描边成为渐变颜色。

图4-77 添加"描边"效果前后对比

4.7.13 显示、隐藏图层效果样式

单击"图层"面板中图层"效果"前面的"切换所有图层效果可见性"图标👁，可以隐藏或显示该图层中的所有效果。

单击图层效果名称前的"切换单一图层效果可见性"图标👁，只隐藏该效果。

如果要隐藏所有图层的效果，选择"图层>图层样式>隐藏所有效果"命令即可；此时"隐藏所有效果"命令变为"显示所有效果"命令，选择该命令后则会显示所有图层的效果。

4.7.14 复制、粘贴图层样式

选择"图层>图层样式>拷贝图层样式"命令复制效果，然后选择其他图层，选择"图层>图层样式>粘贴图层样式"命令，可以将图层样式复制到该图层中。

也可以按住Alt键将效果直接拖到目标图层中。如果没有按住Alt键，则是将图层样式转移到目标图层中，原图层不会再保留该图层样式。

4.8 图层混合模式

图层的效果不仅受不透明度、填充以及各种锁定按钮的影响，最重要是受图层混合模式的影响。图层混合模式的应用非常广泛，是Photoshop的核心功能之一，通过调整图层的混合模式，可得到更加丰富多变的图像效果。

Photoshop中有27种混合模式，其功能与各自效果介绍如下。

● 正常模式：Photoshop默认的混合模式。图层不透明度为100%时，上方图层的图像完全遮盖住下方图层的图像。降低不透明度，则可以使上方图层的图像与下层混合，如图4-78所示。

● 溶解模式：选择该模式并降低图层不透明度时，可使半透明区域上的像素产生点状颗粒，如图4-79所示。

提 示

加深型混合模式

该类混合模式的共同特点是混合后图像的对比度增强，图像的亮度整体偏暗，主要包括变暗、正片叠底、颜色加深、线性加深和深色模式。

● 变暗模式：选择该模式时，图层中较亮的像素将被底层较暗的像素替换，如图4-80所示。

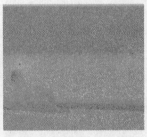

图4-78 正常模式　　　　图4-79 溶解模式　　　　图4-80 变暗模式

● 正片叠底模式：选择该模式时，将显示图层中较暗的颜色。图层中的像素与底层的白色混合时，保持不变；与黑色混合时，被其替换，如图4-81所示。

● 颜色加深模式：通过对比度加强深色区域，如图4-82所示。

● 线性加深模式：通过降低亮度使像素变暗，如图4-83所示。

图4-81 正片叠底模式　　　图4-82 颜色加深模式　　　图4-83 线性加深模式

● 深色模式：显示两个图层所有通道值总和中，值较小的颜色，如图4-84所示。

● 变亮模式：图层中较亮像素会替换底层较暗像素，如图4-85所示。

● 滤色模式：与"正片叠底"模式相反，使图像产生漂白效果，4-86所示。

提 示

减淡型混合模式

该类混合模式的共同特点是混合后图像的对比度减弱，图像的明度整体偏亮，主要包括变亮、滤色、颜色减淡、线性减淡（添加）和浅色模式。

图4-84 深色模式　　　　图4-85 变亮模式　　　　图4-86 滤色模式

● 颜色减淡模式：通过减小对比度加亮底层图像，如图4-87所示。

● 线性减淡（添加）模式：通过加强亮度减淡颜色，如图4-88所示。

● 浅色模式：显示两个图层所有通道值总和中值较大的颜色，如图4-89所示。

图4-87 颜色减淡模式　　　　图4-88 线性减淡模式　　　　图4-89 浅色模式

● 叠加模式：增强图像颜色，并保持底层图像的高光和暗调，如图4-90所示。

● 柔光模式：使图像具有柔和的效果。如果图层中的像素比50%灰色亮，则图像变亮；如果图层中的像素比50%灰色暗，则图像变暗，如图4-91所示。

● 强光模式：当前图层中比50%灰色亮的像素会使图像变亮；当前图层中比50%灰色暗的像素会使图像变暗，其程度大于"柔光"模式，如图4-92所示。

图4-90 叠加模式　　　　　图4-91 柔光模式　　　　　图4-92 强光模式

● 亮光模式：当前图层中比50%灰色亮，则通过降低对比度使图像变亮；当前图层中比50%灰色暗，则通过增强对比度使图 像变暗，如图4-93所示。

● 线性光模式：当前图层中比50%灰色亮，则通过增加亮度使图像变亮；当前图层中比50%灰色暗，则通过降低亮度使图像变暗，如图4-94所示。

● 点光模式：当前图层中比50%灰色亮，则替换暗的像素；当前图层中比50%灰色暗，则替换亮的像素，如图4-95所示。

图4-93 亮光模式　　　　　图4-94 线性光模式　　　　　图4-95 点光模式

① 提 示

比较型混合模式

该混合模式将比较基色和混合色，在结果色中将相同的区域显示为黑色，不同的图像区域则以灰度或彩色图像显示，主要包括差值和排除模式。

① 提 示

色彩型混合模式

该混合模式根据色彩三要素——色相、饱和度和亮度，将其中的一种或两种要素应用在混合的效果中，主要包括色相、饱和度、颜色和明度模式。

① 提 示

减去模式和划分模式

这两种混合模式是Photoshop CS5中新增的模式,在CS6中继续沿用。减去模式的院里是查看每个通道中的颜色信息，并从基色中减去混合色。而划分模式的原理则是查看每个通道中的颜色信息，并从基色中分割混合色。

● 实色混合模式：将混合颜色的红色、绿色以及蓝色通道值添加到基色的RGB值，得到实色混合效果，如图4-96所示。

● 差值模式：上方图层的亮区将下方图层颜色进行反相，如图4-97所示。

● 排除模式：与"差值"模式基本相同，只是该模式创建的混合效果对比度更低，如图4-98所示。

图4-96 实色混合模式　　　图4-97 差值模式 　　　图4-98 排除模式

● 色相模式：当前图层的色相应用到底层图像的亮度和饱和度中时，改变底层图像的色相，但不影响亮度和饱和度，如图4-99所示。

● 饱和度模式：当前图层饱和度应用到底层图像的亮度和色相中时，改变底层图像的饱和度，但不影响亮度和色相，如图4-100所示。

● 颜色模式：当前图层的色相和饱和度应用到底层图像中时，底层图像亮度不变，如图4-101所示。

图4-99 色相模式　　　图4-100 饱和度模式　　　图4-101 颜色模式

● 明度模式：当前图层亮度应用到底层图像的颜色中时，改变底层图像的亮度，但不影响饱和度和色相，如图4-102所示。

● 减去模式：从目标通道的像素中减去源通道中的像素值，如图4-103所示。

● 划分模式：在上方图层中加上下方图层相应像素的颜色值，如图4-104所示。

图4-102 明度模式　　　图4-103 减去模式　　　图4-104 划分模式

4.9 填充图层与调整图层

使用填充图层和调整图层，可使设计工作更加灵活。填充图层可以向图像快速添加颜色、图案和渐变像素，而调整图层可以对图像应用颜色和色调的相关调整。如果对图像效果不满意，还可以重新对调整图层进行编辑或删除，而不会影响到原始图像信息。

4.9.1 填充图层

填充图层包括纯色、渐变和图案三种，可通过如下两种方法添加填充图层。

● 选择菜单栏中的"图层>新建填充图层"命令，从级联菜单中选择填充图层。

● 在"图层"面板下方单击"创建新的填充或调整图层"按钮 ⊘，从弹出的列表中选择需要的填充图层选项。

4.9.2 调整图层

调整图层可以将颜色和色调调整应用于图像，但不会改变原图像的像素。选择"图层>新建调整图层"命令级联菜单中的相应命令，在弹出的对话框中设置参数后单击"确定"按钮，即可创建调整图层。也可以在"调整"面板中单击任一图标，创建调整图层，如图4-105所示。

在"调整"面板中单击任一调整图层按钮，即会显示该调整图层对应的"属性"面板，在此设置相关参数即可，如图4-106所示。在"图层"面板下方单击"创建新的填充或调整图层"按钮 ⊘，从弹出的列表中选择需要的调整图层选项，也可创建调整图层。

图4-105 "调整"面板　　图4-106 设置调整参数

> **提示**
>
> **调整命令和调整图层的区别**
>
> 选择"图像 > 调整"命令，在其中可以看到大部分调整命令与调整图层相对应，但是使用调整图层可以进行修改和删除，不会影响原始图像信息。使用调整命令进行调整后，如果进行了其他操作，调整结果就不可逆了。

4.10 智能对象

智能对象是包含栅格或矢量图像中的图像数据的图层，例如Photoshop或Illustrator文件中的图像数据的图层。智能对象将保留图像的源内容及其所有原始特性，从而可以对图层进行非破坏性编辑。它与图层组的使用相似，只是它比后者的独立性更强。

智能对象在Photoshop中以图层形式出现，在图层缩略图右下角有一个明显的标志，如图4-107所示。

图4-107 智能对象

4.10.1 智能对象的优点

智能对象的优点主要有以下3方面。

● 可以将智能对象创建为多个副本，对原内容进行编辑后，与之链接的副本也会自动更新。

● 将多个图层创建为一个智能对象后，可以简化"图层"面板中的图层结构。

● 对智能对象进行频繁缩放不会使图像变模糊。

4.10.2 创建智能对象

创建智能对象的方法主要有以下3种。

● 在菜单栏中选择"文件>打开为智能对象"命令，如图4-108所示。弹出"打开为智能对象"对话框，如图4-109所示，在此可以选择一个文件作为智能对象打开。

<div style="float:left;width:30%">
<p><strong>① 提示</strong></p>
<p><strong>将图层样式转换为图层</strong></p>
<p>通过将已添加了图层样式的图层转换为智能对象，可以将图层样式转换为图层，转换后的图层已经和普通图层有所区别。</p>
</div>

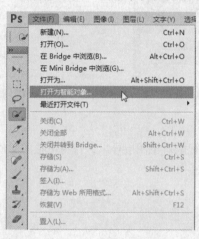

图4-108 选择"打开为智能对象"命令　　图4-109 打开"打开为智能对象"对话框

● 选择菜单栏中的"文件>置入"命令，如图4-110所示。弹出"置入"对话框，如图4-111所示，即可选择一个文件作为智能对象置入到当前文件中。

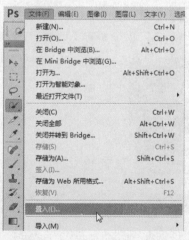

图4-110 选择"置入"命令　　　　　图4-111 打开"置入"对话框

● 在"图层"面板中选择一个或多个图层，选择菜单栏中的"图层>智能对象>转换为智能对象"命令，可以将其创建为一个智能对象。

4.10.3 编辑智能对象

编辑智能对象一般采用如下步骤。

Step 01 在"图层"面板中选择智能对象图层。

Step 02 选择"图层>智能对象>编辑内容"命令，如图4-112所示。

Step 03 弹出如图4-113所示对话框，单击"确定"按钮，进入智能对象源文件。

Step 04 在源文件中进行修改后，选择"文件>存储"命令，存储并关闭文件。

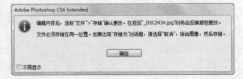

图4-112　选择"编辑内容"命令　　　　　　图4-113　弹出对话框

4.10.4 导出智能对象

如果想把文件中的某一智能对象图层导出，作为单独的文件，则可利用菜单栏中的"导出内容"命令进行操作。

🖥 **上机实践**　导出智能对象

Step 01 在"图层"面板中选择智能对象图层。

Step 02 选择"图层>智能对象>导出内容"命令，如图4-114所示。

Step 03 弹出"存储"对话框，如图4-115所示，为文件选择保存位置并设置文件名后，单击"保存"按钮即可。

图4-114　选择"导出内容"命令　　　　　　图4-115　"存储"对话框

4.10.5 栅格化智能对象

选择"图层>智能对象>栅格化"命令，即可栅格化智能对象。也可以在"图层"面板中选择需栅格化的图层，右击并选择快捷菜单中的"栅格化图层"命令。

1. 在"图层"面板中可以对图层进行（　）操作。

A. 锁定图层和隐藏图层　　　　B. 创建图层和删除图层

C. 移动图层中的图像　　　　　D. 改变图层的顺序

2. 下面关于选择"图层"的说法正确的是（　）。

A. 不管当前使用哪种工具，只需要移动光标至"图层"面板中单击需要选择的图层，即可将其选取

B. 按住Ctrl键的同时在"图层"面板中单击需要选择的图层名称，即可选择不连续的多个图层

C. 按住Shift键的同时在"图层"面板中单击一个图层，再移动光标至另外一个图层上单击，即可选择它们之间连续的多个图层

D. 按住Alt键的同时在图层面板中单击需要选择的图层，即可选择不连续的多个图层

3. 在"图层"面板中可以为图层添加的图层样式有（　）。

A. 投影　　　　　B. 斜面和浮雕　　　　　C. 渐变叠加　　　　　D. 内发光和外发光

4. 打开光盘中的素材文件"标.psd"，如图4-116所示，练习添加图层样式，分别为其添加投影、外发光、图案叠加图层样式。

图4-116　素材文件1

5. 打开光盘中的素材文件"数码6.psd"，如图4-117所示，练习创建调整图层，使图片变为黑白效果。

图4-117　素材文件2

05 图像色彩调整

本 章 导 读

图片色彩的调整是我们在处理图片时必不可少的步骤之一,通过Photoshop提供的强大的色彩调整功能,可以较为方便地得到许多在现实拍摄中无法实现的艺术效果,为艺术家的再次创作带来了极大的便利。

本 章 要 点

- 色彩模式的认识
- Lab色彩模式
- RGB色彩模式
- CMYK色彩模式
- 色彩调整命令的分类
- 色彩调整命令的运用
- 初步使用色彩调整命令
- 色彩调整命令的高级运用
- 使用调整图层
- 对于调整图层的编辑

5.1 色彩模式

Photoshop提供了多种色彩模式以供用户选择,这些色彩模式适用于不同的输出方式,比如网页、显示屏的显示或打印、印刷等,根据图片的用途,选择合适的色彩模式,对于最终图片的输出质量至关重要。

在色彩模式列表中,Photoshop为用户提供了十余种色彩模式,图像打开时,默认模式为RGB模式,选择"图像>模式"级联菜单中需要的色彩模式,即可对图像的色彩模式进行更改。

5.1.1 "灰度"模式

"灰度"模式是一种单色的色彩模式,可以使用多达256级灰度来表现图像,使图像的过渡更平滑细腻。灰度图像的每个像素有一个0(黑色)到255(白色)之间的亮度值。灰度值也可以用黑色油墨覆盖的百分比来表示,比如0%等于白色,100%等于黑色。从图5-1与图5-2中,可以看到RGB色彩模式与"灰度"模式图片效果的差别。

图5-1 RGB模式图片　　　图5-2 "灰度"模式图片

5.1.2 "位图"模式

"位图"模式用两种颜色（黑和白）来表示图像中的像素，位图模式的图像也叫作黑白图像。由于位图模式只用黑白色来表示图像的像素，在将图像转换为位图模式时，会丢失大量细节，因此Photoshop提供了几种算法来模拟图像中丢失的细节。在宽度、高度和分辨率相同的情况下，位图模式的图像尺寸最小，约为灰度模式的1/7和RGB模式的1/22以下。

需要注意的是，只有灰度图像或多通道图像才能被转化为位图模式，转换时将弹出对话框，如图5-3所示。在此对话框中可设置文件的输出分辨率和转换方式。

● 输出：设置黑白图像的分辨率。

● "方法"选项区域：提供以下5种转换方法。

● 50%阈值：选中此项，大于50%的灰度像素将变为黑色，而小于或等于50%的灰度图象将变成白色。

● 图案仿色：使用一些随机的黑白像素来抖动图像。使用这种方法生成的图像比较难看，而且像素之间几乎没有什么空隙。

● 扩散仿色：此项用以生成一种金属版效果。它将采用一种发散过程把一个像素改变成单色，得到一种颗粒的效果。

● 半调网屏：这种转换方式使图像看上去好像是一种半色泽屏幕打印的灰度图像。

● 自定图案：这种转换方法允许把一个自定的图案（使用"编辑"菜单中的"定义自定图案"命令定义的图案）应用于位图图像。

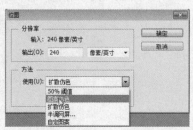

图5-3 "位图"对话框

💻 上机实践　将RGB模式图片转换成位图模式

Step 01 查看原始图像。打开光盘中的素材文件01.jpg，如图5-4所示。

Step 02 将图像转换为灰度模式。选择"图像 > 模式"命令，会发现"位图"选项为灰色，即无法选择的状态，如图5-5所示。要把图像转化为位图模式，需要先将图像转化为灰度模式。选择"灰度"模式，出现确认对话框，如图5-6所示。单击"扔掉"按钮完成转化。

图5-4　打开素材图像　　　图5-5　"模式"级联菜单　　　图5-6　确认对话框

Step 03 选择"位图"命令。选择"图像 > 模式"命令，可以看到级联菜单中的"位图"模式选项已经可用，如图5-7所示。选择"位图"命令，弹出"位图"对话框。

提示

1: 118.1像素/厘米的由来

出版物的常用图像分辨率为300像素/英寸，换算成公制单位，即为"118.1像素/厘米"。

Step 04 转成位图模式。保持"分辨率"参数值不变，设置"方法"为"自定图案"，并在"自定图案"下拉列表中选择一个图案，如图5-8所示。单击"确定"按钮，完成模式转化，图片效果如图5-9所示，放大后可以看到图案的纹理。

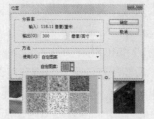

图5-7 选择"位图"命令　　　　图5-8 设置转化参数　　　图5-9 转化后的效果

Step 05 尝试另外一种转化参数。按下快捷键Ctrl+Z撤销转化。重新选择"图像>模式>位图"命令，将"方法"设为"半调网屏"，如图5-10所示。单击"确定"按钮，弹出"半调网屏"对话框，设置"频率"为53，"单位"为"线/英寸"，"角度"为45，"形状"为"圆形"，如图5-11所示。

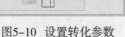

图5-10 设置转化参数　　　　　图5-11 设置半调参数

Step 06 查看转化效果。单击"确定"按钮，完成模式的转化，如图5-12所示，放大后可看到圆形网纹，如图5-13所示。

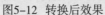

图5-12 转换后效果　　　　　图5-13 圆形网纹

5.1.3　Lab模式

　　Lab模式是包含人眼可以看见的所有色彩的色彩模式，Lab模式弥补了RGB和CMYK两种色彩模式在色彩表达范围上的不足。

　　Lab模式由三个通道组成，一个通道是亮度，即L，另外两个是色彩通道，分别用a和b来表示。a通道包括的颜色是从深绿色（底亮度值）到灰色（中亮度值）再到亮粉红色（高亮度值）；b通道则是从亮蓝色（底亮度值）到灰色（中亮度值）再到黄色（高亮度值）。因此，这种色彩混合后将产生明亮的色彩。

　　Lab模式所定义的色彩最多，且与光线及设备无关，并且处理速度与RGB模式同样快，而比CMYK模式快很多。因此，可以放心地在图像编辑中使用Lab模式。而且，Lab模式在转换成CMYK模式时，色彩没有丢失或被替换。因此，最佳避免色彩损失的方法是应用Lab模式编辑图像，再转换为CMYK模式打印输出。

5.1.4 RGB模式

RGB是色光的色彩模式。R代表红色，G代表绿色，B代表蓝色，三种色彩叠加形成了其他的色彩。因为三种颜色都有256个亮度水平级，所以三种色彩叠加就形成1670万种颜色，也就是真彩色，通过它们足以呈现出绚丽的世界。

所有显示器、投影设备以及电视机等许多设备，都是依赖于RGB色彩模式来实现的。就编辑图像而言，RGB色彩模式也是最佳的色彩模式，因为它可以提供全屏幕的24位的色彩范围，即真彩色显示。RGB模式不能用于打印，因为其所提供的有些色彩已经超出了打印的范围，因此在打印一幅真彩色的图像时，就必然会损失一部分细节。

5.1.5 CMYK模式

CMYK颜色模式是一种印刷模式。其中四个字母分别指青（Cyan）、洋红（Magenta）、黄（Yellow）、黑（Black），在印刷中代表四种颜色的油墨。CMYK模式在本质上与RGB模式没有什么区别，只是产生色彩的原理不同，在RGB模式中由光源发出的色光混合生成颜色，而在CMYK模式中则是由光线照到有不同比例C、M、Y、K油墨的纸上，部分光谱被吸收后，反射到人眼的光产生颜色。由于C、M、Y、K在混合成色时，随着C、M、Y、K四种成分的增多，反射到人眼的光会越来越少，光线的亮度会越来越低，所以CMYK模式产生颜色的方法又被称为色光减色法。

5.1.6 "双色调"模式

"双色调"模式采用2～4种彩色油墨来创建由双色调（2种颜色）、三色调（3种颜色）和四色调（4种颜色）混合其色阶来组成图像，也就是说，"双色调"模式并非单指双色调模式，实际还包括单色调模式、三色调模式和4色调模式。在将灰度图像转换为"双色调"模式的过程中，可以对色调进行编辑，产生特殊的效果。而使用"双色调"模式最主要的用途是，使用尽量少的颜色表现尽量多的颜色层次，这对于降低印刷成本是很重要的，因为在印刷时，每增加一种色调都需要更大的成本。

① 提示

分色
制作用于印刷色模式打印的图像时，应使用CMYK颜色模式，将常用的RGB模式图像转换为CMYK模式时即产生分色。

🖥 上机实践　　使用双色调模式模拟夜视镜效果

Step 01 转为"灰度"模式。打开光盘中的素材文件"海鸥.jpg"，如图5-14所示。在菜单栏中选择"图像>模式>灰度"命令，将图片转为灰度模式，如图5-15所示。

图5-14　初始图像　　　　　　　　　图5-15　灰度图像

Step 02 选择"双色调"命令。选择菜单栏中的"图像 > 模式 > 双色调"命令，如图5-16所示。此时弹出"双色调选项"对话框，如5-17所示。

图5-16 选择"双色调"命令　　　　　图 5-17 "双色调选项"对话框

Step 03 设置双色调选项。将"类型"设置为"双色调"，这时可以发现"油墨1"和"油墨2"两个选项已激活，如图5-18所示。单击"油墨1"后面的曲线矩形框，弹出"双色调曲线"对话框，如图5-19所示。

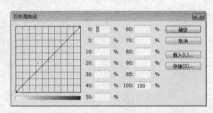

图5-18 设置双色调类型　　　　　图5-19 "双色调曲线"对话框

提示

曲线节点编辑

移动光标至曲线附近，直到光标变为十字形，按下鼠标左键并拖动，设置节点位置。按住并向外拖动节点，可删除该节点。

Step 04 设置双色调参数。将光标放到曲线左端点上，向上拖动调至y轴50%的位置，如图5-20所示。将"油墨2"的曲线左端点上调至y轴90%的位置，如图5-21所示。将"油墨2"颜色设置为全绿（R0、G255、B0），并命名为"绿色"，如图5-22所示。

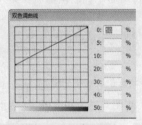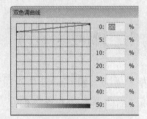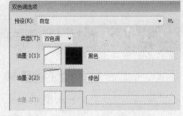

图5-20 油墨1曲线　　　图5-21 油墨2曲线　　　图5-22 双色调参数设置

Step 05 对比效果变化。在上步操作过程中，图片效果变化如图5-23～图5-25所示。

图5-23 油墨1曲线设置　　　图5-24 油墨2曲线设置　　　图5-25 油墨2颜色设置

Step 06 应用滤镜进行修饰。选择"滤镜 > 杂色 > 添加杂色"命令，在弹出的对话框中将"数量"设为33%，单击"确定"按钮，图片效果如图5-26所示。选择"滤镜 > 模糊 > 模糊"命令，应用模糊滤镜，得到如图5-27所示效果。选择"滤镜 > 杂色 > 增加杂色"命令，在弹出的对话框中将"数量"设为15%。单击"确定"按钮，得到最终效果如图5-28所示。

图5-26 初步添加杂色　　　图5-27 "模糊"效果　　　图5-28 夜视镜效果

5.1.7 "索引颜色"模式

"索引颜色"模式是网上和动画中常用的图像模式，当彩色图像转换为索引颜色模式的图像后，包含近256种颜色。如果原图像中颜色不能用256色表现，则Photoshop会从可使用的颜色中选出最相近的颜色来模拟这些颜色，这样可以减小图像文件的尺寸。索引颜色图像包含一个颜色表，用来存放图像中的颜色并为这些颜色建立颜色索引，颜色表可在转换过程中定义或在声称索引图像后修改。

5.1.8 "多通道"模式

提 示

"多通道"模式
对于有特殊打印要求且只使用了一两种或两三种颜色的图像，使用"多通道"模式可以减少印刷成本，同时保证图像颜色的正确输出。

"多通道"模式图像在每个通道中包含256个灰阶，对于特殊打印很有用。多通道模式图像可以存储为 Photoshop、大文档格式（PSB）、Photoshop 2.0、Photoshop Raw 或 Photoshop DCS 2.0格式。如图5-30即是在原图5-29上执行"图形>模式>多通道模式"命令转换而来的。

图5-29 RGB模式图像　　　　　图5-30 "多通道"模式图像

5.2 Photoshop调整命令概览

Photoshop的调整命令中包含了各种用于调整图片色彩和色调的命令，灵活使用这些命令，可使图片的色彩调节变得简易而又丰富。选择"图像>调整"级联菜单中的任意命令，即可为图像添加对应的调整效果。

5.2.1 调整命令的分类

Photoshop中各调整命令的功能各不相同，主要分为以下几大类。

● 调整颜色和色调的命令："色阶"和"曲线"可以调整颜色和色调，它们是最重要、最强大的调整命令，"色相/饱和度"和"自然饱和度"命令用于调整色彩；"阴影/高光"和"曝光度"命令能够智能地调整色彩。

● 匹配、替换和混合颜色的命令："匹配颜色"、"替换颜色"、"通道混合器"和"可选颜色"可以匹配多个图像之间的颜色，替换指定的颜色或者对颜色通道做出调整。

● 快速调整命令："自动色调"、"自动对比度"、和"自动颜色"命令能够自动对图片的颜色和色调进行简单的调整，适合初学者使用；"照片滤镜"、"色彩平衡"和"变化"是用于调整色彩的命令，使用方法简单且直观；"亮度/对比度"和"色调均化"命令则用于调整色调。

● 运用特殊颜色调整的命令："反相"、"阈值"、"色调分离"和"渐变映射"是特殊的颜色调整命令，他们可以将图片转换为负片效果、简化为黑白图像、分离色彩或者使用渐变颜色转换图片中原有的色彩。

5.2.2 调整命令的运用

在Phtotoshop中调整色彩主要有如下两种方法。

方法一：直接在"图像"菜单下选择相应的调整命令；比如，在打开原图5-31后，选择"图像>调整>色阶"命令，在弹出的对话框中，将"高光"滑块左移，降低图片的明度，即可得到如图5-32所示效果；

图5-31 原图　　　　　　图5-32 使用调整命令调整后的效果

方法二：通过调整图层来对图像进行调整。单击"图层"面板中的"创建新的填充或调整图层"按钮，选择"色阶"命令，在弹出的"色阶"属性面板中设置相关参数，即可创建调整图层，如图5-33所示。这种方式得到的调整效果与方法一的效果是相同的，如图5-34所示。

---

① 提示

两种方法的异同

通过调整命令来对图像进行调整时，只能对单一图层或选区里的图像进行调整，且调整后除非撤销操作，否则过程是不可逆的。通过调整图层来调整图像，调整图层能对该图层以下的所有图层进行调整，且可以通过蒙版工具和调整图层的透明度来控制调整效果，如果对调整效果不满意，可以删除该图层，再次建立新的调整图层来进行调整。

图5-33 创建调整图层　　图5-34 使用调整图层调整后的效果

图像色彩的简单调整

5.3

Photoshop为用户提供了各种各样的色彩调整功能，通过各个命令的配合使用，可使用户得到满意的调整效果。不过，在对图像进行复杂调整前，让我们从简单入手，先来学习一些相对简单的调整命令。

5.3.1 去除图像的颜色

在Photoshop中打开彩色图片后，选择"图像>调整>去色"命令，即可去除图片中的彩色信息，得到一张黑白效果的图像，如图5-35与图5-36所示。

图5-35 原图　　　　　　图5-36 去色后的图像

5.3.2 反相图像色彩

在"图像>调整"级联菜单中，选择"反相"命令，程序将根据原有色彩信息，将图像中的色彩转为其对比色进行显示，如图5-37与图5-38所示。

图5-37 原图　　　　　　图5-38 反相后的图像

5.3.3 平均图像色调

对图像执行"图像>调整>色调均化"命令，可重新分布图像中像素的亮度值，以使其更均匀地呈现所有范围的亮度级。在应用此命令时，Photoshop将查找复合图像中最亮和最暗的值，并重新映射这些值，以使最亮的值表示为白色，最暗的值表示为黑色。之后，Photoshop尝试对亮度进行色调均化处理，即在整个灰度范围内均匀分布中间像素值，如图5-39与图5-40所示。

图5-39 原图　　　　　　　　　　图5-40 去色后的图像

5.3.4 制作纯黑白图像

制作黑白照片时可以使用"去色"命令，但使用该命令得到黑白图片后，我们将无法根据原图像的色彩信息对图像进行亮度和饱和度的调整。因此在需要制作黑白图像时，可以使用"黑白"命令进行操作。

在Photoshop中打开图像后，选择"图像>调整>黑白"命令，在弹出的对话框中进行相应的设置后，即可得到一张高质量的黑白图片，如图5-41与图5-42所示。

图5-41 原图　　　　　　　　图5-42 选择"黑白"命令后的图像

提 示

"亮度/对比度"对话框中各选项的含义

● 亮度：调节亮度的选项，数值越大，图像越亮。

● 对比度：调节对比度的选项，数值越大，图像对比越强烈。

"亮度/对比度"对话框

5.3.5 调整图像的亮度和对比度

"亮度/对比度"命令用于调整图像的色调范围，选择该命令后，在弹出的对话框中，向左拖动滑块将降低亮度或对比度，向右拖动滑块则将增加亮度和对比度。如果勾选对话框中的"使用旧版本"复选框，则可以得到与Photoshop CS3以前的版本相同的调整结果（即进行线性调整）。图5-43与图5-44所示即为使用"亮度/对比度"命令调整前后的效果对比。

图5-43 原图

图5-44 提高亮度及对比度后的图像

5.3.6 调整图像的色相与饱和度

"图像>调整"级联菜单中的"色相/饱和度"命令可以用于调节图像中某一单独色彩的色相、饱和度及明度。选择该命令后，会弹出如图5-45所示的"色相/饱和度"对话框，在此可以选择全图或某一单独色相进行调整，也可以使用Photoshop中的预设来对图像进行快速调整。图5-46经过色相调整后，光线明显偏红，效果如图5-47所示。

图5-45 "色相/饱和度"对话框

图5-46 原图

图5-47 调整色相、饱和度后的图像

Step 01 打开原始图像。打开光盘中的素材文件02.jpg，如图5-48所示，照片颜色明显偏暖。

Step 02 调整整体色调。选择"图像 > 调整 > 色相/饱和度"命令，设置"色相"为15，"饱和度"为 – 6，勾选"预览"复选框，实时查看图像颜色变化，如图5-49所示。

图5-48　打开素材文件　　　　　　　　图5-49　调整整体色调

Step 03 调整黄色与绿色。在"色相/饱和度"对话框左侧的下拉列表中选择"黄色"选项，设置"色相"为2，"饱和度"为5，"明度"为 – 8，如图5-50所示。此时近景处的灌木丛已从偏向橙色专为偏向绿色。在下拉列表中选择"绿色"，设置"明度"为–21，强化颜色间的明暗对比，如图5-51所示。

图5-50　调整黄色　　　　　　　　图5-51　调整绿色

Step 04 调整红色和蓝紫色。在左侧的下拉列表中选择"红色"，设置"饱和度"为 – 27，"明度"为 – 9。将红色调成棕红色，此时中景处的树木颜色趋于正常。将光标移至对话框外，光标自动变为吸管工具图标，在图像天空区域单击，吸取云彩的颜色，如图5-52所示。软件会自动根据此颜色色相为其命名，此处虽然人眼观察颜色偏紫色，但被判定为蓝色，软件自动添加了"蓝色2"颜色区域。设置其"色相"为 – 7，"饱和度"为 – 38，"明度"为 – 5，如图5-53所示。最终效果如图5-54所示。

图5-52　吸取颜色　　　　图5-53　调整蓝色　　　　图5-54　最终效果

5.3.7 调整图像阴影、高光区域

"图像>调整>阴影/高光"是用来对图像的阴影和高光区域进行精确调整的命令，如图5-55是选择"阴影/高光"命令后弹出的的对话框（勾选了"显示更多选项"复选框），具体参数详细解析如下。

提 示

"显示更多选项"的作用

若不勾选"显示更多选项"复选框，则对话框中只有阴影数量和高光数量可以调节，此时可以对图像进行初步调整。

如果需要更精确地调整，则需勾选"显示更多选项"复选框，以显示更多的参数。

● 数量：控制所要校正的阴影/高光的数量。100%将对所有的阴影部分进行校正，如果设置为0，该选项将对图像不起作用。

● 色调宽度：用来设置影响色调的宽度，值越大，所受影响的色调范围越广。

● 半径：用以设置校正范围的放大缩小。

● 颜色校正：调整该值，软件将对图像的部分颜色进行校正。

● 中间调对比度：调整中间调颜色的对比度，与"亮度/对比度"类似。

● 修剪黑色/白色：输入数值，将会裁剪图像中部分黑色/白色。

图5-55 "阴影/高光"对话框

5.3.8 调整图像的色调

选择"图像>调整>色彩平衡"命令，在弹出的"色彩平衡"对话框中，我们可以通过拖动滑块来调整图像中某一色彩的偏色，对图像的整体色调进行调整。在对图5-56进行色调调整时，在"色彩平衡"对话框中选择"中间调"单选按钮，将"青色/红色"滑块调向"青色"，得到如图5-57所示的效果。如果勾选了对话框（图5-58）左下角的"保持明度"复选框，则会得到图5-59所示的效果，图像明亮偏低，显得更为厚重一些。

图5-56 原图

图5-57 调整"色彩平衡"后的图像

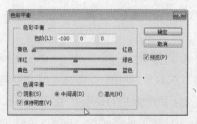

图5-58 勾选"保持明度"复选框

图5-59 最终图像效果

5.3.9 调整自然饱和度

"图像>调整>自然饱和度"是Photoshop CS4版本后新增加的功能，对图像执行此命令后，在弹出的对话框中，包含"自然饱和度"和"饱和度"两个调节参数。

向右拖动"自然饱和度"滑条，可以为未饱和的像素增加饱和度，同时对已经饱和的像素不作处理，可以在较大程度上保护图像的真实程度，如图5-60与图5-61所示。而"饱和度"选项则不具有此功能，它和以前版本的"饱和度"参数是一样的，较大的参数值，可能会引起图像失真。

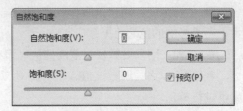

图5-60 "自然饱和度"

图5-61 调整自然饱和度前后的效果对比

5.4 图像色彩的高级调整

前面一节中我们介绍了Photoshop中的一些简单调整命令，对软件中的色彩调整命令有了一个大概的了解。在本小节中，我们将介绍Photoshop软件中更为复杂的一些调整命令，进一步加深对软件中调整命令的了解。

5.4.1 使用预设快速调整图像

选择"图像>调整"级联菜单中的许多命令时，在弹出的对话框中，可以调用Photoshop的预设，来直接对图像进行调整。在对图5-62进行调整时，采用了"较暗"色阶预设以及"强对比度"曲线预设，如图5-63与图5-64所示，得到如图5-65所示的效果。

"色阶"对话框

● 拖动"输出色阶"的滑块将对图像的整体亮度进行调节，左边的滑块向右移动时，图像将变亮，但图像偏灰，右边的滑块向左移动时，图像则变暗。

● 可选择图像的通道，分通道对图像进行调整。

"通道"选项

图5-62 应用"色阶"预设

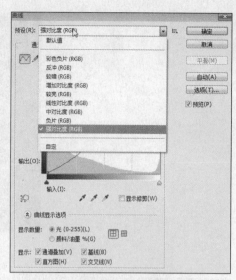

图5-63 应用"曲线"预设

图5-64 原图

图5-65 使用预设调整后的图像

5.4.2 使用色阶调整图像明暗

在"图像>调整"级联中选择"色阶"命令，弹出"色阶"对话框。

在直方图中能够清晰地看出图像的色调分布，从左到右分别表示的是图像阴影、中间调和高光在图像色调中所占的比重，我们可以拖动滑块来直接调整三者在图像中的比例，从而调整图像的明暗，或者也可以直接在直方图下方输入所需数值，准确地对图像进行调整。为图5-66执行"色阶"命令，并增加中间调与阴影的比例，得到如图5-67所示的效果。

图5-66　原图　　　　　　　　图5-67　使用色阶调整后

使用"色阶"命令调整图像明暗平衡

"色阶"命令的适用范围

"色阶"命令不仅可对RGB通道进行调整,还可以针对单色通道(红、绿、蓝)进行调整。既可以在RGB模式应用,也可以在CMYK模式下应用。

Step 01 打开"色阶"对话框。打开光盘中的素材文件03.jpg,如图5-68所示。选择"图像 > 调整 > 色阶"命令,如图5-69所示,打开"色阶"对话框。

图5-68　打开素材文件　　　　　图5-69　选择"色阶"命令

Step 02 应用自动色阶。单击"色阶"对话框中的"自动"按钮,如图5-70所示,程序将应用自动色阶调整图像明暗效果,得到的最终效果图像如图5-71所示。

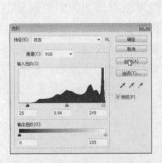

图5-70　单击"自动"按钮　　图5-71　应用自动色阶后的效果

Step 03 调整"输入色阶"。在"输入色阶"直方图下方分别有黑色、灰色和白色3个滑块，拖动最左端的黑色滑块至直方图的黑色区域最左端，如图5-72所示，得到最终图像效果如图5-73所示。此时可以看到，人像面部变暗，细节更加清晰。

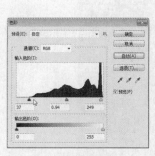 

图5-72 调整"输入色阶"　　　　图5-73 最终效果

5.4.3 使用曲线调整图像明暗

"曲线"命令是Photoshop中最为重要的色彩调整工具之一，也是最常用的工具之一，选择"图像>调整>曲线"命令后，将弹出"曲线"对话框，每一个通道都会有一条相应的曲线与之对应，曲线横轴表示的是图像的输入亮度，纵轴表示图像的输出亮度，通过调整曲线的形状，可以直观地对图像的色彩亮度进行调节。如图5-74与图5-75所示为，原图像经过曲线调整后，左下角烟雾部分变暗，恢复了部分细节效果。

图5-74 原图　　　　图5-75 使用"曲线"调整后

5.4.4 利用渐变调整图像色调

"渐变映射"是一种快速调整图像色调的方法，为图像执行"图像>调整>渐变映射"命令后，图像将被用户所选的渐变颜色覆盖，图像的色彩将被调整为只有渐变颜色所涵盖的色调。

下面介绍"渐变映射"效果的具体制作步骤。

① 提示

保存渐变

得到理想的渐变色
之后，可以保存该
渐变色，以备日后
选用。尤其对于那
些随机产生出的合
适的渐变色，很难
再次获得相同的渐
变效果。在"渐变
编辑器"对话框中
的"名称"文本框
中输入名称（比如
"红外渐变"），单
击右侧的"新建"
按钮，即可保存该
渐变。

① 提示

**"渐变映射"使用
技巧**

● 单击"渐变映射"
对话框中的颜色
条，将弹出"渐变
编辑器"对话框，
单击颜色条下的色
标可以对渐变色进
行更改，移动色标，
可以改变颜色在渐
变中的所占比例，
在颜色条下方随意
单击，可增加色标，
增加渐变颜色。

● "渐变映射"对
图像的调整会使颜
色区域统一，缺少
变化。一般我们使
用该命令时都会复
制一个图层后再执
行该命令，然后再
通过叠加方式的选
择，得到想要的效
果，如图所示。

使用叠加后的图像

Step 01 打开"渐变映射"对话框。为原图像5-76执行"图像>调整>渐变映射"命令，弹出如图5-77所示的"渐变映射"对话框。

Step 02 打开"渐变编辑器"。单击对话框中的渐变颜色条，以弹出"渐变编辑器"对话框。

图5-76　原图　　　　　　　　　　图5-77　"渐变映射"对话框

Step 03 调整渐变。移动"渐变编辑器"的色标，更改该颜色在渐变中所占的比重，在渐变颜色条下方随意单击，可增加渐变颜色色标，单击并将色标拖至渐变条外，可删除该色标。如图5-78所示。

Step 04 应用渐变映射效果。在完成了对颜色的编辑后，单击"确定"按钮，即可为图像应用"渐变映射"调整命令，得到如图5-79所示效果。

图5-78　"渐变编辑器"对话框　　　图5-79　应用"渐变映射"后的效果

Step 01 查看原始图像。打开光盘中的素材文件04.jpg",如图5-80所示。本例将利用 "渐变映射"命令将此图像改为"红外拍摄"效果。

Step 02 设置渐变映射。选择"图像 > 调整 > 渐变映射"命令,弹出"渐变映射"对话框,此时默认为前景色到背景色的渐变,如图5-81所示。

图5-80　打开素材文件　　　　　　　　图5-81　"渐变映射"对话框

Step 03 生成渐变色。双击渐变条,弹出"渐变编辑器"对话框。设置"渐变类型"为"杂色"、"粗糙度"为40、"颜色模型"为HSB,其中H取全值,S和B右端阈值不变,左端阈值调至中点附近,如图5-82所示。单击右下角的"随机化"按钮,随机生成渐变色,直到人物肤色呈现红橙色,背景呈现蓝紫色,得到红外线拍摄效果。单击"确定"按钮,得到最终效果如图5-83所示。

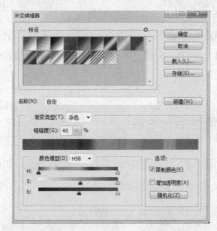

图5-82　设置渐变参数　　　　　　　　图5-83　最终效果

5.4.5　改变图像色彩

利用"图像>调整>通道混合器"命令可改变图像的色彩感觉。选择"通道混合器"命令后,将弹出"通道混合器"对话框,在该对话框中选择要调整的通道,拖动下面的滑块可以提高或降低该通道该种颜色的亮度,图5-85所示即是在原图像5-84的基础上,提高红色通道亮度,降低绿色通道亮度,得到的色彩效果,其参数设置如图5-86所示。如果勾选了对话框左下角的"单色"复选框,则可得到一张调整后的黑白图像,最终效果如图5-87所示。

图5-84 原图

图5-85 "通道混合器"调整后的图像

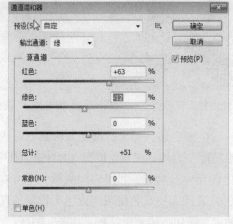

图5-86 设置"通道混合器"参数

图5-87 最终效果

　　改变图像整体色彩不仅可以通过"通道混合器"来实现,还可以利用"照片滤镜"命令调整图片色调。Photoshop提供了一些常用的照片滤镜预设,用户可以直接选择预设,调整整体色调。

🖳 上机实践　　使用"照片滤镜"命令调整照片色调

Step 01 将照片调成暖色调。打开光盘中的素材文件05.jpg,如图5-88所示。选择"图像 > 调整 > 照片滤镜"命令,如图5-89所示。

图5-88 打开素材文件

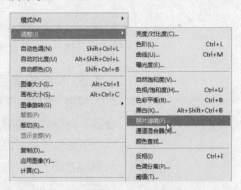

图5-89 选择"照片滤镜"命令

Step 02 将照片调成暖色调。在弹出的"照片滤镜"对话框中，设置"滤镜"为"加温滤镜（85）"，勾选"保留明度"复选框，如图5-90所示。单击"确定"按钮后照片呈现温暖的色调，如图5-91所示。

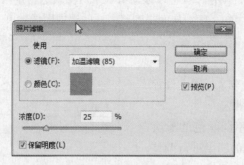

图5-90 设置滤镜参数

图5-91 调成暖色调

Step 03 将照片调成冷色调。选择"图像 > 调整 > 照片滤镜命令"，在弹出的"照片滤镜"对话框中，设置"滤镜"为"冷却滤镜（LBB）"，如图5-92所示。单击"确定"按钮后照片呈现冷澈的色调，如图5-93所示。

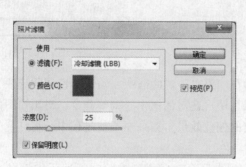

图5-92 设置滤镜参数

图5-93 调成冷色调

Step 04 自定义照片色调。选择"图像 > 调整 > 照片滤镜"命令，在弹出的对话框中选择"使用"选项区域中的"颜色"单选按钮，双击色块，在弹出的对话框中设置颜色为（R255、G246、B0），设置"浓度"为50%，勾选"保留明度"复选框，如图5-94所示。得到的最终效果如图5-95所示。

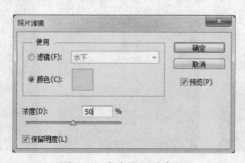

图5-94 自定义照片色调

图5-95 最终效果

5.4.6 "黑白"命令

前面我们简单介绍了为图像去除颜色的方法,这里将详细讲解"黑白"命令的使用方法。选择"图像>调整>黑白"命令,将弹出如图5-96所示的对话框,用户可以选择预设对图像进行调整,也可以拖动滑块来对图像进行细微的调整,控制滑块对应颜色在黑白图像中的亮度,从而得到不一样的黑白图像效果。

"黑白"对话框中的各项参数含义如下。

● 预设:在下拉列表中可选择程序为用户预设的调整效果。

● 色彩:拖动不同颜色的滑块,将对原图像中该颜色的明度进行调整,从而影响该颜色在黑白图像中的明度。

● 色调:勾选该复选框,软件将根据用户所定义颜色,为图像调整色调。

● 色相/饱和度:对色调的色相/饱和度进行调整,从而影响黑白图像最终的显示效果。

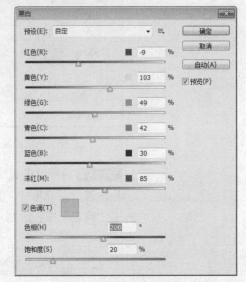

图5-96 "黑白"对话框

需要注意的是,在"黑白"对话框中,勾选"色调"选项,能为黑白图像添加偏色调,软件将根据用户在对话框中的调整命令,对黑白图像的色彩感觉进行重新调整,产生一定的偏色效果。如果在调整过程中,将红色的色彩明度调高,最终的图像将呈现偏红色。

为图5-97应用"黑白"命令后得到如图5-98所示的效果,若在"黑白"对话框中勾选"色调"复选框,并调整色块颜色为蓝黑色,即可更改画面的整体色调,得到如图5-99所示效果。

图5-97 原图　　　图5-98 应用"黑白"命令调整后 图5-99 勾选"色调"复选框

Step 01 应用自动色调。 打开光盘中的素材文件06.jpg",如图5-100所示,选择"图像 > 调整 > 色阶 > 自动"或"图像 > 自动色调"命令,为图像应用自动色调,得到如图5-101所示。

图5-100 打开素材文件　　　　图5-101 应用自动色调后的图像

Step 02 应用"黑白"命令。 选择"图像 > 调整 > 黑白"命令,如图5-102所示。弹出"黑白"对话框,如图5-103所示。

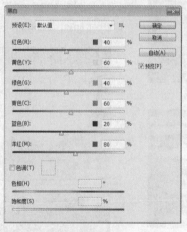

图 5-102 选择"黑白"命令　　　　图5-103 打开"黑白"对话框

Step 03 设置参数。 勾选"色调"复选框,图像将自动应用默认的色调效果,如图5-104所示。拖动"色相"滑块,将其设为33,拖动"饱和度"滑块,将其设为33,保持其他参数为默认值不变,如图5-105所示,得到最终效果如图5-106所示。

图5-104 勾选"色调"后效果　　图5-105 参数设置　　图 5-106 最终效果

图1

图2

图3

5.4.7 "阈值"命令

"图像>调整>阈值"命令可将灰度或彩色图像转换为高对比度的黑白图像。选择该命令后，会弹出"阈值"对话框，如图5-107所示。指定某个色阶作为阈值，所有比阈值亮的像素将转换为白色，而所有比阈值暗的像素将转换为黑色。"阈值"命令对确定图像的最亮和最暗区域很有用。

"阈值"对话框中参数含义如下。

阈值色阶/阈值直方图：两者都用来调整黑白图像中黑色和白色所占的比例。数值增大或直方图的滑块向右移，黑白图像中的明度降低，黑色加重；反之，则白色增加，图像明度增加。

图5-107 "阈值"对话框

5.4.8 替换颜色

"图像>调整>替换颜色"是一种比较实用的命令，用来更改图像中某一颜色，选择"图像>调整>替换颜色"命令后会弹出"替换颜色"对话框，在其中可设置具体的参数。

图5-108中的天空颜色为深蓝色，利用"替换颜色"命令可将其替换成紫色，得到如图5-109所示的效果。

图5-108 原图

图5-109 将天空替换为紫色

如图5-110所示的"替换颜色"对话框中的各项参数含义如下。

● 吸管工具：用来吸取图像中需要更改的颜色，根据需要，可以加选或减选。

● 颜色：查看被吸取的颜色。

● 颜色容差：设置提取颜色的纯度，增大数值，可以使与被选取的颜色相近的颜色也被选取进来，反之，则会使选择的颜色纯度更高。

● 预览窗口：可以通过黑白图像，看到被选取的是哪部分图像，也可以将模式切换为"图像"，直接在彩色图像中观察选区。

● 替换颜色：更改被选取部分的色相、饱和度、明度等参数，得到需要的色彩。

图5-110 "替换颜色"对话框

5.4.9 调整HDR色调

HDR即高动态范围。目前的16位整型格式使用从0（黑）到1（白）的颜色值，但是不允许所谓的"过范围"值，比如说金属表面比白色还要白的高光处的颜色值。在HDR的帮助下，我们可以使用超出普通范围的颜色值，使图像亮的地方非常亮，暗的地方非常暗，且亮暗部的细节都很明显。

选择"图像>调整>HDR色调"命令，弹出"HDR色调"对话框，如图5-111所示。对话框中各参数的含义如下。

● 预设：程序自带的一系列预设效果，可以直接使用。

● 方法：选择HDR色调调整的方式，包括"局部适应"、"高光压缩"、"色调均化直方图"等。

● 边缘光：设置边缘光的半径和强度，可以使物体的边缘反光的强度改变，发光半径也会得到调整。

● 色调和细节：用于调整图像的整体色调和阴影区细节的保留，灰度系数数值越大，图像偏灰；曝光度将印象图像的亮度；细节数值的变化，将决定图像中细节的保留程度。

● 高级：对于图像色彩的细微调整，包括对图像阴影、高光、自然饱和度、饱和度的调整，与调整命令的相关功能相似。

● 色调曲线和直方图：功能类似于"曲线"命令，调整曲线形状，能对图像中不同明度的部分作进一步的调整。

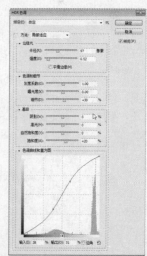

图5-111 "HDR色调"对话框

Photoshop中的"HDR色调"命令为用户提供了模拟HDR图像的工具，在原图像5-112基础上执行"图像>调整>HDR色调"命令后，扩大了图像色彩范围，得到如图5-113所示的效果。

图5-112 原图　　　　　　　图5-113 应用 "HDR色调" 后

5.5 使用调整图层

前面已经提到过，调整图像色彩除了可以通过选择 "图像>调整" 级联菜单中的命令外，也可以利用调整图层来对整个图像进行调整。虽然采用的方法不同，但得到的效果却是一致的，在本节中我们将介绍调整图层的使用方法。

5.5.1 创建与删除调整图层

需要创建调整图层时，只需单击 "图层" 面板下方的 "创建新的填充或调整图层" 按钮，如图5-114所示，在弹出的下拉列表中选择需要创建的调整图层选项，Photoshop即会创建新的调整图层。

调整图层同普通图层一样可以被删除，选择调整图层，按下Delete键或直接将图层拖曳到 "删除图层" 按钮上，即可将其删除，如图5-115所示。

图5-114 调整命令　　　图5-115 删除调整图层

5.5.2 编辑调整图层

在创建了调整图层后，会弹出相应的 "属性" 面板，参数设置与选择 "图像>调整" 级联菜单中的命令后的参数设置基本相同，如图5-116所示。另外调整图层与普通图层一样，可以调节 "不透明度" 与 "混合模式"，如图5-117所示。不同的是，调整图层自带蒙版，用于控制调整范围及透明度。

图5-116 "亮度/对比度" 属性面板　　　图5-117 "图层" 面板

✍ 练习题

1. 下列调整色彩命令中不可以用来得到黑白图像的是（　　）。

A. 通道混合器　　　　B. 黑白　　　　C. 去色　　　　D. 色彩平衡

2. 为得到图像的高反差黑白图像，以下操作可行的是（　　）。

A. 选择"去色"命令对图像进行调整

B. 利用"阈值"命令对图像进行处理

C. 调整图像的"亮度/对比度"

D. 调整图像的"色相/饱和度"

3. 以下对于调整图层的说法正确的是（　　）。

A. 调整图层可以建立蒙版对图层的调整效果进行控制

B. 调整图层只对该图层底下的第一个图像图层有效

C. 调整图层对图像产生的调整效果是不可逆的

D. 调整图层对图像的调整效果与在"调整"命令中的对应命令产生的调整效果是有差异的

4. 对于图像模式的说法以下错误的是（　　）。

A. CMYK色彩模式是专门用于印刷的图像处理模式

B. RGB模式是屏幕显示图像色彩模式

C. 双色调模式可由RGB色彩模式转换而来

D. Lab色彩模式所包括的色彩范围最广

5. 对光盘中的素材文件"花.jpg"，按如下步骤完成操作。

Step 01 利用"亮度/对比度"对图像进行调整，使图像明暗部分对比度加强；

Step 02 用"曲线"工具，选择绿色通道，为图像增加绿色信息；

Step 03 将花朵的颜色替换成红色；

Step 04 用"HDR色调"将图像调整得更鲜艳。

图5-118　素材文件

06 绘制与修饰图像

本章导读

在Photoshop中，用户不仅可以对图像进行各种各样的调整工作，还可以利用软件自身的一些强大的图形制作工具来对图像进行再次的修饰和创作，创造出和原图像艺术风格完全不一样的艺术作品，甚至可以利用软件本身强大的绘图工具，来创作出一幅全新的数字图像作品。

本章要点

• 画笔工具	• 渐变工具的使用
• 历史记录画笔工具	• 绘制几何图像
• 橡皮擦工具	• 形状工具
• 铅笔工具	• 修饰图像
• 填充图像	• 修复工具的使用

6.1 绘图工具

Photoshop作为一款专业的图像处理工具，与其他大多数的图形软件一样，有自带的绘图工具，不仅如此，绘图工具与菜单命令的灵活配合，更能让艺术家们创作出各式各样风格的艺术佳作，完全能满足用户的创作要求。

6.1.1 画笔工具

画笔工具作为绘图工具中最为基础的工具，也是Photoshop中最为强大的绘图工具之一，在工具箱中单击画笔工具，如图6-1所示，即可对图像进行绘画操作，同时在图像窗口的上方，会出现画笔工具选项栏，如图6-2所示。在选项栏中，可以设置画笔的叠加模式、不透明度和画笔流量等参数。

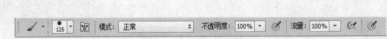

图6-1 工具箱　　　　　　　　　　图6-2 画笔工具选项栏

- 画笔：选取画笔并设置画笔选项。
- 画笔动态预设：设置画笔的动态参数。
- 模式：选择画笔与图像的叠加模式。
- 不透明度：指定不透明度以定义画笔的绘画强度。
- 流量：指定画笔的流动速率。
- 喷枪：单击喷枪按钮可将画笔用作喷枪。

6.1.2 橡皮擦工具

在工具箱中选择橡皮擦工具，如图6-3所示，窗口中会出现橡皮擦工具的选项栏，如图6-4所示，在选项栏中可设置橡皮擦的模式、不透明度、流量等参数。

图6-3 工具箱

图6-4 橡皮擦工具选项栏

画笔预设：单击下三角按钮，打开画笔预设面板，可选取画笔样式并设置画笔选项，如图6-5所示。该选项不适用于"块"模式。

● 模式：可选择"画笔"、"铅笔"或"块"3种模式，如图6-4所示。

● 不透明度：设置不透明度以定义抹除强度。

● 流量：在"画笔"模式下，设定流动速率。

● 喷枪：在"画笔"模式下，单击"喷枪"按钮将画笔用作喷枪。

● 抹到历史记录：要抹除图像的已存储状态或快照，可在"历史记录"面板中单击状态或快照，然后勾选选项栏中的"抹到历史记录"复选框。勾选"抹到历史记录"复选框后的涂抹操作，在"历史记录"面板中记录为"历史记录橡皮擦"，而不勾选时则记录为"橡皮擦"，如图6-6所示。

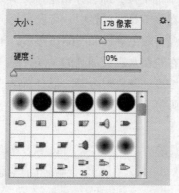

图6-5 画笔预设

图6-6 "历史记录"面板

6.1.3 魔术橡皮擦工具

右击工具箱中的橡皮擦工具，弹出橡皮擦工具组中隐藏的3个工具：橡皮擦工具、背景橡皮擦工具和魔术橡皮擦工具。背景橡皮擦工具是用来擦除背景的一种比较快捷的方式，魔术橡皮擦工具能智能地选择相似的颜色进行擦处。在魔术橡皮擦工具选项栏中，可以设置魔术橡皮擦工具的颜色容差、是否连续及不透明度等属性，如图6-7所示。

图6-7 魔术橡皮擦工具选项栏

● 容差：设置颜色范围的大小，数值越大，魔术橡皮擦工具所能擦出的颜色相近范围越大。

● 连续：设置笔刷的连续性，勾选此复选框，擦出时笔刷可连续擦出相近颜色。

● 不透明度：设置笔刷的不透明度。

对图6-8使用魔术橡皮擦工具擦除天空背景后，可得到图6-9所示的图像效果。

图6-8 原图

图6-9 使用魔术橡皮擦工具擦除天空背景

6.1.4 混合器画笔工具

混合器画笔工具是从Photoshop CS5 版本增加的工具之一，是较为专业的绘画工具。在工具箱中右击画笔工具，即可弹出隐藏工具列表，选择混合器画笔工具即可，如图6-10所示。在该工具选项栏中，可设置笔触的颜色、潮湿度、混合颜色等，如图6-11所示，这些参数就如同我们在绘制水彩或油画的时候，随意调节的颜料颜色、浓度、颜色混合等。混合器画笔工具的部分参数与画笔工具类似，这里介绍特有的参数的含义。

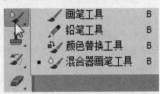
图6-10 画笔工具的隐藏列表

图6-11 混合器画笔工具选项栏

● ▇▇：显示前景色颜色，单击右侧下三角按钮，可选择"载入画笔"、"清理画笔"或"只载入纯色"选项。

● ✔：每次描边后载入画笔。

● ✕：每次描边后清理画笔。

● 潮湿：设置从画布拾取的油彩量，就像是给颜料加水，设置的值越大，绘制在画布上的色彩越淡。

● 载入：设置画笔上的油彩量。

● 混合：用于设置多种颜色的混合。

提示

使用快捷键打开"颜色"面板

使用混合画笔工具时，可按下快捷键Shift+Ctrl+Alt，在弹出的"颜色"面板中拾取颜色。

从图6-12与图6-13可以看出,混合器画笔工具可将颜色混合涂抹,形成特殊的效果。

图6-12 原图　　　　　图6-13 混合器画笔工具绘制后

6.1.5 "画笔"面板

选择"窗口>画笔"命令,或者选择画笔工具后,在画笔工具选项栏中单击"动态预设"按钮(快捷键为F5),即可打开"画笔"面板。在"画笔"面板中,我们可以调整画笔的大小、旋转角度以及动态预设等属性,面板中各区域功能如图6-14所示。

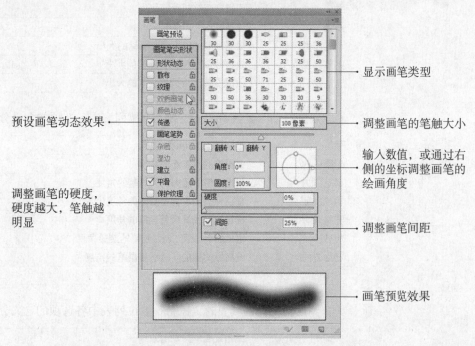

图6-14 "画笔"面板

在"画笔"面板中,包含许多预设的画笔效果,在左侧列表框中勾选对应的画笔类型,即可进入相应的选项面板,调整画笔的形态。下面将详细介绍"形状动态"、"散布"、"纹理"、"双重画笔"、"颜色动态"等画笔形态的设置方法,并简要讲解其他类型的画笔设置。

形状动态：用于调整画笔的大小抖动、最小直径、角度抖动以及圆度抖动等，如图6-15所示。

● 大小抖动：调整画笔抖动的大小，值越大，抖动的幅度越大。"控制"下拉列表中提供了各种控制类型，可以调整画笔的抖动大小。

● 最小直径：在画笔抖动的幅度中设置最小直径。值越小，画笔抖动越严重。

● 倾斜缩放比例：用于在画笔的抖动幅度中指定倾斜的幅度。此选项只有在选择"钢笔斜度"选项后才能使用。

● 角度抖动：用于在画笔的抖动幅度中指定画笔角度，值越小，越接近保存的角度值，在"控制"下拉列表中提供各种控制类型，以调整画笔的抖动效果。

● 圆度抖动：用于在画笔抖动幅度中指定笔触的椭圆程度，值越大，椭圆越扁。在"控制"下拉列表中提供了多个控制类型，可以调整画笔的效果。

图6-15 "形态动态"选项面板

● 最小圆度：根据画笔的抖动程度，指定画笔的最小直径。

"大小抖动"区域中的"控制"下拉列表中各选项的含义分别如下。

关	不指定画笔抖动的程度
渐隐	使画笔的大小逐渐缩小
钢笔压力	根据画笔的压力调整画笔的大小
钢笔斜度	根据倾斜程度调整画笔的大小
光笔轮	根据旋转程度调整画笔的大小

"角度抖动"区域中的"控制"下拉列表中各选项的含义分别如下。

关	不指定画笔抖动的效果
渐隐	使画笔的角度逐渐减小
钢笔压力	根据画笔的压力调整画笔的角度
钢笔斜度	根据倾斜角度调整画笔的角度
光笔轮	根据旋转情况调整画笔的角度
旋转	根据旋转程度，调整画笔的旋转角度
初始方向	维持原始值的同时调整画笔的角度
方向	调整画笔的角度

"圆度抖动"区域中的"控制"下拉列表中各选项的含义分别如下。

关	不指定画笔抖动的效果
渐隐	使画笔的椭圆度逐渐减小
钢笔压力	根据画笔的压力调整画笔的椭圆程度
钢笔斜度	根据倾斜角度调整画笔的椭圆程度
光笔轮	根据旋转情况调整画笔的椭圆程度
旋转	根据旋转程度，调整画笔的旋转圆度

散布：调整画笔的笔触分布密度，其选项面板如图6-16所示。

● 散布：用于调整画笔笔触的分布密度，值越大分布密度越大。

● 两轴：勾选此复选框，画笔的分布范围将缩小。

● 数量：指定分布画笔笔触的粒子密度。值越大，密度越大，笔触越浓。

● 数量抖动：调整笔触抖动密度，值越大抖动密度越大。

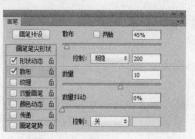

图6-16 "散布"选项面板

纹理：指定画笔的材质特性，可以运用纹理样式的连续材质，其选项面板如图6-17所示。

● 反相：勾选此复选框可以翻转纹理图片。

● 缩放：用于放大或缩小纹理。

● 亮度：用于调整纹理图片的亮度。

● 对比度：用于调整图片的色彩对比度。

● 为每个笔尖设置纹理：勾选此复选框后，可以通过调整深度抖动值，更加细腻地调整笔刷。

● 模式：用于设置画笔笔触的混合模式。

● 深度：用于调整质感的深度。

● 最小深度：用于调整质感的最小深度。

● 深度抖动：用于控制笔触质感深度的抖动效果。

图6-17 "纹理"选项面板

双重画笔：将不同的画笔合成，以制作出独特的画笔形态，其选项面板如图6-18所示。

● 笔刷列表：在此可选择要叠加的笔刷。

● 大小：用于调整画笔大小。

● 间距：用于设置画笔之间的间距。

● 散布：用于调整画笔间的散布程度。

● 数量：用于设置叠加画笔的多少。

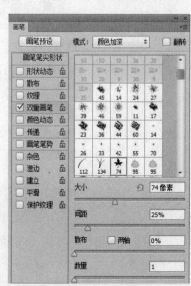

图6-18 "双重画笔"选项面板

颜色动态：根据拖动画笔的方式调整颜色，明暗度和饱和度等，其选项面板如图6-19所示。

● 前景/背景抖动：利用工具箱中的"设置前景色"和"设置背景色"按钮调整画笔的颜色范围。

● 色相抖动：以前景色为基准，调整颜色范围。

● 饱和度抖动：调整颜色的饱和度范围，值越大亮度越暗。

● 纯度：调整颜色的纯度，负值无色，正值将表现为深色。

图6-19 "颜色动态"选项面板

提示

细调画笔纹理

"平滑"、"保护纹理"、"杂色"、"湿边"、"喷枪"选项，虽不能对画笔进行比较大的调整，但能够对画笔纹理进行更细致的调整，能够给纹理加入细微变化。

其他画笔类型的特征如下。

传递：用于设置不透明度、流量抖动、湿度抖动和混合抖动，不透明度的值越大，越会出现断断续续的现象。

平滑：实现柔滑的画笔笔触效果。

保护纹理：保护画笔笔触中运用的质感。

杂色：在画笔的边缘部分加入杂点。

湿边：运用水彩画特色的画笔笔触效果。

喷枪：运用喷枪效果。

6.1.6 编辑及创建画笔形状

在了解了"画笔"面板后，我们可以根据自己的需要来定制个性的画笔。在Photoshop中用户可以利用如下两种方式来定制自己的个性画笔。

● 在画笔工具选项栏及"画笔"面板中直接调整画笔参数，设置好合适的笔刷参数，如图6-20和图6-21所示，单击"创建新画笔"按钮，弹出"画笔名称"对话框，如图6-22所示。在"新建画笔"对话框中重命名画笔名称即可。

图6-22 "画笔名称"对话框

图6-20 设置画笔参数

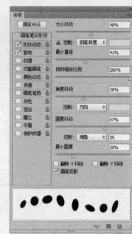

图6-21 "画笔"面板

● 设置完画笔后，在画布上绘制出自己想要的图形，如图6-23所示，然后选择"编辑>定义画笔预设"命令，同样会弹出"画笔名称"的对话框，画布上的图形将以笔刷的形式被保存下来。图6-24所示即是用自定义画笔预设绘制的图形，在绘制过程中加入了"颜色动态"效果。

 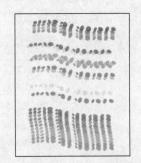

图6-23 用设置的画笔绘制图形　　图6-24 用自定义画笔绘制图形

🖥 上机实践　使用自定义画笔制造蜡染布效果

Step 01 利用快速选择工具创建选区。在工具箱中选择快速选择工具，如图6-25所示。此时光标形状变为⊕，单击图像中的莲花花瓣，直至选择所有莲花花瓣区域，如图6-26所示。

图6-25 快速选择工具　　　　图6-26 选择莲花区域

Step 02 定义画笔预设。在菜单栏中选择"编辑>定义画笔预设"命令，此时弹出"画笔名称"对话框，如图6-27所示。将"名称"设为"莲花"，单击"确定"按钮。

Step 03 新建文件。选择"文件>新建"命令，弹出"新建"对话框，如图6-28所示。

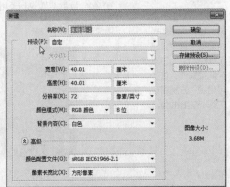

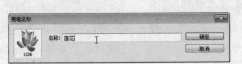

图6-27 自定义画笔预设　　　　图6-28 "新建"对话框

Step 04 设置背景。在"新建"对话框将"预设"设为"自定",将宽度和高度都设置为40 厘米,其他选项保持不变,单击"确定"按钮。选择"编辑>填充"命令,弹出 "填充"对话框,如图6-29所示。将"使用"设置为"颜色",在"拾色器"对话框中将颜色设为(R0、G160、B0),单击"确定"按钮填充背景,然后将图层不透明度设为60%,得到如图6-30所示的背景效果。

图6-29 "填充"对话框   图6-30 制作的背景

Step 05 选择自定义画笔。 在工具箱中选择画笔工具,在选项栏中打开画笔预设面板。在画笔预设列表框的最后,可看到定义的莲花形状的画笔,选择此画笔预设,并将"大小"设为120 像素,如图6-31所示。此时画笔的形状(即光标的形状)变为莲花状。将前景色设为(R255、G0、B0),如图6-32所示。

图6-31 自定义画笔   图6-32 设置前景色

Step 06 制造蜡染布效果。在刚设置的"背景"上单击,一朵莲花就印在背景图片上了,重复单击,即得到一张蜡染布效果,如图6-33所示。在设置背景时,还可在"填充"对话框中,将"使用"设为"图案",以使蜡染布效果更好,如图6-34 所示。

提示

简化操作

在制作蜡染布效果时,重复单击的操作显得很繁琐,又不好控制,为了减少此项操作,读者可借鉴"仿制图章工具"的相关操作。

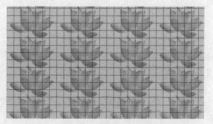

图6-33 蜡染布效果   图6-34 背景填充图案的蜡染布效果

6.1.7 设置画笔的动态参数

通过以上的讲解我们已经知道，通过画笔参数的设置，我们可以为自己定制各式各样的笔刷样式，前一节我们主要讲的是如何创建自定义的画笔预设，本节我们将主要通过实例来讲解如何利用画笔的动态参数来调整画笔的形态。

上机实践 调整画笔动态参数

Step 01 选择笔刷样式。打开"画笔"面板在"画笔笔尖预设"选项面板中选择画笔形状并设置画笔大小及间距，让画笔动态效果更为明显，如图6-35所示。

Step 02 设置画笔基本参数。在"形状动态"选项面板中，设置画笔的大小、角度、圆度抖动等参数，如图6-36所示。

Step 03 设置"散布"参数。在"散布"选项面板中设置散布、数量和数量抖动，如图6-37所示。在预览窗口中，已经能看到一些初步的效果。

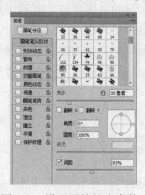  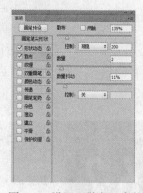

图6-35 设置画笔笔尖参数　图6-36 设置形状动态参数　图6-37 设置"散布"参数

Step 04 调整"双重画笔"笔刷。选择合适画笔，在"双重画笔"选项面板中为画笔添加双重画笔效果，并调节相关参数，如图6-38所示。

Step 05 为画笔添加"颜色动态"样式。为使绘制过程中，能产生随机的颜色变化，在"颜色动态"选项面板中为画笔添加颜色动态，参数设置如图6-39所示。

Step 06 为画笔添加"不透明"抖动效果。最后在"传递"选项面板中设置"不透明度抖动"参数，让画笔在绘制过程中有透明度的变化，如图6-40所示。

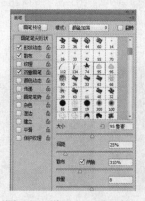 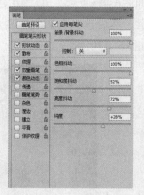 

图6-38 设置"双重画笔"　图6-39 设置"颜色动态"　图6-40 设置"传递"参数

Step 07 保存预设。保存画笔预设，在选项栏中打开画笔预设面板，选择已保存的画笔预设，如图6-41所示，在画面中进行绘制，效果如图6-42所示。

图6-41　选择预设画笔　　　　　　　图6-42　最终绘制效果

6.1.8　铅笔工具

在Photoshop中，铅笔工具的所有参数设置都与画笔工具相同，两者的区别在于：画笔工具可以通过不同大小的像素和虚实效果调整出不同粗细、不同软硬程度、不同形状的线条，一般都有预置的笔刷素材，有软边及硬边的区别和各种形样式。而对于铅笔工具而言，就显得单调许多，只能通过像素大小的设置绘制出不同组细的"硬边"线条。使用画笔工具画出的线条边缘很柔和，即使是用硬边画笔，边缘也不会有锯齿，而用铅笔工具画出的线条会显得生硬，一般线条的边缘会有锯齿出现。

6.2 历史记录画笔工具组

历史记录画笔工具组是为用户修改部分操作效果而添加的工具，用户利用该工具组中的工具能方便地恢复在操作过程中对图像进行的更改，甚至可以为图像添加特殊的艺术效果。历史记录画笔工具组中包括历史记录画笔工具▣和历史记录艺术画笔工具▣。

6.2.1　历史记录画笔工具

历史记录画笔工具▣是Photoshop中常用的修饰工具，可以对经过一系列调整的图像进行整体或局部的图像修复，图6-43在经过一系列色彩调整后得到如图6-44所示的效果。若想恢复人物头发的颜色，则在工具箱中选择历史记录画笔工具▣，如图6-45所示，在"历史记录"面板中，选择快照作为修复依据，如图6-46所示。然后选择合适的笔刷，在人物头发部位涂抹，即可恢复头发为原来的色彩，如图6-47所示。

图6-43　原图　　　　　　　图6-44　调整后的图像

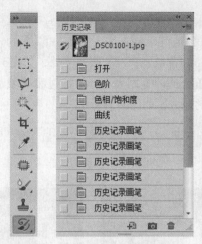 

图6-45 选择工具　图6-46 选择快照　　　图6-47 修复后的图像

💻 上机实践　使用历史记录画笔工具美化人物皮肤

Step 01 查看皮肤瑕疵。打开光盘中的素材文件"人像.jpg，选择缩放工具🔍，在图片上单击，将图片放大到100%显示比例，此时可以看到人物皮肤存在细小瑕疵，如图6-48所示。

Step 02 调整皮肤亮度。选择"图像＞调整＞亮度/对比度"命令，在打开的对话框中设置"亮度"为17，单击"确定"按钮，将人物皮肤亮度整体提高，如图6-49所示。

图6-48 原图　　　　　　　　　图6-49 调整皮肤亮度

Step 03 去除皮肤细纹。选择"滤镜＞模糊＞高斯模糊"命令，在打开的对话框中设置"半径"为3.4，单击"确定"按钮，如图6-50所示。此时人物皮肤变得光洁，但细节模糊不清，如图6-51所示。

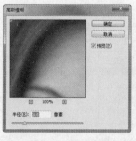 

图6-50 设置模糊半径　图6-51 高斯模糊后的效果

Step 04 恢复脸部效果。选择历史记录画笔工具，选择软笔刷，将笔刷不透明度设为100%，并设置合适的笔刷大小，如图6-52所示。使用画笔涂抹要还原细节的区域的中心部分，如背景、头发、眼球等处，如图6-53所示 。将笔刷透明度降至50%左右，并设置合适的笔刷大小，涂抹过渡区域，如人物轮廓、首饰、睫毛、脸部与头发结合的地方，如图6-54所示。

图6-52　设置画笔选项

图6-53　涂抹细节区域　　　图6-54　涂抹过渡区域

Step 05 继续调整。将笔刷不透明度降至10%以下，并设置一个较大的笔刷大小，轻擦色调较暗的区域，如图6-55所示。

Step 06 统调细节。统观全局，调整细节，以得到更加完美的皮肤效果，如图6-56所示。

图6-55　涂抹暗部区域　　　图6-56　肌肤美化效果

> **提示**

"容差"数值框
用于设置历史记录艺术画笔所描绘的颜色与所要恢复颜色之间的差异程度。输入的数值越小，图像恢复的精确度越高。

6.2.2　历史记录艺术画笔工具

历史记录艺术画笔工具也是Photoshop 中常见的一个图像修饰工具。在工具箱中右击历史记录画笔工具，在隐藏工具列表中可以看到历史记录艺术画笔工具。与历史记录画笔工具相比，历史记录艺术画笔工具的选项栏中，有两个与历史记录画笔工具不一样的属性"模式"和"样式"，如图6-57所示。这两个属性决定了历史记录艺术画笔工具对图像并不是进行简单的修复操作，而是对其进行再次的艺术加工，得到不一样的艺术效果。

图6-57　历史记录艺术画笔工具选项栏

历史记录艺术画笔工具的选项栏中其他参数与历史记录画笔工具的选项栏中的参数功能相同，此处不再重复讲解。图6-58画面明显偏色，调整色彩平衡后，得到图6-59所示效果，然后选择历史记录艺术画笔工具 ，设置"模式"为"变暗"、"样式"为"清涂"、"不透明度"为13%，在画面中涂抹，得到如图6-61所示效果，在"历史记录"面板中可以随时撤销不合适的涂抹操作。

图6-58　原图　　　　图6-59　调整后　　图6-60　"历史记录"面板　　图6-61　修饰后

6.3 填充图像

在Photoshop中，除了能用画笔工具对绘制的图形填充颜色外，还可以利用填充功能对图形进行快速填充。选择"编辑>填充"命令，可弹出"填充"对话框，在其中可设置填充内容，还可设置填充图层的混合模式。

6.3.1 使用快捷键进行填充

利用快捷键对图像进行填充，可采用如下3种方法。

● 快速填充前景色，按下快捷键Alt+Delete即可。

● 快速填充背景色，按下快捷键Ctrl+Delete即可。

● 对填充内容有特殊要求时，可按下快捷键Shift+F5，打开"填充"对话框，进行相关设置后，单击"确定"按钮进行填充。

6.3.2 "填充"命令

选择"编辑>填充"命令或者按下快捷键Shift+F5，都可弹出"填充"对话框，在此对话框中可以设置填充内容、与图层的混合模式以及填充的不透明度等，如图6-62所示。

图6-62　"填充"对话框

6.3.3 自定义填充图案

对图像进行填充操作时，除了可以为图像填充颜色外，还可以填充用户自定义的图形，下面通过实例介绍具体操作步骤。

Step 01 绘制预设图形。绘制图形，如图6-63所示。选择"编辑>定义图案"命令，在打开的"图案名称"对话框中设置图案名称，并单击"确定"按钮。打开图像文件，如图6-64所示。

图6-63 绘制图形　　　图6-64 原图

Step 02 将预设图案进行填充。选择"编辑>填充"命令，打开"填充"对话框，选择"使用"为"图案"，单击"自定图案"下三角按钮，选择已定义的图案，设置"模式"为"颜色加深"，如图6-65所示。

Step 03 完成操作。单击"确定"按钮，即可得到如图6-66所示的图像。

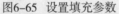

图6-65 设置填充参数　　　图6-66 填充图像

6.4 绘制渐变效果

在对图像进行颜色填充时，我们常会使用到渐变工具，该工具能方便地创建出各种各样的渐变效果。我们也可以在"渐变编辑器"对话框中自行定义渐变效果并保存，在以后的设计工作中，重复调用即可。

6.4.1 渐变工具

渐变工具是十分重要的填充绘制工具，在工具箱中单击该工具图标即可调用渐变工具，如图6-67所示。在选项栏中可以设置渐变颜色（默认为前景色到背景色）、渐变方式、叠加模式及不透明度等参数，如图6-68所示。

图6-67 渐变工具

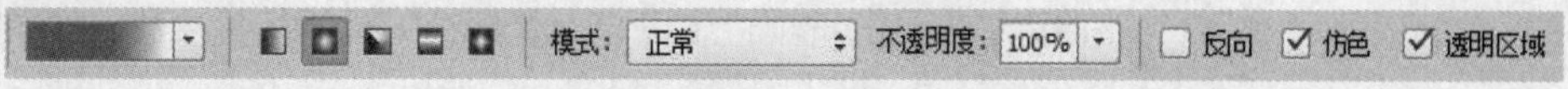

图6-68 渐变工具选项栏

● 渐变颜色：单击颜色条，将弹出“渐变编辑器”对话框，在该对话框中我们可以设置渐变预设、颜色和渐变类型等参数。

● 渐变方式：根据需要选择不同的渐变方式。

> **提示**
>
> **渐变编辑器**
>
> 单击渐变条打开“渐变编辑器”对话框，此对话框中的各参数含义如下。
>
> • 渐变预设：软件自带的预设效果。
> • 载入：载入保存的渐变效果。
> • 存储：存储设置好的渐变。
> • 新建：新建渐变效果。
> • 渐变类型：软件自带的渐变预设。
> • 渐变条：设置渐变颜色。

6.4.2 新建与保存渐变

调整渐变后，可以将渐变重命名并保存在预设列表中，或者保存成单独的文件，以方便后期使用。

● 保存成渐变预设。在渐变工具选项栏中选择渐变方式后，打开“渐变编辑器”对话框，对渐变进行进一步的设置，完成后单击“新建”按钮，即可基于当前的参数设置新建渐变，并保存到预设面板中。

● 保存成单独文件。与新建渐变类似，完成对渐变的设置后，单击“存储”按钮，即可将渐变保存为单独文件，需要时单击“载入”按钮将其载入即可。

6.5 绘制几何形状

Photoshop中的几何形状绘制工具是专门为用户提供的用于绘制常见图形的工具，用户利用该组工具能十分方便地绘制出一些常见的形状，并且可以自定义一些图形，保存到预设中，在以后的工作中，直接调用即可。

6.5.1 创建形状图层

使用钢笔工具组中的工具，能创建任意形状，同时将会新建图层，作为形状图层。利用形状工具组中的工具绘制图形时，同样会自动新建形状图层，在钢笔工具上右击，可以打开其隐藏工具组，如图6-69所示，此工具组中的各工具含义如下。

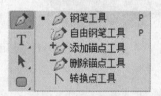

图6-69 钢笔工具组

● 钢笔工具：以点为基础绘制图形。

● 自由钢笔工具：能移动单独的控制点或控制手柄。

● 添加锚点工具：能自由添加控制点。

● 删除锚点工具：能删除无用的控制点。

● 转换点工具：能自由绘制图形、边缘，软件将自动填充其内部。

在钢笔工具的选项栏中可以设置钢笔工具的相关参数，如图6-70所示。

图6-70 钢笔工具选项栏

● 模式：在此可选择"形状"、"路径"、"像素"3种模式，这3种模式的区别可参见下一小节内容。

● 填充：设置绘制形状的填充颜色。

● 描边：设置形状描边的颜色、粗细及样式。

● W/H：设置所绘制形状的宽度与高度。

6.5.2 创建形状路径与填充图像

在绘制图形的过程中，将绘制模式改为"路径"，绘制出来的即是形状路径。

在绘制图形的过程中，将绘制模式改为"像素"，绘制出来的即是填充图像。

图6-71即为分别用钢笔工具的"形状"、"路径"、"像素"模式绘制的图形。使用"形状"模式绘制的模型，可设置描边的样式、大小和颜色等信息；使用"路径"模式绘制的图形，可转换成选区（按下快捷键Ctrl+Enter即可）；使用"像素"模式绘制的图形，和普通的填充图形是一样的。

图6-71 使用钢笔工具不同模式绘制的图形

6.6 形状工具

在前面的章节中我们已经讲解了如何让使用钢笔工具来创建路径，绘制图像，在软件中，其实有一些常用的形状，可供用户直接使用，在工具箱中，右击形状工具，在弹出的工具列表中选择需要的工具，在画布上拖动即可绘制图形。

在工具箱中右击形状工具，在弹出的隐藏工具组中选择需要的工具，如图6-72所示，在画布上拖动即可绘制图形，同时在"图层"面板上会出现新建的形状图层，如图6-73所示。形状工具选项栏中的具体参数将在接下来的章节中为读者详细介绍。

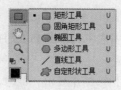

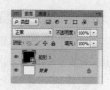

图6–72 形状工具组

图6–73 形状图层

6.6.1 矩形工具

单击矩形工具后，在画布上拖动鼠标即可绘制图像，矩形工具选项栏如图6–74所示，所有形状工具的选项栏中，大部分参数功能是一样的，我们在此作详细介绍，后面的章节中将不再赘述。

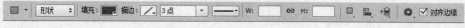

图6–74 形状工具选项栏

- 模式：设置绘制图形模式，包括“形状”、“路径”或“像素”。
- 填充：设置图形的填充颜色。
- 描边：设置图形轮廓的颜色、粗细以及线型样式。
- W/H：设置形状的长度与宽度，单击W与H中间的链接图标，可锁定或取消锁定纵横比。
- 路径操作：设置形状之间的叠加方式。
- 对齐方式：设置形状之间的对齐分布方式。
- 排列方式：设置形状图层的图层位置。
- 对齐边缘：选择此复选框，使矩形的像素对齐。

单击设置按钮，将弹出下拉面板，每个形状工具设置面板中的参数都是不一样的，矩形工具的设置面板如图6–75所示。

> 提 示
>
> **快捷键操作**
>
> 按住Shift 键，利用圆角矩形工具绘制时，将绘制出圆角正方形；按住Ctrl键进行绘制，将以单击点为中心进行绘制。

图6–75 矩形工具设置面板

- 不受约束：单击此单选按钮，可自由控制矩形的大小。
- 方形：单击此单选按钮后，绘制的形状都是正方形。
- 固定大小：单击此单选按钮，并在W及H中数值框输入数值，可以定义矩形的宽和高。
- 比例：单击此单选按钮，并在W和H数值框中输入数值，可以定义宽和高。
- 从中心：勾选此复选框，可以从中心向外放射性绘制矩形。

6.6.2 圆角矩形工具

在工具箱中选择圆角矩形工具后，在选项栏中，单击设置按钮，弹出的下拉面板中的参数与矩形工具的参数完全相同，此处不再赘述。在画面中拖动可绘制出圆角矩形形状。

> 提 示
>
> **快捷键操作**
>
> 按住Shift键，利用椭圆工具绘制时，将绘制出正圆形；按住Ctrl键进行绘制，将以单击点为中心进行绘制。

6.6.3 椭圆工具

在工具箱中选择椭圆工具，在选项栏中单击设置按钮，弹出的下拉面板中的参数与矩形工具的参数完全相同，此处不再赘述。在画面中拖动可绘制出椭圆形状。

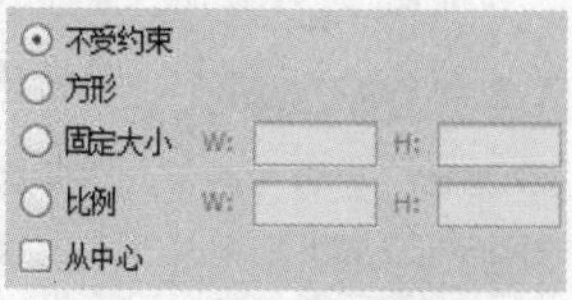

6.6.4 多边形工具

多边形工具选项栏中大部分参数与矩形工具相同。单击设置按钮，弹出如图6-76所示的设置面板。

● 半径：定义多边形的半径值，此时，只需在画面中单击即可创建多边形。

● 平滑拐角：勾选此复选框，可使多边形的拐角变得平滑，图6-77所示即为未勾选与勾选"平滑拐角"复选框时分别创建的六边形对比。

● 星形：勾选此复选框，可以将多边形工具变为星形工具，绘制星形形状。

● 缩进边依据：定义星形的缩进量，数值越大则星形的内缩效果越明显，图6-78所示为设置不同"缩进边依据"数值的效果对比。

● 平滑缩进：勾选此复选框，可以使星形缩进的角度变得非常圆滑，与"平滑拐角"选项作用类似。

图6-76 设置面板

图6-77 平滑拐角效果对比 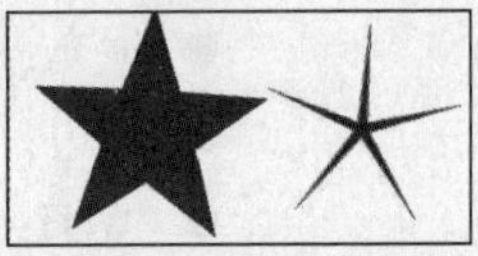　　图6-78 不同缩进边依据效果对比

6.6.5 直线工具

在工具箱中选择直线工具 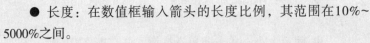 后，选项栏中包含"粗细"选项，此数值用于控制直线的粗细，在画面中拖动可创建直线形状。单击设置按钮，将弹出如图6-79所示的设置。

● 起点：勾选此复选框，使直线的起点有箭头。

● 终点：勾选此复选框，使直线的终点有箭头。

● 宽度：在数值框中输入箭头的宽度比，范围在10%~1000%之间。

● 长度：在数值框输入箭头的长度比例，其范围在10%~5000%之间。

6-79 设置面板

● 凹度：在数值框中输入箭头的凹陷值，其范围在 – 50%~+50%之间。

6.6.6 自定形状工具

在工具箱中选择自定形状工具后，选项栏中包含"形状"选项，单击"形状"下三角按钮，在弹出的面板中显示了Photoshop中预设的形状，如图7-80所示。在此选择需要使用的形状，然后在画面中拖动即可绘制相应图形。

图6-80 形状拾取器

在自定形状工具选项栏中单击设置按钮，弹出如图7-81所示的设置面板，用于设置自定义形状的各项参数。

● 不受约束：选中此单选按钮，可以随意绘制不同大小的形状。

● 定义的比例：选中此单选按钮，可以按自定义的长宽比例进行绘制，即绘制出长宽比固定的形状。

● 定义的大小：选中此单选按钮，在画
面中单击，可以直接创建当前自定义大小的
形状。

● 固定大小：单击此单选按钮，并在W
及H数值框中输入数值，可以定义矩形的宽
和高。

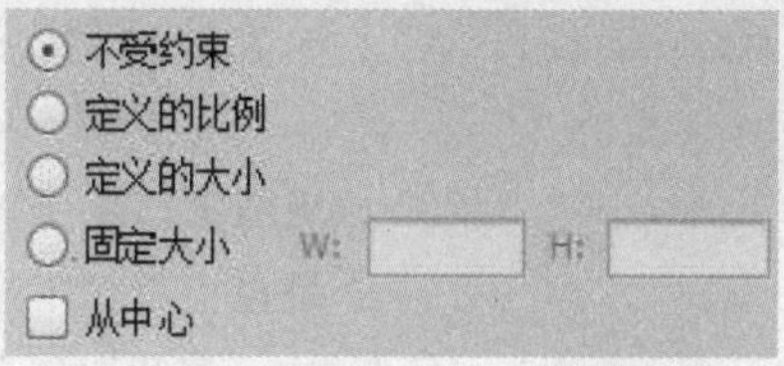

○ 不受约束
○ 定义的比例
○ 定义的大小
○ 固定大小　　W:　　　　H:
□ 从中心

图6-81　自定形状工具设置面板

● 从中心：勾选此复选框，可以从中心向外放射性绘制矩形。

6.7 修饰图像

Photoshop中拥有强大的图像修饰功能，除了能对图像颜色进行精细调整外，也可以
利用软件中一系列的修饰工具对图像中的特有对象进行进一步的修饰，对我们创建的作
品或图像进行再加工制作，达到令人满意的效果。

6.7.1 模糊工具

模糊工具与滤镜中的"模糊"滤镜组有一些相似的效果，都是将构成图像的像
素边缘模糊，从而使图像变得模糊，只不过模糊工具是使用笔触涂抹，只有被涂抹
过的地方，图像像素才会被作模糊处理。在工具箱中选择了模糊工具 后，在图像
显示窗口上方出现模糊工具的选项栏，如图6-82所示。在选项栏中可以设置模糊工
具的画笔形状、与图像的叠加模式及画笔强度等参数。

图6-82　模糊工具选项栏

● 模式：设置画笔与图层的叠加模式。
● 强度：设置画笔在绘制过程中强度的大小，数值越小，模糊作用越小。
● 对所有图层取样：勾选该复选框，画笔将对所有图层都产生模糊效果。

使用模糊工具将图6-83中的背景部分处理成模糊状态，从而更加突出人物主
体，形成简单的景深效果，处理后的图像如图6-84所示。

图6-83　原图　　　　图6-84　模糊处理后的图像

6.7.2 锐化工具

与模糊工具功能相反的是锐化工具，锐化工具是将构成图像的像素边缘处理得更清晰，使图像的某部分轮廓看起来更为锐利。其使用方法与模糊工具一样，同样是在工具箱中选择锐化工具△后，设置合适的笔触，对需要更改的图像部分进行涂抹，直到达到想要的效果。不过需要注意的是，不能使用锐化工具对图像的某一部分反复进行涂抹，否则将会使图像严重失真。

6.7.3 涂抹工具

涂抹工具与锐化工具、模糊工具位于同一组中，在工具箱中选择涂抹工具❷后，利用鼠标单击图像中某点的颜色，可沿拖移方向展开这种颜色，模拟类似于用手指拖过湿油漆的效果，如图6-85所示即是在图6-86的蝴蝶部分应用涂抹工具进行涂抹得到的效果。

图6-85 原图   图6-86 涂抹工具处理后的图像

6.7.4 减淡工具

减淡工具❷是降低图像的色彩饱和度的工具，使用该工具涂抹图像中的指定区域，可以让涂抹区域的色彩变得较淡。如图6-87所示即是在图6-88上利用减淡工具涂抹得到的效果，图像的色彩饱和度被降低，图像整体变得发白。

图6-87 原图   图6-88 减淡工具处理后的图像

6.7.5 加深工具

与减淡工具功能相反的是加深工具❷，使用该工具对图像进行涂抹，能提高图像的饱和度，使图像看起来色彩更为浓烈，厚重感加深，图6-89即是在原图6-90的基础上，使用加深工具对图像进行涂抹后得到的效果。

图6-89 原图   图6-90 加深工具处理后的图像

提示

"保护色调"复选框

在减淡工具的选项栏中有一个"保护色调"复选框，勾选后，使用减淡工具进行操作时可以尽量保护图像原有的色调不失真。

6.7.6 颜色替换工具

利用颜色替换工具 ![icon] 可以使用前景色替换图像中的颜色，但该工具不能用于位图、索引或多通道颜色模式的图像。在工具箱中选择该工具后，其选项栏如图6-91所示。

图6-91 颜色替换工具选项栏

● 画笔：用来设置颜色替换工具笔刷的大小、硬度和间距等参数。

● 模式：用来设置可以替换的颜色属性，包括"色相"、"饱和度"、"颜色"和"明度"。默认为"颜色"，表示可以同时替换色相、饱和度和明度。

● 取样工具组：用来设置颜色取样的方式，按下"连续"按钮，在拖动鼠标时可连续对颜色取样；按下"一次"按钮，只替换包含第一次单击的颜色区域中的目标颜色；按下"背景色板"按钮，只替换包含当前背景色的区域。

● 限制："不连续"可替换出现在光标下任何位置的样本颜色；"连续"只替换与光标下颜色相近的颜色；"查找边缘"可替换含样本颜色的连接区域，同时保留形状边缘的锐化程度。

● 容差：用来设置颜色的容差。颜色替换工具只替换光标单击点颜色容差范围内的颜色，值越高，包含的颜色范围越广。

● 消除锯齿：勾选该复选框，可以为校正的区域定义平滑的边缘。此工具的使用方法稍微复杂一些，这里通过一个小实例，讲解该工具的一般使用步骤。

Step 01 复制原始图层。打开原始素材，复制背景图层。

Step 02 选择合适笔刷。选择合适的前景色颜色，在工具箱中选择颜色替换工具 ![icon]，在选项栏选择一个比较柔和的笔刷。

Step 03 对图像进行涂抹。使用颜色替换工具对图像进行涂抹，如图6-92所示为涂抹后的效果。

Step 04 设置合适叠加方式。将处理后的图层的叠加模式更改为"正片叠底"模式（根据不同图像以及需要的设计效果，选择合适的混合模式），得到如图6-93所示效果。

图6-92 涂抹后的图像

图6-93 最终效果图像

Step 01 设置工具参数。打开光盘中的素材文件"瓶.jpg",如图6-94所示。本案例将把陶罐颜色转换成亮蓝色。设置前景色为(R5、G185、B224),如图6-95所示。选择颜色替换工具,在选项栏中设置笔刷大小为13、"模式"为"颜色"、取样方式为"一次"、"限制"为"连续"、"容差"为45%,如图6-96所示。

图6-94 打开素材文件   图6-95 设置前景色

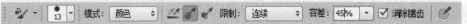

图6-96 设置工具参数

Step 02 替换罐体主要颜色。单击罐体主要部分并涂抹,容差范围内的颜色将被替换,如图6-97所示。采用同样的方法替换罐体明亮颜色,如图6-98所示。此时罐体的大部分颜色已被替换。

图6-97 替换罐体主体颜色   图6-98 替换罐体明亮颜色

Step 03 替换罐体细部颜色。设置笔刷大小为2,"模式"和"取样方式"保持不变,将"限制"设为"不连续","容差"设为50%,放大图片,涂抹罐体其他区域,以替换所有颜色。

Step 04 替换罐体投影颜色。设置前景色(R135、G197、B195),如图6-99所示。设置笔刷大小为8,涂抹罐体投影区域。缩小图片查看整体效果,如图6-100所示。

提示

替换投影颜色的原因

物体的颜色会影响周围物体的颜色。因此在修改图片过程中,一旦更改一个物体的颜色,需将其所影响到的区域的颜色也一并更改,这样才能得到自然准确的效果。

图6-99 替换投影颜色   图6-100 最终效果

修复图像

在设计工作中，所选用的素材中的主体往往会不可避免地存在一些瑕疵，Photoshop软件中为用户提供了一系列修复图像瑕疵的工具，能够较为完美地将图像中的瑕疵点修复。本小节就来介绍这些修复工具。

6.8.1 仿制图章工具

仿制图章工具 ▲ 是利用工具吸取的像素源来覆盖图像某部分的原本像素，如图6-101所示，在人物脸部有许多黑色的痣，在工具箱中选择仿制图章工具，按住Alt键在黑痣的周围单击，选择合适的像素源，然后释放Alt键，在黑痣上涂抹，黑痣即被吸取的皮肤像素源覆盖了，如图6-102所示为去除黑痣后的效果。

图6-101　原图　　　　　　　图6-102　去除黑痣后的图像

6.8.2 内容感知移动工具

内容感知移动工具 ✕ 是Photoshop CS6中新增的一个功能，可以将图像移动或复制到另外一个位置。该工具与修复画笔工具位于同一工作组中，如图6-103所示。该工具的具体用法如下。

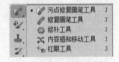

图6-103　工具箱

Step 01 选择内容感知移动工具。在工具箱中单击选择内容感知移动工具 ✕ 。

Step 02 绘制选区。使用鼠标拖动绘制选区，或者按住Alt键绘制出一个比较精确的多边形选区。

Step 03 移动选区。在选项栏中进行模式设置，选择"移动"或"扩展"。

Step 04 查看效果。查看总体效果，如有不妥，则继续调整。图6-104即是在原图6-105的基础上，创建天鹅选区，"扩展"到另一个位置后得到的效果。

图6-104　原图　　　　　　　图6-105　复制后的图像

6.8.3 "仿制源"面板

在"窗口"菜单中选择"仿制源"命令，将弹出"仿制源"面板，如图6-106所示。在该面板中可以设置多个仿制源，以及仿制图章工具在提取仿制源时的各种参数，其参数含义如下。其中"帧位移"选项只有在制作动画的时候，才能用到。

● 仿制源：设置多个仿制源。

● X：设置水平位移，表示源点到目标点在X轴（横向）的垂直距离。

● Y：设置垂直位移，表示源点到目标点在Y轴（纵向）的垂直距离。

● W：设置水平缩放比例，表示内容被复制到目标后，与源点在宽度上的缩放百分比。

● H：设置垂直缩放比例，表示内容被复制到目标点后，与源点在高度上的缩放百分比。

● △：设置旋转角度，通过设置可让复制后的图像旋转一定的角度。

● 显示叠加：设置叠加样式、透明度及叠加显示效果。

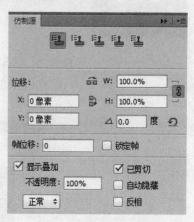

图6-106 "仿制源"面板

6.8.4 污点修复画笔工具

污点修复画笔工具 ![图标] 可以快速去除照片中的污点、划痕和其他不理想的部分。它与修复画笔工具的功能类似，也是使用图像或选中的样本像素进行修复。但修复画笔工具要求制定样本，而污点修复画笔工具可以自动从所修饰区域的周围取样，只需选择该工具并在污点处单击即可完成修复。

6.8.5 修复画笔工具

修复画笔工具 ![图标] 是与仿制图章工具极为相似的一款工具，也是按住Alt键选择图像区域作为目标区域，即作为要修复的区域的样板，释放Alt键后，按住鼠标左键在要修饰的区域上拖动，这时会在区域上出现一个加号，完成拖移后，Photoshop 会根据目标区域样板，自动准确地计算出需要修复区域的修复量，从而达到修复的目的。

在修复过程中右击，利用弹出的快捷菜单，可设置画笔大小等参数。当然，也可以在选项栏中进行调整，方便随时调整画笔。

💻 上机实践 　使用修复画笔工具去除人物皮肤色斑

Step 01 选择修复画笔工具。打开光盘中的素材图像文件"小孩.jpg"，放大人物脸部，可以看到面部有很多斑点，如图6-107所示。在工具箱中选择修复画笔工具 ，如图6-108所示。

图6-107 原图　　　　　　　　　　图6-108 选择修复画笔工具

Step 02 修复人物皮肤色斑。按住Alt键在脸部区域选择一块没有色斑的较光滑的皮肤，单击以定义取样点。然后在脸部有色斑的地方涂抹，面部色斑即逐渐消失，如图6-109 所示。将色斑全部清除后的效果如图6-110 所示。

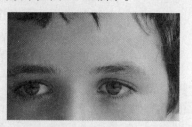

图6-109 修复过程中的图像　　　　图6-110 修复完成后的图像

Step 03 细节处理。对图片进行"自动色调"处理，然后选择"图像>调整>色相/饱和度"命令，将"饱和度"调为20，如图6-111 所示。选择"滤镜>模糊>表面模糊"命令，如图6-112 所示，对面部进行模糊处理。

图6-111 色相/饱和度参数设置　　　图6-112 添加"表面模糊"滤镜

提 示

其他工具也可去除色斑

与修复画笔工具处于同一工具组中的污点修复画笔工具和修补工具也可以用于去除人物色斑及图像斑点。

Step 04 得到最终效果。在弹出的对话框中，设置"半径"为2 像素，单击"确定"按钮即得到最终效果。图6-113 ~ 图6-115列出了初始图片和调整前后的图片，以便于对比效果。

图6-113 初始图像　　　图6-114 去除色斑后　　　图6-115 后续处理后

6.8.6 修补工具

修补工具[画]与修复画笔工具类似，也可以用其他区域或图案中的像素来修复选区中的区域，并将样本像素的纹理、光照和阴影与源像素进行匹配。该工具的特别之处是需要用选区来定位修补范围。

　使用修补工具去除杂物

Step 01 查看原始图像。打开光盘中的素材文件"水面.jpg"，如图6-116 所示。湖面上的小船破坏了照片的意境，本例将使用修补工具去除这些小船。

Step 02 去除小船。按住Ctrl+空格键的同时在图像上单击，以放大局部。选择修补工具[画]，沿要修补区域的外轮廓拖动，选取该区域，如图6-117 所示。缩小图像，观察图像整体情况，拖动选区到类似图案的区域（源区域），释放鼠标左键完成取样，如图6-118 所示。

图6-116　打开素材文件　　　图6-117　选择目标区域　　　图6-118　拖至源区域

Step 03 重复取样。Photoshop会自动计算并修补目标区域，按下快捷键Ctrl+D 取消选区，完成修补。采用同样方法去除另一艘小船，如图6-119 所示。按下快捷键Ctrl+D 后，发现修补痕迹明显，如图6-120 所示。此时按下快捷键Ctrl+Z键撤销操作，重新拖动选区选择源区域。重复这一步骤直至获得满意的修补效果，如图6-121 所示。

图6-119　第一次取样　　　　图6-120　查看效果　　　　图6-121　第二次取样

Step 04 必要时再次修补。某些区域修补后，由于计算偏差等原因，在边缘处会出现意想不到的"错误"，此时可以单独选取局部区域，进行修补，如图6-122 所示。最终完成效果如图6-123所示。

图6-122　再次修补　　　　　　　　图6-123　最终效果

1. 要修复人物脸上的小黑点，以下工具中最为方便的是（　　）。

A. 仿制图章工具　　　　　　　B. 修复画笔工具

C. 内容感知移动工具　　D. 污点修复画笔工具

2. 以下对于渐变工具说法错误的是（　　）。

A. 可以对渐变颜色进行更改，设置成多层渐变

B. 可以设置渐变预设，并且可以保存到软件外的文件夹中

C. 渐变预设只能在软件中选择，不能从软件外导入

D. 渐变工具可以作为填充内容，对图像进行填充

3. 以下对于Photoshop中的修补工具说法错误的是（　　）。

A. 修补工具可以用于对图像中的瑕疵进行处理，使图像更为完美

B. 修补工具可以处理图像中多余的对象，使主体更为突出

C. 修补工具可以创造中图像中并没有的物体

D. 修补工具的作用在于修复和除杂

4. 按如下步骤完成操作。

Step 01 打开光盘中的素材文件"黄昏.jpg"，利用钢笔工具在图像中绘制一条简单的海豚图形。

Step 02 将图形填充并保存到预设面板中。

Step 03 将图像填充到图示图像上，混合模式为"颜色加深"。

5. 将光盘中的素材文件"楼.jpg"中招牌上的文字利用修复工具除去。

图6-124　素材文件1

图6-125　素材文件2

07 文字操作

本章导读

在设计过程中，为了突出或辅助设计作品主题的表达，一般会在设计作品中加入必要的文字信息。好的文字设计能使作品质量提高不少，且使画面显得更为丰富。在Photoshop中，用户能利用软件自身强大的文字编辑功能，创作出满足自己需求的文字设计。

本章要点

- 创建横排文字
- 创建竖排文字
- 对文字进行编辑
- 调整文字的格式
- 变形文字
- 转换文字

7.1 创建文字

创建文字是文字操作的第一步，创建过程中可以为文字选择合适的字体、版式、位置等基本的属性，之后可对文字进行更深入的操作。创建文字最主要的工具即为文字工具，Photoshop为用户提供了四种文字工具，下面就来分别介绍这四种工具。

7.1.1 创建横排文字

在工具箱中选择横排文字工具 T ，即可在画布上创建横排文字，在图像窗口的上方会出现文字工具选项栏，如图7-1所示，选项栏中各参数含义介绍如下。

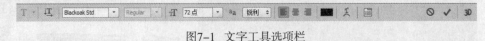

图7-1 文字工具选项栏

● 切换文本取向：在横排文字与竖排文字之间切换。

● 设置字体系列：设置文字字体。

● 设置字体大小：设置文字大小。

● 设置消除锯齿的方法：设置文字样式。

● 排版按钮组：设置文字排版样式。

● 设置文本颜色：设置文字的颜色。

● 创建文本变形：创建文字变形效果。

● 切换字符与段落面板：切换字符面板。

● 完成/删除文字编辑：保存或者删除当前文字的编辑。

● 转化为3D图形：将文字转化为3D效果。

图7-2 在图中输入文字

图7-3 创建文本变形

选择横排文字工具，在图片上输入文字，如图7-2所示。选中文字单击"创建文本变形"按钮，选择样式后单击"确定"按钮，即可得到如图7-3所示的效果。

Step 01 选择横排文字工具。打开光盘中的素材文件"午后.jpg"，对图片进行"自动色调"处理，如图7-4所示。在工具箱中选择横排文字工具 T，如图7-5所示。此时图像窗口中的光标形状变为 Ⅰ。

图7-4 自动色调处理后   图7-5 选择横排文字工具

Step 02 输入文字。将光标移到图片中需要输入文字的位置单击，并输入文字，按下Enter键换行，输入的文字效果如图7-6所示。

Step 03 调整文字图层位置。在"图层"面板中选择文字图层，如图7-7所示，使用移动工具调整画面中文字的位置，使其位于图片的合适位置。

图7-6 输入文字   图7-7 选择文字图层

Step 04 打开"字符"面板。再次选择横排文字工具，在图片中框选前4排文字。选择"窗口>字符"命令，或者直接单击"字符"面板的缩略图标，如图7-8所示，此时弹出"字符"面板，如图7-9所示。

图7-8 单击缩略图   图7-9 "字符"面板

Step 05 设置前四行字符格式。在"字符"面板中,将字体设为"华文彩云",字体大小设为60点,行距设为80点,字符调整为300%,垂直缩放和水平缩放均为100%,颜色设为(R0、G160、B0),如图7-10所示。调整后的字符效果如图7-11所示。

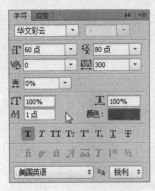

图7-10　前四行字符设置　　图7-11　前四行字符效果

Step 06 设置最后一行字符格式。框选住最后一行文字,在"字符"面板中设置字符格式,如图7-12所示。使用移动工具和键盘上的方向键调整文本的相对位置,得到最终效果如图7-13所示。

图7-12　最后一行字符设置　　图7-13　最终效果

7.1.2　创建竖排文字

创建竖排文字时,右击工具箱中的文字工具,然后选择隐藏工具组中的直排文字工具 ⅠT 即可,或者在文字工具选项栏单击"切换文本取向"按钮,转换横排、竖排文字。

💻 **上机实践**　　添加竖排文本

Step 01 输入直排文本。打开光盘中的素材文件"鹅.jpg",在工具箱中选择直排文字工具 ⅠT,如图7-14所示。在图片中需要输入文字的位置单击,并输入文本。文本输入后的图片效果如图7-15所示。

图7-14 选择直排文字工具　　　　　图7-15 输入直排文本

Step 02 设置标题字符格式。选中文本图层,框住诗的标题文本,在"字符"面板中设置其字体为"华文新魏"、大小为200点、颜色为全黑(R0、G0、B0),如图7-16所示。设置完参数后的效果如图7-17所示。

图7-16 标题格式设置　　　　　图7-17 设置后的文本效果

Step 03 设置正文字符格式。框选诗的正文,设置字符格式,具体参数设置如图7-18所示。设置完成后的效果如图7-19所示。

图7-18 正文格式设置　　　　　图7-19 设置后的效果

Step 04 设置署名字符格式并调整行距。设置"唐 杜甫"这3个字符的格式,其参数设置与诗文正文相同,只是将字体稍微调小一些,设为150,然后利用移动工具和键盘中的方向键,把文本调整到合适的位置,效果如图7-20所示。

Step 05 选中文本区域。在工具箱中选择矩形选框工具 ,创建矩形选区,框选住文本所在的区域,如图7-21所示。

图7-20 调整署名后的效果

图7-21 选择文本区域

提示

旋转文字

创建完文字后，按住Ctrl键即可对文字进行旋转操作，或者在"编辑"菜单中选择"变换"级联菜单中的"旋转"命令。

Step 06 在背景中创建填充图层。在"图层"面板中选择"背景"图层，单击下方的"创建新的填充或调整图层"按钮 I，在弹出的下拉列表中选择"纯色"选项。

Step 07 添加填充图层。在弹出的对话框中设置颜色为白色（R255、G255、B255），单击"确定"按钮。此时图片效果如图7-22所示。在"图层"面板中将"不透明度"设为49%，最终效果如图7-23所示。

图7-22 添加填充图层

图7-23 最终效果

7.1.3 创建点文字

"点文字"是与"段落文字"相对应的，正常情况下使用文本工具输入时，都可看作点文字。输入点文字时，每行文字都是独立的，不会自动换行。输入的文字出现在新的文字图层中。按下Enter键，将另起一行输入文字；按下Esc键，将取消文字输入。

7.1.4 创建段落文字

在Photoshop中，可以在文本框内创建段落文字。文本框是使用文本工具在图像中划出的一个矩形范围，通过调整定界框的大小、角度、缩放和斜切，可调整段落文字的外观效果。在输入过程中，段落文本在文字定界框中自动换行，以形成块状的区域文字，具体步骤如下。

Step 01 创建文本框。选择横排文字工具图 T，在图像窗口中按住鼠标左键沿对角线方向拖动，直至出现文本框后释放鼠标左键，如图7-24所示。也可以按住Alt键，拖动绘制文本框，释放鼠标左键时会弹出"段落文字大小"对话框。

Step 02 设置文本框大小。在弹出的对话框中设置"宽度"和"高度"值，单击"确定"按钮，创建出自定义大小的文本框。

Step 03 输入文本。输入文字，当文字接触到文本框边缘时，将自动换行，如图7-25所示。

Step 04 调整段落文本。按住Ctrl键的同时拖动文本框边界控制手柄，即可调整文本框形状，段落文本也会随之调整。

图7-24　文本框

图7-25　段落文本效果

上机实践　添加段落文本

Step 01 创建文本框。打开光盘中的素材文件"狗.jpg"，选择工具箱中的文字工具，将光标移动到图像中需要创建文本框的位置，按住鼠标左键不放，拖动创建文本框，如图7-26所示。

Step 02 输入段落内容。在文本框中输入段落内容，本例输入了李白的《庐山谣寄卢侍御虚舟》。输入完成后的图片效果如图7-27所示，没有溢出文本框的现象。

图7-26　创建文本框

图7-27　输入段落文本

Step 03 调整段落结构及文本。按Enter键换行，按空格键调整文字间隙，完成后效果如图7-28所示。框选所有文字，在"字符"面板中设置字符格式如图7-29所示。

图7-28　初步调整后的效果

图7-29　字符设置

Step 04 设置标题格式。框选标题，适当调大字体，设置为20。选择文本图层，使用移动工具调整标题的位置，最终效果如图7-31所示。

图7-30　初始图像

图7-31　效果图

7.1.5 转换点文字和段落文字 ||||||||||||||||||||||||||||||||||||||||||||||||||||||||||||||||||||||||||||

点文字和段落文字之间可以相互转换，其转换方法为，在"图层"面板中选择文本图层，右击并选择"转换为点文字"命令或"转换为段落文本"命令。将段落文字转换为点文字时，所有溢出外框的字符都被删除。若要避免文本丢失，在转换前应确保所有文字已经显示在文本框内。

7.1.6 创建文字选区 ||||||||||||||||||||||||||||||||||||||||||||||||||||||||||||||||||||||||||||||||||||||||||||

选区文字是通过横排文字蒙版工具或直排文字蒙版工具创建的。文字蒙版与快速蒙版相似，都是一种临时性的蒙版，退出蒙版状态，就转化为选区。文字选区显示在当前图层上，可以像其他选区一样进行移动、拷贝、填充或描边。图7-33所示的文字即是从图7-32中制作选区得到的图形。

图7-32　创建文字选区　　　　图7-33　制作选区后得到的效果

7.2 调整文字格式

在Photoshop自带的两种文字格式中，我们只能创建出简单的横竖排文字，其实还可以运用软件中多样的编辑工具对文字样式进行修改。从本节开始，将着重讲解文字的编辑操作，创造出多样的文字效果。

7.2.1 "字符"面板 ||||||||||||||||||||||||||||||||||||||||||||||||||||||||||||||||||||||||||||||||||||||||||||||

在文本工具选项栏上单击"切换字符和段落面板"按钮，将弹出"字符"面板，如图7-34所示。面板中的许多参数与选项栏上参数的是一样的，这里不再进行赘述。下面主要讲解"字符"面板特有的参数功能。

● 面板标签：切换字符与段落面板。
● 扩展按钮：打开设置文字属性的菜单。
● 字体：设置文本的字体。
● 字体间距：微调两个字符间的字距。
● 字符的比例间距：设置所选字符的比例间距。
● 垂直缩放：设置字符纵向的缩放。
● 基线偏移：设置文字离基线的距离。
● 行距：设置行与行之间的距离。
● 所选字符的字距：调整所选文字间的距离。
● 水平缩放：设置字符水平方向的缩放。

图7-34　"字符"面板

7.2.2 “段落”面板

在“字符”面板中可直接切换至“段落”面板，或者选择“窗口>段落”命令，打开“段落”面板，如图7–35所示。

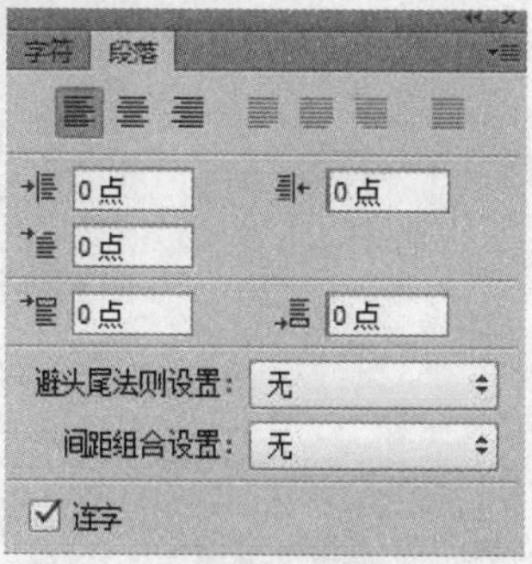

图7–35 “段落”面板

- 扩展按钮：对文字设置一些不常用的命令。
- 版式：设置“段落”文字版式。
- 缩进：设置文本为左缩进、右缩进以及首行缩进。
- 添加空格方式：段前添加、段后添加。
- 避头尾法则设置：选择文字开头结尾的方法。
- 间距组合设置：设置文字内部间距的方法。
- 连子：设置在换行后是否添加连字符。

7.2.3 转换文字的方向

转换文字方向有如下两种方法。

- 单击文本工具选项栏中的“切换文本取向”按钮，即可对文字进行横排、竖排切换。
- 单击“字符”面板右上方的扩展按钮，在弹出的扩展菜单中，选择“更改文本方向”命令，文字方向即会切换。

7.2.4 沿指定路径排列文字

除了可以制作横竖排的文字外，Photoshop还可以根据自身需要，为文字绘制路径，让文字根据绘制路径进行排版，具体操作步骤如下。

Step 01 绘制路径。在打开的图像中，使用钢笔工具绘制文字路径，如图7–36所示。

Step 02 选择文字起始点。选择横排文字工具，在路径开始处单击，出现如图7–37所示的插入点。

图7–36 绘制路径

图7–37 定位文本插入点

Step 03 输入文字。在此输入需要的文字，文字将自动沿绘制好的路径排列，如图7–38所示。

Step 04 完成输入。按下Enter键结束文本输入，得到如图7–39所示的文本效果。

> **提示**
>
> **调整路径上的文字**
>
> 在路径上输入文字时，可以先输入，然后对文字的格式进行相应设置，以便对路径上的文字位置进行调整，使文字既可以全部显示在路径上，又不会留太大空隙。

图7-38 输入文字　　　　　　　　　图7-39 最终效果

🖥 上机实践　　沿路径输入文字

Step 01 创建路径。打开光盘中的素材文件"海鸟.jpg"。在工具箱中选择钢笔工具 ✎，如图7-40所示。将光标移动到图像中需要创建路径的位置并单击，图中出现锚点，多次单击添加锚点，相邻两个锚点间以直线连接，如图7-41所示。

图7-40 选择钢笔工具　　　　　　　图7-41 创建路径

Step 02 输入文字。选择横排文本工具 Ⓣ，然后将光标移到创建的路径上，当光标形状变为 ⌄ 形状时单击。此时便可以沿路径输入文字了，输入文字后的图片效果如图7-42所示。

Step 03 设置字符格式。选择文本图层，框选所有文字，打开"字符"面板，设置字符的参数，如图7-43所示。

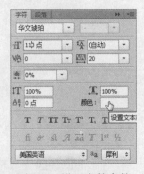

图7-42 输入文字　　　　　　　　图7-43 设置字符参数

Step 04 调整路径。在工具箱中选择路径选择工具 ，光标变成黑色的箭头，将光标定位在锚点上，按住Ctrl键，此时光标箭头变为白色，拖动鼠标便可以调整路径，如图7-44所示。路径调整后的效果如图7-45所示。

图7-44 调整路径

图7-45 路径调整后的效果

Step 05 应用样式。使用移动工具 适当调整文字的位置，然后框选所有文字，在"样式"面板中选择"雕刻天空"样式，如图7-46所示，得到最终效果如图7-47所示。

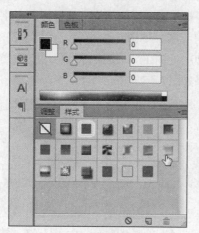

图7-46 选择样式

图7-47 最终效果图

7.2.5 在形状区域内输入文字

在形状区域内输入文字，与创建路径文字的操作类似，只不过在用钢笔工具绘制路径的过程中，绘制的路径是封闭的图形。在图形内输入文字，文字将根据所绘制的图形进行排版，只在图形内部显示。如图7-48是在图7-49中所绘制的区域内输入文字的图像效果。

图7-48 创建形状

图7-49 输入文字

上机实践 在特殊形状内输入文字

Step 01 创建工作路径。打开光盘中的素材文件"看海.jpg",选择钢笔工具 ,在图像上单击以创建锚点,沿需要绘制的路径创建更多锚点,如图7-50所示。最终创建出文字输入区域,如图7-51所示。

图7-50 创建路径　　图7-51 创建文字输入区域

Step 02 输入文本内容。 选择横排文字工具 ,将光标移动到创建的文本输入区域内,当光标形状为 形状时单击,此时便可以输入文字了。

Step 03 设置字符格式并调整段落结构。选择标题文字A rose for Emily,打开"字符"面板,设置字符参数,如图7-52所示。正文字符的设置基本与标题相同,只是将字体大小设为20。利用Enter键换行,利用空格键和Backspace键控制字符间隔,最终的文本效果如图7-53。

图7-52 标题设置　　图7-53 最终效果

7.3 变形文字

Photoshop为用户预设了一些文字变形效果,在文字工具选项栏中,单击"变形"文本按钮,将弹出"变形文字"对话框。利用此对话框中的预设,可对文字进行变形操作。在"样式"下拉列表中选择一个变形样式后,下方的变形参数将被激活。

变形工具参数含义介绍:

● 水平/垂直:设置样式所作用的方向。

● 弯曲:文字的弯曲幅度。

● 水平扭曲:设置文字水平扭曲幅度。

● 垂直扭曲:设置文字垂直扭曲程度。

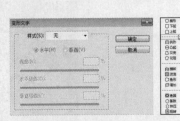

图7-54 "变形文字"对话框

Step 01 输入文本。打开光盘中的素材文件"汪星人.jpg"，对图像进行"自动色调"处理，然后使用横排文本工具 T 在图像中的适当位置输入文字，完成输入后的效果如图7-55所示。

Step 02 调整文字效果。选择文字图层，框选输入的文字，打开"字符"面板，设置字符参数，如图7-56所示。选择"—"字符，将其"水平缩放"设置为200%，然后使用移动工具将文字移到合适位置。

图7-55　输入文字　　　　　　　　　　图7-56　文字设置

Step 03 设置文字变形。设置字符属性后图片效果如图7-57所示。框选所有文字，选择"文字>文字变形"命令，弹出"变形文字"对话框，设置"样式"为"旗帜"，此时下方的参数激活，设置各项参数，如图7-58所示。

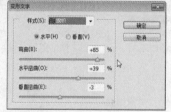

图7-57　设置文字后效果　　　　　　　图7-58　设置变形参数

Step 04 创建选区。设置完成后，图片效果如图7-59所示，使用移动工具将文字移到合适的位置。选中"背景"图层，然后使用套索工具框选文字所在区域，如图7-60所示。

图7-59　文字变形后的效果　　　　　　图7-60　选择文字所在区域

Step 05 设置选区填充。单击"创建新的填充或调整图层"按钮 ，在弹出的下拉列表中选择"纯色"命令。在弹出的对话框中用取样工具取样小狗脸部的白毛区域，如图7-61所示。单击"确定"按钮，将填充图层的"不透明度"设为37%，得到最终效果如图7-62所示。

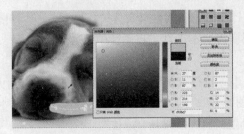

图7-61 取样颜色

图7-62 最终效果

转换文字

7.4

创建文字之后，还可以栅格化文字图层，对文字应用一些图像的调整效果，栅格化文字之后，文字内容将无法改变。另外，还可以将文字转换成形状，然后利用路径或形状工具进行调整。

提示

使用栅格命令栅格化文字

要栅格化文字，还可通过命令来执行，选择文字图层后，选择"图层 > 栅格化 > 文字"命令即可。

7.4.1 栅格化文字图层

每次创建文字的时候，都会自动创建一个文字图层，如图7-63所示，在文字图层中，不能使用画笔工具或橡皮擦工具等对图层进行操作，要想让文字图层像普通图层一样，也能用各种工具进行绘制，需要将文字图层转化成普通图层。右击文字图层，在弹出的快捷菜单中，选择"栅格化文字"命令，如图7-64所示，即可将文字图层转换为普通图层。

图7-63 文字图层　　　图7-64 右键菜单

7.4.2 将文字转换成为形状

对文字图层进行操作时，也可以将文字转化成形状，选择文字图层并右击，选择"转换为形状"命令，之后即可像调整路径形状一样，调整文字的形状，如图7-65即是将文字转换为形状后，调整得到图形效果。

图7-65 转换文字成形状后进行调整

✍ 练习题

1. 关于文字图层执行滤镜效果的操作，下列哪些描述是正确的（　　）。

A. 首先选择"图层 > 栅格化 > 文字"命令，然后选择任何一个滤镜命令

B. 直接选择一个滤镜命令，在弹出的栅格化提示框中单击"是"按钮

C. 必须确认文字图层和其他图层没有链接，然后才可以选择滤镜命令

D. 必须使得这些文字变成选择状态，然后选择一个滤镜命令

2. 段落文字不可以进行如下哪些操作（　　）。

A. 缩放　　　　　B. 旋转　　　　　C. 裁切　　　　　D. 倾斜

3. 如图7-66所示，图中红色文字要改变颜色成黄色，下列方法描述正确的是（　　）。

A. 使用选项栏中的设置文本颜色按钮挑选颜色

B. 将前景色设置成橙色，填充前景色

C. 将前景色设置成橙色，使用油漆桶工具填充

D. 使用文字工具将需要改变颜色的文本选择，单击设置前景色按钮挑选颜色

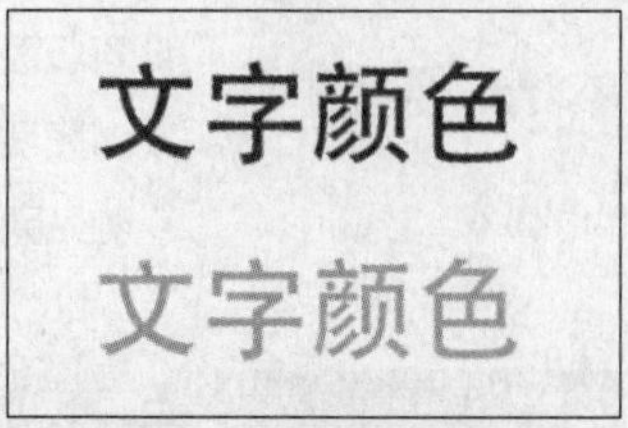

图7-66　更改文字颜色

4. 7.4.2小节中并未详解操作步骤，请完成此例操作，将文字图层转化为形状图层，制作如图7-67所示的文字效果。

图7-67　最终效果

5. 利用图层、路径和文字工具制作一本名著的封面，效果不限，但必须用到本章所讲的路径文字、变形文字及文字形状等知识。

08 蒙版的运用

本章导读

蒙版是合成图像时最常使用的一项重要功能，利用它可以隐藏图像内容，但又不会将其删除。因此，用蒙版处理图像是一种非破坏性的编辑方式，能为用户的设计创作提供一种方便有效的方式。本章将主要介绍图层蒙版的相关知识。

本章要点

• 图层蒙版的原理	• 对剪贴蒙版的操作
• 蒙版面板	• 矢量蒙版
• 对图层蒙版的操作	• 对矢量蒙版的操作
• 剪贴蒙版	• 蒙版的羽化

8.1 图层蒙版

图层蒙版常用于合成图像的操作中，除此之外，在Photoshop中，创建调整图层、填充图层或运用智能滤镜时，软件也会自动为图层添加图层蒙版，方便用户控制颜色的调整范围和滤镜的使用范围。

8.1.1 图层蒙版的原理

蒙版图层是与文件具有相同分辨率的256级色阶灰度图像。蒙版中的白色区域表示不透明的图层内容，将覆盖下面图层的内容；蒙版中的黑色区域表示透明的图层内容，不会覆盖下面图层的内容，黑色与白色的纯度越高，表示效果越明显；灰色区域代表的是半透明区域。

如图8-1所示，合成两张图片时，可使用蒙版合成，得到如图8-2所示效果。

> ⚠ 提示
>
> **蒙版的编辑方法**
> 图8-2主要是展示蒙版合成的效果，以供读者直观地理解蒙版的原理，具体的蒙版编辑方法参见本章后面的小节内容。

图8-1 原图

图8-2 利用蒙版合成的图像

8.1.2 "蒙版"面板

为图层添加蒙版后，在绘图区的左侧将会出现"蒙版"属性面板，如图8-3所示。Photoshop CS5版本中是提供了专门的"蒙版"面板，而CS6版本中则集成到了"属性"面板中。在"蒙版"属性面板中，我们可以调节蒙版的各项参数。

下面详细介绍各参数的含义。

● ：添加像素蒙版。

● ：添加矢量蒙版。

● 图层蒙版：当前选择的蒙版。

● 浓度：拖动滑块可以控制蒙版的不透明度及蒙版的遮盖强度。

● 羽化：拖动滑块可以柔化蒙版的边缘，与"编辑"菜单中的"羽化"效果是一致的。

● 蒙版边缘：单击可以打开"调整蒙版"对话框，如图8-4所示，在其中可对蒙版的边缘进行细微调整，并针对不同的背景查看蒙版。

● 颜色范围：单击可以打开"色彩范围"对话框，在图像中取样并调整颜色容差。

● 色相：可以反转蒙版的遮盖区域。

● ：从蒙版中载入选区。

● ：应用蒙版。

● ：停用/启用蒙版。

● ：删除蒙版。

图8-3 "蒙版"属性面板

"调整蒙版"对话框中的各选项含义介绍如下。

① "视图模式"选项区域

● 显示半径：是否显示蒙版的区域。

● 显示原稿：在"视图"预览窗口中是否原图像的效果。

② "边缘检测"选项区域

● 智能半径：是否让软件自动识别蒙版边缘，并进行适当处理。

● 半径：自定义蒙版区域时，通过设置半径数值，扩大或缩小蒙版区域。

③ "调整边缘"选项区域

● 平滑：对蒙版边缘设置平滑效果，数值越大，边缘曲线越平滑。

● 羽化：对蒙版边缘设置羽化效果，数值越大，过度越柔和。

● 对比度：增加蒙版边缘的对比度。

● 移动边缘：增加或缩小蒙版区域。

④ "输出"选项区域

● 净化颜色：出去蒙版边缘的彩色边。

● 数量：设置出去彩色边缘的数量。

● 输出到：设置将调整后的蒙版运用到所选图层上。

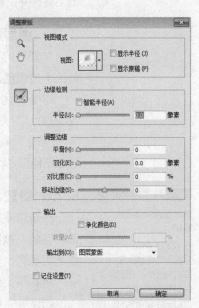

图8-4 "调整蒙版"对话框

8.1.3 添加图层蒙版

为普通图层添加蒙版图层时，只需单击"图层"面板中的"添加图层蒙版"按钮
🔲 即可，如图8-5所示。也可在"图层>图层蒙版"中选择"从透明选区"命令（"显示全部"和"隐藏全部"命令分别会把蒙版图层全部显示或隐藏），如图8-6所示。

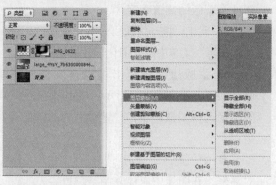

图8-5 "图层"面板   图8-6 "图层蒙版"级联菜单

8.1.4 编辑图层蒙版

编辑图层蒙版主要包括如下两个方面的操作。

● 蒙版的复制或移动：按住Alt键的同时拖动图层蒙版缩览图，可复制蒙版到目标图层；若不按住Alt键，蒙版将被直接移到目标图层上，原图层不再有蒙版。

● 绘制透明区域：在蒙版图层中，黑色代表透明，白色代表不透明，可选择画笔工具，并设置相应的颜色绘制对应的区域，或者用渐变、形状等工具绘制区域。

8.1.5 图层蒙版的浓度与羽化

在蒙版的"属性"面板中，可以拖动滑块，来改变蒙版的浓度，用以控制蒙版的不透明度及蒙版的遮盖强度。

需要羽化蒙版边缘时，在蒙版的"属性"面板中直接拖动"羽化"滑块即可，也可以打开"调整蒙版"对话框，对边缘进行进一步调整。

"羽化"命令可以调整蒙版边缘的羽化程度，使边缘过渡更为柔和，不会使蒙版层和图像层之间有明显的边界。

8.1.6 隐藏与链接图层蒙版

①提示

解除蒙版和图层的链接

在添加了蒙版的图层后单击链接图标，即可将蒙版和图层的链接状态解除，此时选中蒙版缩览图后移动蒙版，图像将不发生移动，移动的是图层蒙版的黑色隐藏区域。

在新建蒙版图层时，选择"图层>图层蒙版>隐藏全部"命令，蒙版图层的全部内容将会被隐藏；在对蒙版图层的编辑过程中，利用填充工具将蒙版图层全部填充为黑色，蒙版图层的内容也将被隐藏。"隐藏全部"命令可以快速将蒙版图层的所有图像信息隐藏，该层不会对下一层图像产生任何遮盖效果。

创建图层蒙版后，蒙版缩览图和图像缩览图中间有一个链接图标🔗，它表示蒙版与图像处于链接状态，此时进行变换操作，蒙版会与图像一同变换，如图8-7所示。执行"图层>图层蒙版>取消链接"命令，或者单击链接图标，都可以取消链接，取消后图像的透明信息将不再受到蒙版的控制，可以将该蒙版复制到另一层当中，重新产生链接，用于控制图层图像信息。

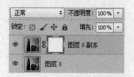

图8-7 "图层"面板

8.1.7 运用及删除图层蒙版

在对蒙版图层编辑完成之后，可以直接单击"蒙版"面板的"应用蒙版"或"删除蒙版"按钮，对蒙版图层进行运用或删除，或者在"图层>图层蒙版"级联菜单中执行"应用"或"删除"命令，可以得到相同的效果。

8.2 剪贴蒙版

剪贴蒙版可以用一个包含图层像素的区域来限制它的上层图像的显示范围，它的最大优点是可以通过一个图层来控制多个图层的可见内容，而图层蒙版和矢量蒙版都只能用于控制一个范围。

8.2.1 剪贴蒙版的原理

剪贴蒙版是一组应用了蒙版的图层，最底层的图层或基底图层定义整组的可视边界。例如，在基底图层中有一个形状，其上面的图层中有一张照片，Photoshop则会通过基底图层的形状轮廓来显示照片中的相应内容，还可以采用基底图层的不透明度来进行相应的设置。

剪贴蒙版能对连续的图层进行编组，组中的基底图层名称标有下划线，上层图层的缩览图是缩进显示的。此外，上层图层会显示剪贴蒙版图标 ↳。

8.2.2 创建剪贴蒙版

提示

快速创建与释放剪贴蒙版

创建与释放剪贴蒙版的快捷键均是Crtl+Alt+G，按下该快捷键即可快速创建或者释放剪贴蒙版。

图8-9所示即为创建完剪贴蒙版后，在图层蒙版上得到的显示效果，创建剪贴蒙版一般采用如下具体操作步骤。

Step 01 新建图像图层。打开一张图片，并将背景图层转换为普通图层。

Step 02 新建单色图层。新建单色填充图层，比如此处将图层颜色填充为黄色，并放在图像图层的下方。

Step 03 创建形状图层。再次新建图层，并在新建图层上绘制形状，此时"图层"面板如图8-8所示，其中"图层0"图层为蒙版图层，"形状1"为基底图层。

Step 04 选择"剪贴蒙版"命令。将图像图层置于形状图层的上方，并执行"图层>创建剪贴蒙版"命令，即得到剪贴蒙版效果。

图8-8 "图层"面板

图8-9 剪贴蒙版显示效果

8.3 矢量蒙版

矢量蒙版是利用钢笔、形状等矢量工具创建的蒙版，与分辨率无关，常被用于制作LOGO、按钮或其他Web设计元素，无论图像本身的分辨率为多少，只要使用了该蒙版，都可以得到平滑的过渡效果。

8.3.1 创建矢量蒙版

创建矢量蒙版时，可通过"图层>矢量蒙版"命令来实现。下面通过实例讲解具体的操作步骤。

上机实践　添加矢量蒙版

Step 01 添加素材图片。打开光盘中的素材文件"花朵.jpg"，如图8-10所示，然后打开素材文件"玩偶.jpg"并拖放至"花朵.jpg"图像文件中，如图8-11所示。

图8-10　打开图片

图8-11　置入上层图片

Step 02 绘制矢量形状。利用矢量图形绘制工具在要应用蒙版效果的图层上绘制形状，这里使用椭圆工具绘制椭圆形状，如图8-12所示。

Step 03 添加矢量蒙版。选择菜单栏中的"图层>矢量蒙版>当前路径"命令，再在"蒙版"面板中对蒙版边缘设置羽化效果，得到如图8-13所示的效果。

图8-12　绘制矢量图形

图8-13　最终效果

8.3.2 为矢量蒙版添加形状与效果

前面我们介绍了如何创建矢量蒙版，在创建过程中我们使用了矩形工具组中的椭圆工具为矢量蒙版添加了一个椭圆形蒙版，除了能使用此类工具为图层蒙版添加形状外，也可以使用钢笔工具直接绘制所需要的形状，为蒙版图层添加任意类型的形状。

在应用蒙版后，我们可以通过更改图层的混合模式、"蒙版"面板中的相关参数或图层样式，来得到不一样的矢量蒙版效果。图8-14即是为图层蒙版添加了如图8-15所示的"投影"图层样式后得到的图像效果。

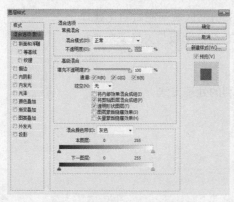

图8-14 "图层样式"对话框　　　　　图8-15 添加图层样式后得到的图像

8.3.3 调整矢量蒙版图形

创建完矢量蒙版后，可以使用路径选择工具移动或修改路径，从而改变蒙版的遮盖区域。

● 删除图形：选择矢量蒙版，画面中会显示矢量图形，选择路径选择工具，可选中矢量图形，按下Delete键即可将其删除。

● 移动图形：选择路径选择工具，单击矢量图形，拖动鼠标可将其移动。

① 提示

矢量蒙版和图层蒙版的显示方式

将矢量蒙版转化为图层蒙版后可以发现，在"图层"面板中矢量蒙版是以灰色调显示的，而图层蒙版是以黑白调显示的。

8.3.4 转换矢量蒙版为图层蒙版

为图层添加矢量蒙版后，"蒙版"属性面板中的"调整"选项区域参数呈灰色，说明该参数并不可用，如图8-16所示。为了对"矢量蒙版"进行更为精确的边缘调整，我们可以将其转换为"图层蒙版"，然后再进行细致调整。

选择矢量蒙版所在的图层，选择"图层>栅格化>矢量蒙版"命令，即可将其栅格化，转换为图层蒙版，这时"属性"面板中的"调整"参数即可变为可用。

图8-16 "蒙版"属性面板

1. 对于矢量蒙版说法正确的是（　　）。

A. 可以通过矢量工具绘制蒙版区域　　　　B. 与图层蒙版一样，没有区别

C. 不可以对矢量蒙版边缘进行羽化处理　　D. 矢量蒙版不可以使用画笔工具对蒙版的透明区域进行调整

2. 下列关于剪贴蒙版说法错误的是（　　）。

A. 被剪贴图层放在剪贴蒙版上　　　　　　B. 剪贴区域不能做羽化处理

C. 剪贴区域可以为任意形状　　　　　　　D. 剪贴蒙版与矢量蒙版类似

3. 对于蒙版功能的作用说法错误的是（　　）。

A. 蒙版可以为图层之间的叠加提供十分便利的处理方法

B. 蒙版可以控制滤镜效果

C. 蒙版可以控制该图层的图像透明度

D. 蒙版被添加后不可被删除

4. 以下操作错误的是（　　）。

A. 对蒙版图层执行"隐藏全部"命令，可将该图层图像隐藏

B. 创建与释放剪贴蒙版的快捷键均是Crtl+Alt+G，可快速创建与释放剪贴蒙版

C. 如果想将所绘区域中的图像信息全部透明，可以将蒙版区域填充为黑色

D. 创建剪贴蒙版时，将被剪贴蒙版放在剪贴蒙版下面

5. 按如下步骤完成操作。

Step 01 打开光盘中的素材文件"花.jpg"。

Step 02 制作如图所示"剪贴蒙版"效果。

Step 03 对蒙版边缘进行处理，使边缘过度更为柔和。

图8-17　素材文件

09 使用通道选取图像

本章导读	在Photoshop中，通道是其中的难点之一，也是软件中的较为高级的功能，对于初学者而言，往往会觉得难以理解，其实通道主要是与图像内的色彩和选区有关。本章我们将通过详细介绍，让用户对通道的相关知识有一个全面的了解。
本章要点	• 对于通道的基本认识 • "通道"面板	• 编辑通道 • 管理通道

9.1 了解通道

Photoshop提供了3种类型的通道：颜色通道、Alpha通道和专色通道。在不同的通道下编辑，将会对图像的效果产生不一样的影响，本章我们将向读者详细介绍这几种通道的特性和主要功能。

9.1.1 颜色通道

颜色通道就像是摄影胶片，记录了图像的颜色信息和内容。图像的颜色模式不同，颜色的通道数也不一样。RGB图像包含红、绿、蓝和一个用于编辑图像内容的复合通道；CMYK图像包含青色、洋红、黄色、黑色和一个复合通道；Lab图像包含明度、a、b和一个复合通道，如图9-1~图9-3所示。位图、灰度、双色调和索引颜色的图像只有一个通道。

图9-1 RGB图像通道　图9-2 CMYK图像通道　图9-3 Lab图像通道

9.1.2 Alpha通道

Alpha通道有3种用处：一是用于保存选区；二是可将选区存储为灰度图像，这样我们就能够用使用画笔、加深、减淡等工具以及各种滤镜，通过编辑Alpha通道来修改选区；三是我们可以从Alpha通道中载入选区。

在Alpha通道中，白色代表可以被选择的区域，黑色代表不能被选择的部分，灰色代表可以被部分选择的区域（即羽化区域）。用白色涂抹Alpha通道可以扩大选区范围，用黑色涂抹则收缩选区，用灰色涂抹可以增加羽化范围。下面的例子为在Alpha通道制作一个呈现灰度阶梯的选区，可从中选取所需的图像部分。

首先新建一个图层，用白色填充。然后打开素材文件，如图9-4所示，在该图层上右击选择"栅格化"命令栅格化图层。在Alpha通道中添加渐变返，如图9-5所示。按住Crtl键的同时单击Alpha 1通道，载入选区后，如图9-6所示，返回到图层删除选区中的内容，得到如图9-7所示的效果。

图9-4　原图 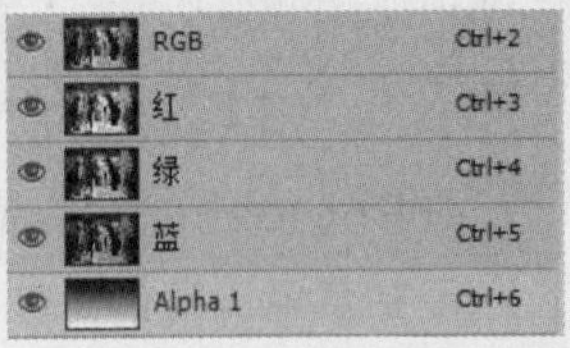　　　　　图9-5　在Alpha通道中制作渐变

图9-6　载入选区　　　　　图9-7　处理后的图像

9.1.3　专色通道

专色通道用来存储印刷用的专色，专色是特殊的预混油墨，如金属的金银色油墨、荧光油墨等，它们用于替代或补充普通的印刷油墨。通常情况下，专色通道都是以专色的名称来命名的。

9.2 "通道"面板

单击"图层"面板标签右侧的"通道"标签，即可切换至"通道"面板，或者选择"窗口>通道"命令，也可显示"通道"面板。"通道"面板可以创建、保存和管理通道，当我们打开一个图像时，Photoshop会自动创建该图像的颜色信息通道。

"通道"面板的参数介绍如下。

● 复合通道：复合通道是面板中最先列出的通道，在该通道下可以预览和编辑所有颜色通道。

● 颜色通道：用于记录图像中的颜色信息的通道。

● 专色通道：用来保存专色油墨的通道。

● Alpha通道：用来保存选区的通道。

● 将通道作为选区载入：单击该按钮，可以载入所选通道内的选区。

● 将选区转化为通道：单击该按钮，可以将图像中的选区保存在通道内。

● 创建新通道：单击该按钮，可创建Alpha通道。

图9-8　"通道"面板

● 删除当前通道：单击该按钮，可删除当前选中通道，但复合通道不能删除。

9.3 通道的管理与编辑

Photoshop的通道功能对于设计工作中的抠图操作非常重要，是基本而实用的技能，同时也是难点之一。在"通道"面板中可以实现对通道的管理与编辑，包括通道的新建与选择、复制与删除，以及调整通道顺序、设置通道相关属性等。

9.3.1 新建与选择通道

提示

快速选择通道

按下Ctrl+数字键可以快速选择通道。

在"通道"面板中，单击右上角的扩展按钮，选择"新建通道"命令，即可创建新的通道，或者直接单击右下角"新建通道"按钮，也可建立新的通道。

单击"通道"面板中的一个通道即可选择该通道，文件窗口中会显示所选通道的灰度图像，通道名称的左侧显示了通道内容的缩览图，在编辑通道时缩览图会自动更新。

9.3.2 复制与删除通道

复制与删除通道时，可采用如下两种方法。

● 在"通道"面板中选择要复制或删除的图层，单击扩展按钮，在弹出的扩展菜单中选择"删除通道"和"复制通道"命令即可。

● 在"通道"面板中选择通道并右击，在弹出的快捷菜单中选择"删除通道"或者"复制通道"命令即可。

9.3.3 改变通道顺序

排列通道顺序与排列图层顺序的操作方法一样的，只是在更改Alpha通道顺序后，画面效果并不会发生改变，而更改专色通道顺序后的画面效果可能会发生改变，复合通道和颜色通道的顺序是不能被更改的。

9.3.4 重命名通道

提示

不可命名的通道

需要注意的是，复合通道和颜色通道不能重命名。

双击"通道"面板中的一个通道的名称，在显示的文本框中可以为它输入新的名称，如图9-9所示。

图9-9 重命名通道

9.3.5 设置通道选项

在新建的通道上双击，即可弹出"通道选项"对话框，如图9-10所示，在其中可以设置通道的名称、色彩指示、蒙版显示的颜色等。

● 色彩指示：用以设置通道作用的区域，包括"被蒙版区域"、"所选区域"和"专色"。

● 颜色：用以设置所用蒙版的颜色。

● 不透明度：设置蒙版的不透明度。

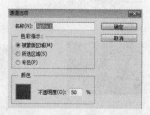

图9-10 "通道选项"对话框

9.3.6 分离通道

选择"通道"面板扩展菜单中的"分离通道"命令,可以将通道分离成单独的灰度图像文件,其标题栏中的文件名为源文件的名称加上该通道名称的缩写,原文件将关闭。当需要在不能保留通道的文件格式中保留单个通道信息时,分离通道非常有用,PSD格式分层图像不能进行分离通道的操作。

打开素材图片,如图9-11所示,经过通道的分离,分别得到如图9-12、9-13、9-14所示的效果。

图9-11 彩色图像

图9-12 红色单色通道

图9-13 绿色单色通道

图9-14 蓝色单色通道

9.3.7 合并通道

在Photoshop中,多个灰度图像通道可以合并为一个彩色图像的通道。但前者的图像必须是灰度模式,具有相同的像素尺寸并且处于打开的状态。上一小节中我们已经了解如何将图像分离为单独的灰度模式图像,本小节将介绍将灰度图像再次合并为彩色图像的方法。

选择其中一个灰色图像,在"通道"面板中选择扩展菜单中的"合并通道"命令,弹出"合并通道"对话框,如图9-15所示,在该对话框中将"模式"设置为"RGB颜色",单击"确定"按钮,弹出如图9-16所示的"合并RGB通道"对话框,软件将自动识别已经打开的三个灰度图像,单击"确定"按钮后,图像将重新合并为彩色图像,如图9-17所示。

图9-15 合并通道

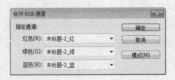
图9-16 合并RGB通道

图9-17 合并通道后的图像

Step 01 查看原始文件。打开光盘中的素材文件"蓝.jpg"、"绿.jpg"、"红.jpg"，如图9-18所示。原始图像为灰度模式，每张图像对应一个通道，如图9-19所示。

图9-18 打开素材文件

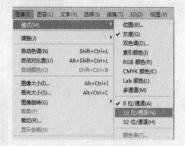

图9-19 查看图像模式

Step 02 合并通道。单击"通道"面板的扩展按钮，选择扩展菜单中的"合并通道"命令，如图9-20所示。弹出"合并通道"对话框，设置"模式"为"RGB颜色"、"通道"为3，单击"确定"按钮。在弹出的对话框中指定"红色"为"红.jpg"、"绿色"为"绿.jpg"、"蓝色"为"蓝.jpg"，如图9-21所示。单击"确定"按钮，得到最终效果如图9-22所示。

图9-20 设置参数

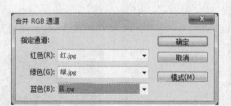

图9-21 设置参数

图9-22 最终效果

在合并通道时，三张灰度图片一定要具有相同的内容，图片的尺寸也要完全一致。要想合并出CMYK模式的图像，就要分别用C、M、Y、K这四个通道的灰度图像进行合并。

9.3.8　添加与编辑专色通道

在前面我们已经提到过专色通道，专色通道常用在专色印刷中，专色印刷是指采用黄、品红、青、黑四色油墨以外的其他色油墨来复制原稿颜色的印刷工艺。当我们将带有专色的图像印刷时，需要用专色通道来存储专色。具体用法如下。

Step 01 创建选区。打开素材文件，利用魔棒工具创建花瓣选区，如图9-23所示。

Step 02 新建专色通道。选择"通道"面板扩展菜单中的"新建专色通道"命令，打开"新建专色通道"对话框，将"密度"设为100%，单击"颜色"右侧的色块，在弹出的"拾色器"对话框中，切换到"颜色库"选项卡，选择一种专色，如图9-24所示。

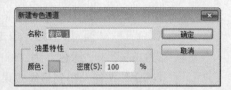

图9-23　创建选区　　　　　　图9-24　"新建专色通道"对话框

Step 03 完成创建。单击"确定"按钮，返回"新建专色通道"对话框，不要修改名称，否则可能无法打印文件，单击"确定"按钮创建专色通道，如图9-25所示，即可用专色填充选区图像，如图9-26所示。

图9-25　创建专色通道　　　图9-26　填充专色

9.3.9　转换Alpha通道与选区

在Photoshop中，可以将选区保存到Alpha通道中，或者将通道转换成选区。这样更便于保存选区，或者创建特定颜色的选区。

● 将选区保存到Alpha通道中

如果在文件中创建了选区，如图9-27所示，此时在"通道"面板底部单击"将选区存储为通道"按钮 ，可将选区保存到Alpha通道中，如图9-28所示。

图9-27 创建选区　　　　　　　　　　　图9-28 保存选区至Alpha通道

● 载入Alpha通道中的选区

在"通道"面板中选择要载入选区的Alpha通道，单击"将通道作为选区载入"按钮▦，可以载入通道中的选区，如图9-29所示。此外，按住Ctrl键的同时单击Alpha通道也可以载入选区，这样操作的好处是不必来回切换通道，最终得到如图9-30所示的选区效果。

图9-29 "通道"面板　　　　　　　　　图9-30 利用红色通道创建的选区

📺 上机实践　　使用Alpha通道抠出细腻自然的人像

Step 01 查看原始文件。打开光盘中的素材文件"人像.jpg"，如图9-31所示。此图像中人物轮廓大概分为3个部分：一是光滑的皮肤边缘，二是参差不齐的浴巾边缘，三是细乱的头发边缘。头发往往是抠图最难处理的部分，很容易由此看出破绽，本例将示范如何利用Alpha通道抠出细腻自然的轮廓。

Step 02 粗略选择。选择快速选择工具▦，将笔刷大小设置为35，快速涂抹人物皮肤、浴巾和脸部区域，如图9-32所示。放大图像，缩小笔刷大小至11，调整脸部轮廓部分的选区，完成人像的粗略选择，如图9-33所示。

图9-31 打开素材文件　　　　图9-32 创建人物选区　　　　图9-33 调整脸部选区

Step 03 建立Alpha通道。单击"通道"面板中的"将选区转化为通道"按钮 ，产生一个新的通道，如图9-34所示。单击该通道，单独显示此Alpha通道图像，如图9-35所示。按下快捷键Ctrl+D取消选区，单击RGB通道前的眼睛图标，显示所有的通道，如图9-36所示。

图9-34 新建通道　　　　图9-35 Alpha通道图像　　　　图9-36 显示全部通道

Step 04 细化Alpha通道1，调整整体边缘。保持Alpha通道被选中的状态，选择画笔工具，并选择"柔边圆"笔刷，设置"不透明度"为50%、笔刷大小为15，确认前景色和背景色分别为黑色和白色（当选中Alpha通道时前景色和背景色会自动变为黑色和白色）。放大图像，先粗略调整选区边缘，修正之前多选择或未选择的区域，如图9-37所示。按下X键切换前景色和背景色，即使没有错误选择的边缘，也应用画笔轻轻地描一遍，这样可使抠出的图像轮廓自然柔和。

Step 05 细化Alpha通道2，整理边缘纹理。缩小笔刷大小至5，放大图像，在发丝边缘处沿着发丝方向涂抹，每个区域尽量只涂抹一次，这样可以形成半透明选区，如图9-38所示。浴巾边缘处的细线也用此方法处理，同时进一步修正皮肤边缘。

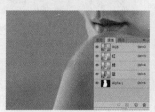  

图9-37 修正选区　　　　　　　　　图9-38 处理边缘

Step 06 细化Alpha通道3，重点刻画发丝轮廓。缩小笔刷大小至2，在发丝边缘处，使用黑色逆着发丝方向，由外向内涂抹，如图9-39所示。接下来，使用白色沿着发丝方向，由内向外涂抹，如图9-40所示。用这种方法可以得到非常逼真细腻的发丝边缘，此时得到的Alpha通道如图9-41所示。

图9-39 从外向内涂抹　　　　图9-40 从内向外涂抹　　　　图9-41 Alpha通道

Step 07 添加背景。新建图层，按住Ctrl键的同时单击Alpha通道，得到通道选区。选择新建的图层，单击"图层"面板中的"添加图层蒙版"按钮，为新图层添加蒙版。单击图层缩览图，按下快捷键Shift+F5，在弹出的对话框中设置填充内容为"图案"、"自定图案"为"粗细物"，如图9-42所示。单击"确定"按钮得到填充效果。单击图层蒙版缩览图，按下快捷键Ctrl+I，反转蒙版，如图9-43所示。

图9-42　设置填充参数

图9-43　反转蒙版

Step 08 设置图层属性。采用同样方法，添加一个新图层，并填充颜色（R227、G206、B124）。按住Alt键的同时拖动图案图层蒙版缩览图到颜色图层上，复制该蒙版。设置颜色图层的"混合模式"为"正片叠底"、"不透明度"为65%，如图9-44所示。至此完成案例，最终效果如图9-45所示。

图9-44　图层设置

图9-45　最终效果

练习题

1. 以下对蒙版的描述错误的是（　　）。

A. 可以用单色蒙版制作选区

B. 专色通道可以对选区填充单色

C. 蒙版工具能控制滤镜效果对于某一图层的作用

D. 蒙版对于滤镜效果的控制是不可逆的

2. 对于专色通道的描述正确的是（　　）。

A. 专色通道是用于印刷中的一种通道模式

B. 专色通道与复合通道一样，不可对通道名称进行修改

C. 如果想对选区填充单色，需将"新建专色通道"的密度设置为0%

D. 专色通道与其他通道一样，没有任何区别

3. 按如下步骤完成对光盘中的素材文件01.jpg的操作。

Step 01 利用蒙版工具，将草坪作为选区载入。

Step 02 利用专色通道将草坪改为绿色。

4. 将上一题中的彩色图像进行通道分离，后再进行合并通道，制作成如图9-47所示效果。

图9-46 素材文件

图9-47 效果文件

10 滤镜效果

本章导读　滤镜功能是Photoshop中模拟各种艺术效果的特效工具，能为用户提供丰富多彩的特效效果，如素描、油画、模糊等。通过滤镜功能与色彩调整等工具，能制作出许多意想不到的图像效果，创作出风格迥异的艺术作品。

本章要点

● "滤镜"菜单	● "镜头校正"滤镜
● 滤镜库	● "自适应广角"滤镜
● "液化"滤镜	● 多种滤镜组
● "消失点"滤镜	● 智能滤镜

10.1 "滤镜"菜单与滤镜库

Photoshop中拥有各种各样的"滤镜"效果，要想使用这些神奇的滤镜效果，创造出不一样的特效效果，首先要认识一下"滤镜"的菜单目录，对软件中的"滤镜"有一个初步认识。

10.1.1 "滤镜"菜单概览

图10-1即是"滤镜"菜单，这里面有一些命令即是一个独立的滤镜，选择该命令，即可为图像添加该滤镜特效；也有一些命令是一种滤镜类别，在级联菜单中还有一些细分的滤镜命令。

● 上次滤镜操作：重复使用上次使用的滤镜。

● 转换为智能滤镜：转换为智能滤镜后，在"图层"面板中可删除滤镜，或修改滤镜相关参数。

● 滤镜库：打开滤镜库，高效运用多个滤镜。

● 自适应广角：矫正广角镜头拍摄的变形图像。

● 镜头校正：自动校正镜头变形效果。

● 液化：将图像像素流动化，像浓稠的液体一样。

● 油画：将图像模拟成油画效果。

● 风格化：运用质感或亮度，使图像在样式上产生变化。

● 画笔描边：运用画笔表现绘画效果。

● 模糊：将像素的边缘设为模糊状态，可以在图像上表现速度或晃动的效果。

图10-1 "滤镜"菜单

● 扭曲：扭动图像的像素，可以将原图像变形为各种形态。

● 锐化：将模糊的图像制作为清晰的效果，提高主像素的颜色对比值。

● 视频：级联菜单中包含"逐行"滤镜和"NTSC颜色"滤镜。
● 素描：使用钢笔或者木炭笔等将图像制作成草图效果。
● 纹理：为图像赋予质感，用户也可以自定义纹理，并在图像上应用。
● 像素化：变形图像的像素，可在图像上显示网点或者呈现出铜版画的效果。
● 渲染：在图像上制作云彩形态，或者设置照明、镜头光晕等各种特殊效果。
● 艺术效果：设置绘画艺术效果。
● 杂色：为图像增加杂点、设置效果，或者删除由于扫描而产生的杂点。

10.1.2　滤镜库

　　滤镜库是包括几组滤镜组的一个滤镜集合，图10-2所示为进入"滤镜库"后
打开的"滤镜库"面板。可以看到，在"滤镜库"中包括了"风格化"、"画笔边
缘"、"扭曲"、"素描"、"纹理"、"艺术效果"等几组滤镜效果，可以随意选择，
为图像添加想要的效果，在预览窗口可查看效果。在"滤镜库"面板右侧可以调
节所选滤镜的参数。

图像预览
窗口

"滤镜库"中
的滤镜组

"滤镜"参数

图10-2　"滤镜库"面板

10.2　"自适应广角"滤镜

　　"自适应广角"滤镜能够自动或手动调整广角镜头拍摄时导致的透视变形。广角镜头能
够夸大实物的变形效果，利于表现现场感，但是在拍摄建筑时，容易使建筑显得不真
实，此时我们可以利用"自适应广角"滤镜进行调整。

　　"自适应广角"滤镜可
以对因为广角镜头拍摄而造
成的图像变形进行修正，选
择"自适应广角"滤镜命令
后，会弹出相应的设置对话
框，如图10-3所示。

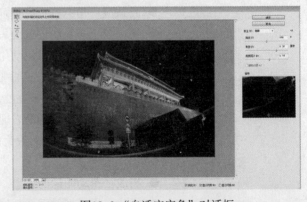

图10-3　"自适应广角"对话框

● 约束工具：利用约束工具单击图像，可通过端点添加或编辑约束，按住Shift键可绘制垂直或横向约束，按住Alt键可删除端点。

● 多边形约束工具：利用多边形约束工具单击图像，可通过端点添加或编辑多边形约束，单击初始起点可完成约束，按出Alt键可以删除端点。

● 抓手工具：通过拖动方式移动图像。

● 缩放工具：放大或缩小预览窗口中的图像。

● 缩放：可对图像进行大小缩放。

● 焦距：对图像的焦距进行调整，可使图像的扭曲得到一定程度修正。

● 裁剪因子：可设置图像保留的部分，值越小，图像将只保留越少的部分。

对图10-4添加透视约束后，通过调整端点得到图10-5的效果。

 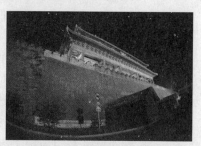

图10-4 添加约束　　　　　　　　图10-5 修正后的图像

10.3 "镜头校正"滤镜

"镜头校正"滤镜是Adobe Photoshop CS5版本开始新增的功能，根据对各种相机与镜头的测量自动校正，可以轻松地消除桶状、枕状、倾斜等变形，还可以消除照片周边的暗角等现象。

10.3.1 "镜头校正"滤镜的工具

打开素材文件后，选择"滤镜>镜头校正"命令，即打开"镜头校正"滤镜的设置对话框，对话框左侧即为此滤镜的工具箱，如图10-6所示。下面我们来认识一下镜头校正的各项工具的功能。

● 移去扭曲工具：选择该工具，按住鼠标左键不放在图像中拖动，可使图像拉直或变成膨胀效果。

● 拉直工具：该工具可旋转图像，用以校正倾斜的图像。

● 移动网格工具：为图像添加网格，从而在图像调整过程中显示参考网格。

图10-6 "镜头校正"工具箱

● 抓手工具：通过拖动方式移动图像。

● 缩放工具：放大或缩小预览窗口中的图像。

提 示

“镜头校正”滤镜的常规应用

“镜头校正”滤镜通常可用于纠正发生变形、扭曲的照片，如翻拍照片等。

10.3.2 自动校正图像

在“镜头校正”滤镜的设置对话框的右侧包含“自动校正”和“自定”两个选项卡。在“自动校正”选项卡下，用户可以根据该图像的拍摄工具选择正确的相机及镜头等参数，从而根据相机及镜头本身属性进行对应的修正，如图10-7所示。

● 几何扭曲：勾选此复选框，可依据所选的相机及镜头自动校正桶形或枕形畸变。

● 色差：勾选此复选框，可依据所选的相机及镜头自动校正可能产生的紫、青、蓝等颜色杂边。

● 晕影：勾选此复选框，可依据所选的相机及镜头自动校正在照片周围产生的暗角。

● 自动缩放图像：勾选此复选框，在校正畸变时将自动对图像进行裁剪，从而避免边缘出现镂空或杂点等。

● 边缘：当图像由于旋转或凹陷等原因出现位置偏差时，在此下拉列表中可以选择这些偏差的位置如何显示，其中包括“边缘扩展”、“透明度”、“黑色”和“白色”4个选项。

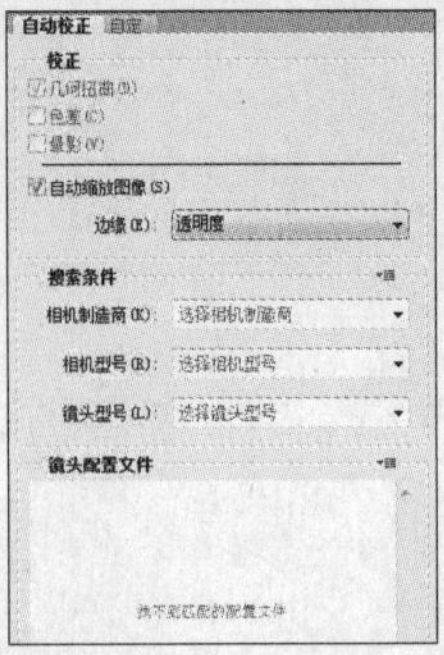

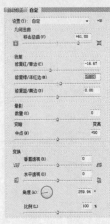

图10-7 自动校正

● 相机制造商：此处列举了一些常见的相机生产商供用户选择，如NIKON（尼康）、Canon（佳能）、SONY（索尼）等。

● 相机/镜头型号：此处列举了很多主流相机及镜头供用户选择。

● 镜头配置文件：此处列出了符合所选相机及镜头型号的配置文件供用户选择，选择完成以后可以根据相机及镜头的特性，自动进行几何扭曲、色差及晕影等方面的校正。

10.3.3 自定义校正图像

在“镜头校正”设置对话框中，切换至“自定”选项卡下，相对于“自动校正”选项卡，在此选项卡下我们可以对图像的扭曲、垂直透视、水平透视，选装角度等进行自定义调整，如图10-8所示。

● 设置：在下拉列表中可选择预设的镜头校正调整参数，单击后面的“管理设置”按钮，在下拉列表中可执行存储、载入和删除预设等操作。

● 移去扭曲：在此输入数值或拖动滑块，可以校正图像的凸起或凹陷状态，其功能与扭曲工具相同，但更容易进行更精确的控制。

● 修复红/青边：去除照片中的红色或青色色痕。

● 修复绿/洋红边：去除照片中的绿色或洋红色痕。

● 修复蓝/黄边：去除照片中的蓝色或黄色色痕。

● 数量：减暗或提亮边缘晕影，使之恢复正常。

● 中点：输入数值或拖动滑块，控制晕影中心的大小。

● 垂直透视：输入数值或拖动滑块，以校正图像的垂直透视。

图10-8 自定

● 水平透视：输入数值或拖动滑块，以校正图像的水平透视。

● 角度：输入数值或拖动表盘中的指针，以校正图像的旋转角度。其功能与角度工具相同，但更容易进行精确控制。

● 比例：输入数值或拖动滑块，以对图像进行缩小和放大。需要注意的是，当对图像进行"晕影"参数设置时，最好在调整参数后先单击"确定"按钮退出对话框，然后再次使用该命令对图像大小进行调整，避免出现晕影校正的偏差。

🖥 上机实践   **使用"镜头校正"滤镜校正变形**

Step 01 查看原始文件。打开光盘中的素材文件"车站.jpg"，如图10-9所示。拍摄时使用了广角镜头，镜头边缘处畸变较为严重。

Step 02 查看镜头参数。选择"滤镜 > 镜头校正"命令，在弹出的窗口左下角可以查看到相机和镜头的参数信息，如图10-10所示。

相机型号：FinePix S3Pro (FUJIFILM)
镜头型号：--
相机设置：12 毫米，f/4.8，-- 米

　　　　图10-9　打开素材文件　　　　　　　图10-10　镜头参数

Step 03 设置预览参数。勾选预览图下方的"预览"和"显示网格"复选框，设置"颜色"为红色、"大小"为20，如图10-11所示。

Step 04 尝试"自动校正"功能。对话框右侧的"搜索条件"选项区域会根据相机镜头自动匹配部分参数。本例中没有相关的配置文件可用，如图10-12所示。

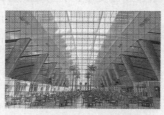

　　　　图10-11　预览效果　　　　　　　图10-12　镜头配置文件

Step 05 自定义校正图像。切换到"自定"选项卡，设置"几何扭曲"选项区域中的"移去扭曲"为29，设置"晕影"选项区域中的"数量"为10、"中点"为44，设置"变换"选项区域中的"垂直透视"为-100，"角度"为-0.50，如图10-13所示，单击"确定"按钮完成设置，最终效果如图10-14所示。

　　　　图10-13　设置校正参数　　　　　　　图10-14　最终效果

10.4 "液化"滤镜

"液化"滤镜经常用于人物的塑型，其变形效果比较自然，可以调整人像的胖瘦、脸型、腿型等。使用"液化"滤镜时，需要对滤镜各项工具比较熟悉，这样才能准确地变形，并且得到自然生动的变形效果。

在"滤镜"菜单中选择"液化"命令，弹出如图10-15所示的"液化"对话框，在对话框左侧从上而下依次是向前变形工具、重建工具、褶皱工具、膨胀工具、左推工具、抓手工具和缩放工具，右侧是用来调整笔触大小及压力的参数。

图10-15 "液化"对话框

- 向前变形工具：拖动鼠标，通过推动像素的位置变形图像。
- 重建工具：通过还原变形部分像素的方式，将图像恢复为原始状态。
- 褶皱工具：缩小图像并进行变形，形成凹透镜式的效果。
- 膨胀工具：放大图像并进行变形，形成凸透镜式的效果。
- 左推工具：移动图像的像素，扭曲图像。
- 抓手工具：通过拖动方式移动图像。
- 缩放工具：放大或缩小预览窗口的图像。
- 画笔大小：设置使用工具操作时，图像受影响区域的大小。
- 画笔压力：设置使用工具操作时，一次操作影响图像的程度大小。
- 载入上次网格：如果希望在此对话框中对图像所执行的液化操作采用与上次相同的操作，则可以单击"载入上次网格"按钮。

"液化"滤镜的使用具有较强的随意性，操作也很灵活。使用此命令进行工作时，需要选择合适的工具，然后在预览窗口中单击或拖曳，以修改图像。使用此命令可以改变人物的体形、五官，甚至是人物的表情。如图10-16和图10-17分别为利用"液化"滤镜修整人物面部前后的效果，经过向前变形工具的挤压后，人物脸部被修改成了锥形，下巴变得更尖，眼睛更大。

⚠ 提 示

"液化"滤镜的原理

"液化"滤镜的原理是将图像液体流动化，在适当的范围内使用其他部分的图像代替原有图像，类似将毛巾揉皱，但是褶皱被融合在原图像中。

图10-16 原图　　　　图10-17 修改后的图像

"消失点"滤镜

消失点是艺术家或工程师在表现立体图时经常采用的一种透视法，Photoshop利用这种透视规律进行透视校正变形。在调整透视的时候，也可以开启网格，直观地观察变形效果，从而更精准地进行调整，下面介绍此滤镜的具体工具与参数。

> ⚠ 提示
>
> "消失点"滤镜的常规应用
>
> "消失点"滤镜将操作对象根据选定区域内的透视关系进行自动调整，以适配透视效果，常用于置换画册、CD包装、立体广告牌等。

使用"消失点"滤镜可以在保持图像透视角度不变的情况下，对图像进行有透视角度的复制、修复操作。选择"滤镜>消失点"命令，将会弹出如图10-18所示的"消失点"对话框。

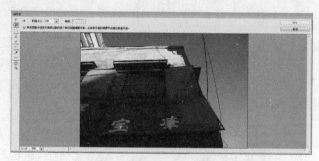

图10-18 "消失点"对话框

● 编辑平面工具：对创建后的平面进行点编辑，使其透视符合用户的需要。

● 创建平面工具：在被复制的区域拖动鼠标，即可创建平面，该平面决定了透视的方式。创建透视平面是必须的操作，否则其他功能都无法使用。

● 选框工具：可以使用选框工具来复制一片区域，将需要更改的地方创建选区，然后按住Ctrl键（或移动模式改为"源"）的同时在图像中拖动，光标所到位置的图像将会被复制到选区中，到满意位置时释放鼠标左键即可。

● 图章工具：使用图章工具在图像中的某处按下Alt键的同时单击确定采样点，然后在目标区域按下鼠标左键并拖动，即可完成像素的复制。

● 画笔工具：涂抹单一颜色。

● 变换工具：可以对选区内复制过来的图像进行变换。

● 测量工具：随意绘制直线，将可测量该直线在平面的角度。

● 抓手工具：通过拖动方式移动图像。

● 缩放工具：放大或缩小预览窗口中的图像。

Step 01 查看原始文件。打开光盘中的素材文件"高楼.jpg"，如图10-19所示。本例将给左侧大厦添加上蓝天白云的纹理效果。

Step 02 设置消失点网格。选择"滤镜 > 消失点"命令，在弹出的对话框中绘制网格。单击大厦右上角的角点处，设置第一个网格点。接下来依次单击该平面其他三个角点，绘制出该平面的网格，如图10-20所示。由于大厦窗框较多，可以很方便地定位，但会导致看不清细节，这时需要利用缩放工具放大图像局部查看效果。

图10-19　打开素材文件　　　　　图10-20　绘制网格

Step 03 绘制其他立面网格。按住Ctrl键的同时，拖动左边的控制点，拖动出垂直平面，如图10-21所示。按住Alt键的同时拖动新平面的边控制点，转动该平面直到贴合大厦立面，如图10-22所示。采用同样的方法，绘制出贴合大厦立面的网格，如图10-23所示。完成后自动生成蓝色网格，单击"确定"按钮。

图10-21　拖出垂直平面　　　　图10-22　转动平面　　　　图10-23　完成绘制网格

Step 04 贴入天空纹理。选择矩形选框工具，选中一块蓝天白云图像，如图10-24所示。按下快捷键Ctrl+C复制此区域。新建图层，选择"滤镜 > 消失点"命令，在弹出的对话框中按下快捷键Ctrl+V粘贴纹理图像。拖动天空纹理图像，图像会自动适应网格。按下T键自由变换图像，调整纹理图像覆盖大厦立面，如图10-25所示。

图10-24　创建选区　　　　　　图10-25　贴入纹理图像

Step 05 设置图层混合模式。设置图层"图层1"的"混合模式"为"正片叠底"，如图10-26所示，得到最终效果如图10-27所示。

图10-26 设置图层混合模式　　　　图10-27 最终效果

10.6 丰富多样的滤镜组

除以上我们已经讲过的单独滤镜外，在Photoshop CS6中有许多滤镜组，在每一个滤镜组中往往包括了多个滤镜，其中每个滤镜的效果各有不同，为用户对图像的调整提供了多种选择。

10.6.1 "风格化"滤镜组

"风格化"滤镜组中包含了9种滤镜，他们可以置换像素、查找并增加图像的对比度、产生绘画了印象派风格效果。以下是对9种滤镜的详细介绍。

1. 查找边缘

此滤镜可找出图像的边线，用深色表现出来，其他部分则填充上白色。当图像边线部分的颜色变化较大时，使用粗轮廓线，而变化较小时，则使用细轮廓线。

打开素材文件后，如图10-28所示，选择"滤镜>风格化>查找边缘"命令，添加"查找边缘"滤镜，得到如10-29所示效果。

图10-28 原图　　　　图10-29 "查找边缘"效果

2. 等高线

此滤镜将拉长图像的边线部分，找到颜色边线，并用阴影颜色表现，其他部分则用白色表现。图10-30是对图像进行"等高线"滤镜操作所得到的效果。选择该滤镜命令后，弹出"等高线"对话框，如图10-31所示。

● 色阶：设置边线的显示颜色。

● 边缘：选择边线的显示方法。

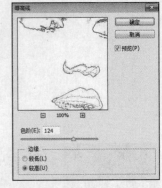

图10-30 "等高线"效果　　图10-31 "等高线"对话框

3. 风

此滤镜将在图像上设置好像风吹过的效果。选择此滤镜命令后，弹出"风"对话框，如图10-32所示，在此可以设置风的强度、方向等。

● 方法：调整风的强度，可以从风、大风、飓风中进行选择。

● 方向：设置风吹的方向。

图 10-32 "风"对话框

4. 浮雕效果

此滤镜将在图像上运用明暗来表现出浮雕效果，图像的边缘部分显示出颜色，表现出立体感。选择该滤镜命令，即弹出如图10-33所示的设置对话框，图10-34是利用该滤镜后得到的效果。

● 角度：设置光的角度。

● 高度：设置图像中表现的层次高度值。

● 数量：设置滤镜效果的运用程度，范围为1~50。

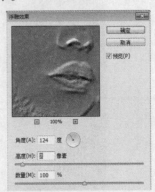

图10-33 "浮雕效果"对话框 图10-34 "浮雕效果"效果

5．扩散

此滤镜可以将图像转化成具有绘画感觉的图像。选择该滤镜命令后，将弹出如图10-35所示的"扩散"对话框。

● 正常：在整个图像上运用滤镜效果。

● 变暗优先：以阴影部分为中心，在图像中运用绘画效果。

● 变亮优先：以高光部分为中心，在图像上运用绘画效果。

● 各向异性：可以更柔和地表现图像。

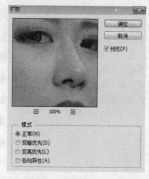

图10-35 "扩散"对话框

6．拼贴

此滤镜将把图像处理成为马赛克瓷砖形态，如图10-37所示。选择该滤镜命令后弹出如图10-36所示的"拼贴"对话框。

● 拼贴数：设置瓷砖的个数。

● 最大位数：设置瓷砖之间的空间。

● 填充空白区域用：设置瓷砖之间的颜色处理方法。

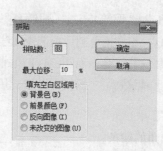

图10-36 "拼贴"对话框

图10-37 "拼贴"效果

7．曝光过度

此滤镜将把底片曝光，然后翻转图像的高光部分。此滤镜无参数设置，直接选择相关命令即可，如图10-38所示为添加"曝光过度"滤镜效果前后对比。

图10-38 添加"曝光过度"滤镜前后效果对比

8. 凸出

此滤镜通过矩形或金字塔形态凸出表现图像的像素，如图10-40所示。选择该滤镜命令后弹出如图10-39所示的"凸出"对话框。

● 类型：选择被凸出的形态。

● 大小：设置被凸出像素的大小。

● 深度：设置被凸出的程度。

● 立方体正面：用图像颜色填充块的颜色。

● 蒙版不完整块：不对边缘运用效果。

图10-39 "凸出"对话框   图10-40 "凸出"效果

10.6.2 "画笔描边"滤镜组

这一组滤镜可利用画笔表现绘画效果，需要注意的是，在RGB和灰度模式中可以运用这些滤镜，而在CMYK模式中则不能运用。在Photoshop CS6中，将"画笔描边"工具移到了"滤镜库"中，用户也可以打开"滤镜库"，在其中执行相关滤镜命令。

1. 成角的线条

利用一定方向的画笔表现油画效果，可以制作出类似使用油画笔在对角线方向上绘制的感觉，该滤镜的参数设置如图10-41所示。

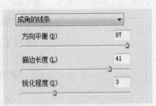

● 方向平衡：值大就会从右上端向左下端应用画笔，值小则会则从左下端向右上端应用画笔。

● 描边长度：值越大画笔越长。

图10-41 参数设置

● 锐化程度：利用值调整笔画的锋利程度。

图10-43即是对图10-42应用"成角的线条"滤镜所得到的效果。

图10-42 原图   图10-43 "成角的线条"效果

2.墨水轮廓

该滤镜可以在图像的轮廓上制作出类似钢笔勾画的效果，如图10-45所示。该滤镜的参数如图10-44所示。

● 描边长度：拖动滑块以调整画笔长度。

● 深色强度：值越大，阴影部分越大，画笔越深。

● 光照强度：值越大，高光区域越大。

图10-44 设置参数　　图10-45 "墨水轮廓"效果

3.喷溅

此滤镜将制作出类似用喷枪在图像边线上喷水的效果，如图10-47所示。该滤镜的参数如图10-46所示。

● 喷色半径：值越小，运用范围就越小。

● 平滑度：值越大，图像越柔和。如果值过大，图像的形态就会变得模糊，所以在调节的时候要注意尺度。

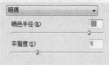 

图10-46 设置参数　　图10-47 "喷溅"效果

ℹ 提示

"喷色描边"滤镜的常规应用

"喷色描边"滤镜不仅可以产生如同在画面上喷洒水以后的效果或是被雨水打湿的视觉效果，还能产生斜纹飞溅的效果。

4.喷色描边

此滤镜将制作类似使用较粗的喷枪在一个方向上喷洒颜料的效果，如图10-49所示。该滤镜的参数如图10-48所示。

● 描边长度：调整笔画的长度。

● 喷色半径：调整笔画的大小。

● 描边方向：调整喷洒颜料的方向。

图10-48 设置参数　　图10-49 "喷色描边"效果

5.强化的边缘

此滤镜将调整图像边线，可以在图像的部分边线上绘制，形成具有颜色对比的边线，如图10-51所示。该滤镜的参数如图10-50所示。

● 边缘宽度：值越大，边缘越粗；值越小，边线就会越细。

● 边缘亮度：值越大，边线越亮。

● 平滑度：值越大，画面越柔和。

图10-50 设置参数　　图10-51 "强化的边缘"效果

6. 深色线条

此滤镜利用图像的阴影表现不同的笔画长度，图像的阴影部分运用短线条，明亮的部分则运用长线条，如图10-53所示。该滤镜参数如图10-52所示。

● 平衡：值小就会在整个图像上运用滤镜，值大则在阴影部分运用画笔效果。

● 黑白强度：值越大，阴影部分越大。

● 白色强度：值越大，高光部分越大。

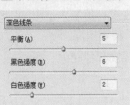

图10-52 设置参数

图10-53 "深色线条"效果

7. 烟灰墨

此滤镜可表现类似木炭画那样，墨水被宣纸吸收后晕开的效果，如图10-55所示。该滤镜参数如图10-54所示。

● 描边宽度：设置画笔的宽度。

● 描边压力：设置笔画的压力值。

● 对比度：设置颜色的对比度。

图10-54 设置参数

图10-55 "烟灰墨"效果图

8. 阴影线

此滤镜可表现类似铅笔草图那样使用交叉线条表现图像，如图10-57所示。该滤镜参数如图10-56所示。

● 描边长度：利用值调整画笔长度。

● 锐化程度：利用线条调整画笔的锋利程度。

● 强度：利用线条设置要表现的强度。

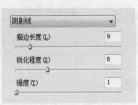

图10-56 设置参数

图10-57 "阴影线"效果

!提示

"模糊"滤镜组

在Photoshop CS6中，"模糊"滤镜组进行了较大的调整，添加了"场景模糊"、"光圈模糊"和"倾斜模糊"3类滤镜。

10.6.3 "模糊"滤镜组

这一组滤镜可以对图像进行柔和处理，将像素的边线设置为模糊状态，在图像上表现速度感或晃动的感觉。使用选择工具选择待定图像以外的区域，运用模糊效果，可强调要突出的部分。

1. 表面模糊

此滤镜在保留边缘的同时模糊图像，用于创建特殊效果并消除杂色或粒度。选择该滤镜命令即弹出如图10-58所示的对话框。

● 半径：输入数值设定模糊半径。

● 阈值：控制模糊对与色彩范围的影响。

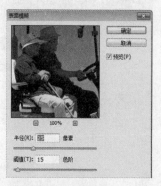

图10-58 "表面模糊"对话框

打开素材文件，如图10-59所示，在此图像上应用"滤镜>模糊>表面模糊"滤镜命令，可得到如图10-60所示的模糊效果。

图10-59 原图

图10-60 "表面模糊"效果

2. 动感模糊

此滤镜可在特定方向上设置模糊效果，一般用于表现速度感，如图10-61所示为应用"动感模糊"滤镜后的效果。此滤镜的设置对话框如图10-62所示。

● 角度：输入角度值，设置模糊的方向。

● 距离：设置距离值，调整图像的残像长度，距离值越大，图像的残像长度越长，速度感的效果就会增强。

图10-61 "动感模糊"效果

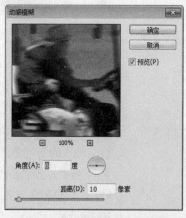

图10-62 "动感模糊"动话框

Step 01 打开原始文件。打开光盘中的素材文件"骑行.jpg"，如图10-63所示。

Step 02 设置动感模糊。复制背景图层，并选中新图层。选择"滤镜 > 模糊 > 动感模糊"命令，设置"角度"为-83、"距离"为16，如图10-64所示。

图10-63　打开素材文件　　　　图10-64　设置参数

💡 提示

如何确定模糊和渐变方向

图片中的自行车处于以前轮为支点后轮跳起的状态，速度方向垂直于车身，则模糊方向也应当垂直于自行车身。自行车在做以前轮为圆心的圆弧运动（部分），因此速度自支点处至车尾随半径增加，因此以此半径为蒙版渐变方向。

Step 03 使用图层蒙版表现速度感。给"背景 副本"图层添加蒙版，选择渐变工具🔲，单击自行车前轮触地点，并向自行车后轮处拖动，得到渐变的动感效果，如图10-65所示。选择画笔工具🖌，设置合适的笔刷大小，涂抹蒙版中的山路、天空等区域，去除这些区域的模糊效果，如图10-66所示，得到最终蒙版如图10-67所示，最终效果如图10-68所示。

图10-65　添加图层蒙版　　　　图10-66　最终图像效果

图10-67　最终蒙版效果　　　　图10-68　最终图像效果

3.方框模糊

此滤镜基于相邻像素的平均颜色值来模糊图像，如图10-70所示。此滤镜可以调整用于计算给定像素的平均值的区域大小，半径越大，产生的模糊效果越好。该滤镜的参数对话框如图10-69所示。

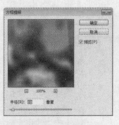

图10-69　设置参数　　　　图10-70　"方框模糊"效果

4.高斯模糊

此滤镜通过设置半径值，更细致地运用模糊效果，如图10-72所示。该滤镜的参数设置对话框如图10-71所示。

● 半径：值越大，模糊效果越强烈，半径值范围为0.1~250。

图10-71 设置参数

图10-72 "高斯模糊"效果

5.进一步模糊

在运用多次模糊之后，此滤镜可以表现更强烈的效果，与模糊滤镜一样，表现出来的效果也是像焦距没有调准的模糊感觉。

6.径向模糊

此滤镜表现以基准点为中心旋转图像，或者以画圆的方式迅速进入的效果，如图10-74所示。该滤镜的参数设置对话框如图10-73所示。

● 数量：设置模糊程度。

● 模糊方法：设置效果的运用方法。

● 品质：设置效果质量。

● 中心模糊：设置基准点。

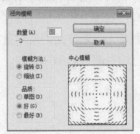

图10-73 设置参数

图10-74 "方框模糊"效果

🖥 **上机实践**　使用"径向模糊"滤镜给照片增添冲击力

Step 01 查看原始文件。打开光盘中的素材文件"虎.jpg"，如图10-75所示。

Step 02 选择区域。选择工具箱中的椭圆选框工具 ⬭，选择老虎的面部区域，如图10-76所示。在选区内右击，选择"变形"命令，调整选区使更贴合老虎轮廓，如图10-77所示。

图10-75 打开素材文件

图10-76 选择老虎面部区域

图10-77 调整选区

Step 03 设置羽化。右击选区，在弹出的快捷菜单中选择"羽化"命令，设置"羽化半径"为80，如图10-78所示，单击"确定"按钮。选择"滤镜>模糊>径向模糊"命令，设置"数量"为50、"模糊方法"为"缩放"，如图10-79所示。单击"确定"按钮，得到最终效果如10-80所示。

 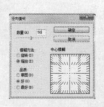 

图10-78 设置"羽化"参数　　图10-79 滤镜参数设置　　图10-80 最终效果

ℹ 提示

"高斯模糊"滤镜、"方框模糊"滤镜、"动感模糊"滤镜或"形状模糊"滤镜

应用于选定的图像区域时，有时会在选区的边缘附近产生生硬的边缘效果。为了避免产生这种效果，可以使用"特殊模糊"滤镜或者"镜头模糊"滤镜进行设置。

7. 镜头模糊

　　此滤镜可表现类似相机镜头模糊的效果，另外还可以在图像上运用模糊的程度和杂点，如图10-82所示。此滤镜的参数较为复杂，如图10-81所示。

● 深度映射：拖动滑块可以调整模糊的程度。
● 光圈：表现类似调整虹膜那样的模糊效果。
● 镜面高光：调整光的反射量。
● 杂色：在图像上添加杂点，并设置杂点数量。

图10-82 "镜头模糊"效果　　　　　图10-81 设置参数

8. 场景模糊

　　场景模糊是Photoshop CS6新添加的功能，这种模糊滤镜主要用于制作照片的景深效果。场景模糊最大的特点是可以在照片中添加多个控制点来生成与真实镜头产生的景深完全相同的效果。

● 光源散景：控制模糊中的高光量。
● 散景颜色：控制散景的色彩。
● 光照范围：控制散景出现处的光照范围。

图10-83 "模糊效果"面板　　　　　　　图10-84 "场景模糊"效果

9. 光圈模糊

光圈模糊是Photoshop CS6中新增的3种模糊方式中，操作最简单的模拟景深的方法。场景模糊虽然可以更精确地模拟模糊效果，但是需要设定多个控制点才能实现。而光圈模糊则可以通过设置一个控制点，得到不错的景深效果。其参数与场景模糊一致。

图10-85 原图　　　　　　　　　　图10-86 "光圈模糊"效果

10. 倾斜偏移

倾斜偏移可创造焦点带形成模糊效果，能够用来模仿微距图片拍摄的效果，比较适合用于俯拍或者镜头有点倾斜的照片。倾斜偏移的参数与场景模糊参数基本相同，只是增加了"扭曲度"参数。

● 扭曲度：控制模糊扭曲的形状。

图10-87 原图　　　　　　　　　　图10-88 "倾斜偏移"效果

10.6.4 "扭曲"滤镜组

扭曲滤镜是一组为图像制作像素扭曲错位效果的滤镜组，在该滤镜组中有多种扭曲效果，用户可以根据自己需要选择合适滤镜。

1.波浪

此滤镜可在图片上运用波浪效果，如图10-91所示。该滤镜参数设置对话框如图10-89所示。

● 生成器数：设置波浪的数量。

● 波长：设置波浪的长度。

● 波幅：设置波浪的的振幅。

● 比例：通过拖动滑块调整波浪的大小。

● 类型：在正弦、三角形、方形中进行选择，设置波浪的形态。

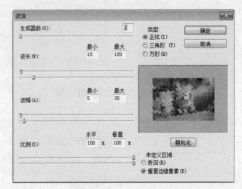

图10-89 "波浪"对话框

图10-91为图10-90，添加"波浪"滤镜得到的扭曲效果。

图10-90 原图

图10-91 添加"波浪"滤镜后的效果

2.波纹

该滤镜的参数设置对话框如图10-92所示。此滤镜可将图像变形为波纹形态，如图10-93所示。

● 数量：值越大，图像的波纹密度和扭曲范围就越大，可以输入的最大值为990。

● 大小：设置水纹效果的大小。

图10-92 "波纹"对话框

图10-93 "波纹"效果

提示

“反相”复选框

“玻璃”对话框中的“反向”复选框，指的并不是颜色的反向，而是纹理的反相，即以前的空隙部分反相后成为纹理部分，而且原本的纹理部分成为空隙部分。

3. 玻璃

此滤镜可直接在“滤镜库”中应用，模拟通过具有质感的玻璃观看图像的效果，如图10-95所示。该滤镜的参数如图10-94所示。

- 扭曲度：值越大扭曲效果越强烈。
- 平滑度：调整滤镜效果的柔和程度。
- 纹理：提供了4种类型，可以直接使用。
- 缩放：值越大，纹理也会越大。
- 反相：翻转运用选定的纹理。

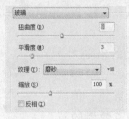

图10-94 设置参数

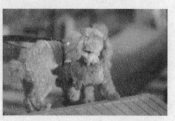

图10-95 “玻璃”效果图

4. 海洋波纹

“海洋波纹”滤镜也可在“滤镜库”中直接应用，表现出海浪波纹的效果，如图10-97所示。此滤镜的参数如图10-96所示。

- 波纹大小：值越大，波浪效果就越显著。
- 波纹幅度：值越大，海浪的强度越大。

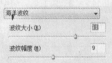

图10-96 参数设置

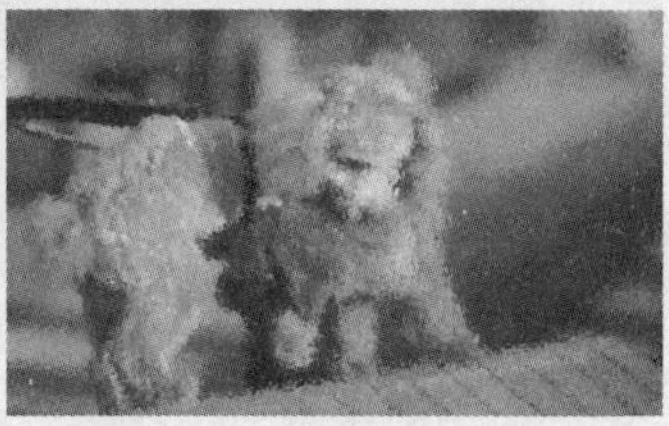

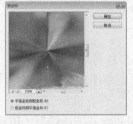

图10-97 “海洋波纹”效果

5. 极坐标

“极坐标”滤镜以坐标轴为基准扭曲图像，表现出类似地球的极坐标效果，如图10-99所示。选择该滤镜命令，弹出如图10-98所示的对话框。

- 平面坐标到极坐标：以图像的中心为基准集中图像。
- 极坐标到平面坐标：展开外部轮廓，扭曲图像。

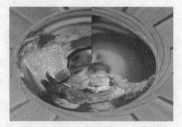

图10-98 “极坐标”对话框

图10-99 “极坐标”效果

6. 挤压

此滤镜以图像的中心为基准，按凸透镜或凹透镜形式扭曲图像，如图10-101所示。此滤镜参数设置对话框如图10-100所示。

- 数量：值为负数，会显示凸出效果；正数则显示凹陷效果，值得设置范围为-100~100。

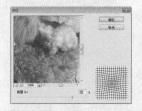

图10-100 “挤压”对话框

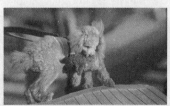

图10-101 “挤压”效果

7. 扩散亮光

此滤镜可直接在"滤镜库"中应用，将图像渲染成像是透过一个柔和的扩散滤镜来观看的效果，如图10-103所示。该滤镜参数如图10-102所示。

● 粒度：值越小，点就越细致，可以更正柔和地发光。

● 发光量：值越大，光越亮。

● 清除数量：值越小，表现滤镜效果的范围越大。

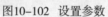

图10-102　设置参数　　　　图10-103　"扩散亮光"效果

8. 切变

此滤镜将沿一条曲线扭曲图像，如图10-105所示。选择该滤镜命令，弹出"切变"对话框，如图10-104所示。

● 折回：利用因图像变形而被裁切的部分填充空间。

● 重复边缘像素：通过增加图像像素的方式填充区域。

图10-104　"切变"对话框　　　　图10-105　"切变"效果

9. 球面化

此滤镜通过将选区折成球形，扭曲并伸展图像，以适合选中的曲线，使对象具有3D效果，如图10-107所示。选择"球面化"滤镜命令，会弹出如图10-106所示的对话框。

● 数量：设置凹凸效果，值越大，球面化效果越明显。

● 模式：默认为"正常"模式；选择"水平优先"，则设置成水平拉伸效果；选择"垂直优先"，则设置成纵向拉伸效果。

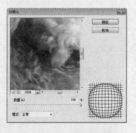

图10-106　参数设置　　　　图10-107　"球面化"效果

10. 水波

此滤镜根据选区中像素的半径将选区径向扭曲，如图10-109所示。该滤镜参数设置对话框如图10-108所示。

● 数量：设置扭曲的程度。

● 起伏：设置水波方向从选区的中心到其他边缘的反转次数。

● 样式：可以选择预设的小波扭曲效果。

图10-108 "水波"对话框　　　　图10-109 "水波"效果

💻 上机实践　　使用"水波"滤镜给照片添加波纹

Step 01 打开原始文件。打开光盘中的素材文件"水面.jpg"，如图10-100所示。

Step 02 选择并调整选区。选择椭圆选框工具 ，在近景处的水域拖曳出选区。右击选区，在弹出的快捷菜单中选择"变形"命令，调整选区大小和位置，变换过程中要注意透视关系，如图10-111所示。

图10-110 打开素材文件　　　　　图10-111 创建并调整选区

Step 03 再次变换选区。右击选区，在弹出的快捷菜单中选择"羽化"命令，在弹出的"羽化选区"对话框中设置"羽化半径"为50，单击"确定"按钮完成羽化，如图10-112所示。再次使用"变形"命令，降低选区竖直方向上的高度，如图10-113所示。根据透视关系确定合适的宽高比例，按下Enter键确定变换结果。

图10-112 羽化选区　　　　　　图10-113 再次变形选区

Step 04 添加滤镜效果。选择"滤镜>扭曲>水波"命令，设置"数量"为100、"起伏"为15、"样式"为"水池波纹"，如图10-114所示。单击"确定"按钮，得到最终图像效果，如图10-115所示。

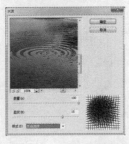

图10-114 设置滤镜参数　　　　图10-115 最终效果

11. 旋转扭曲

此滤镜可以旋转选区中图像，中心的旋转程度比边缘的旋转程度大，如图10-117所示。此滤镜的参数设置对话框如图10-116所示。

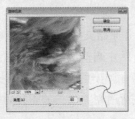

图10-116 参数设置　　　图10-117 "旋转扭曲"效果

● 角度：指定角度时可生成旋转图案。输入范围为-999~999。

12. 置换

此滤镜可以用一张PSD格式的图像作为位移图，使当前操作的图像根据位移图的形状产生弯曲，从而得到特殊的效果。该滤镜的参数设置对话框如图10-118所示。

● 水平比例：设置PSD文件的长度。

● 垂直比例：设置PSD文件的高度。

● 置换图：选择将作为贴图使用的图像的表现方式。

图10-118 参数设置

● 未定义区域：选择没有被设置的区域的表现形式。

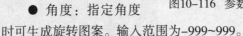

上机实践　使用"置换"滤镜给人物换装

Step 01 打开原始文件。打开光盘中的素材文件"舞动.jpg"，如图10-119所示。

Step 02 调整图像通道，为置换做准备。在"通道"面板中单击红色通道，按下快捷键Ctrl+M，调整通道的曲线，使明暗对比更加突出。使用同样的方法调整绿色通道曲线，如图10-120所示。这两个通道决定着之后的置换效果。按下快捷键Shift+Ctrl+S，将调整后的图像另存为PSD格式文件。

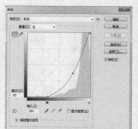
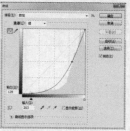

图10-119 打开素材文件　　　　　图10-120 调整红、绿通道的曲线

Step 03 扭曲纹理图像。打开光盘中的素材文件"纹理.jpg"，如图10-121所示。选择"滤镜>扭曲>置换"命令，在弹出的对话框中设置"水平比例"和"垂直比例"均为30，如图10-122所示。单击"确定"按钮，选择文件"舞动.PSD"，单击"确定"按钮，可以看到图像产生相应的扭曲，如图10-123所示。

图10-121 纹理图像　　　图10-122 设置参数　　　图10-123 扭曲效果

Step 04 给人物"换衣"。重新打开素材文件"舞动.jpg"，复制扭曲好的纹理图像"纹理.jpg"到前者窗口中。用快速选择工具 ☑ 粗略选择人物服装部分，如图10-124所示。选中纹理图层，单击"添加图层蒙版"按钮 ◙ ，给图层添加蒙版。选择画笔工具 ☑ ，设置合适的笔刷大小，调整蒙版区域，以符合人物服装的部位。蒙版最终如图10-125所示，图像效果如图10-126所示。

图10-124 选择人物服装　　图10-125 最终蒙版效果　　图10-126 贴入纹理后效果

Step 05 调整纹理颜色。照片中周围环境较明亮，而贴入的纹理较暗，为了使纹理与图像融合得更好，首先调整纹理的明暗。按下快捷键Ctrl+M，打开"曲线"对话框调整图层曲线，如图10-127所示。

Step 06 调整纹理光滑度。放大观察纹理，会发现在置换过程中，出现了一些细小的像素碎片，这会破坏图像真实感，需要去除。选择"滤镜>模糊>特殊"命令，在弹出的对话框中设置"半径"为12.1、"阈值"为71.9，如图10-128所示。此时纹理过于光滑，选择"滤镜>杂色>添加杂色"命令，在弹出的对话框中设置"数量"为2.45，如图10-129所示，单击"确定"按钮。

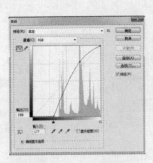
图10-127 调整曲线

图10-128 去除碎片

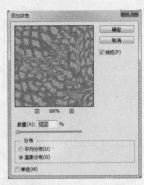
图10-129 添加杂色

Step 07 调整纹理明暗。设置纹理图层混合模式为"正片叠底"、"不透明度"为70%。选择"背景"图层，按住Ctrl键的同时单击纹理图层蒙版缩览图，快速选择蒙版区域。添加"曲线"调整图层，如图10-130所示。设置曲线，增加人物服装部分的明暗对比，如图10-131所示。完成后的效果如图10-132所示。

图10-130 调整图层

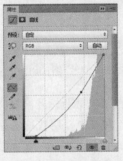
图10-131 调整曲线

图10-132 最终效果

10.6.5 "锐化"滤镜组

"锐化"滤镜组通过增加相邻像素的对比度来聚焦模糊的图像，使图像轮廓看起来更锐利，与"模糊"滤镜组功能相反。

1. USM锐化

提示

使用"USM 锐化"滤镜在打印时的注意事项

"USM 锐化"滤镜效果在屏幕上比在高分辨率输出时显著得多，若最终的目的是打印，则需要经过试验确定最适合图像的设置。

此滤镜用于调整图像的像素边缘对比度，使画面更加清晰。选择该滤镜命令，将弹出如图10-133所示对话框。

● 数量：可以通过拖动滑块调整锐化的程度。

● 半径：设置像素的平均范围。

● 阈值：设置运用在平均颜色上的范围。

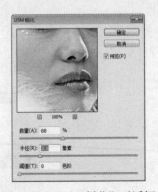
图10-133 "USM锐化"对话框

图10-134在拍摄时形成了模糊的效果，为其添加"USM锐化"滤镜后，得到如图10-135所示效果。

图10-134 原图　　　图10-135 锐化效果

2. 进一步锐化

此滤镜可聚焦选区并提高其清晰度，"进一步锐化"滤镜比"锐化"滤镜拥有更强的锐化效果。

3. 锐化

此滤镜可提高图像的颜色对比，使画面更加鲜明，在模糊的图像上运用该滤镜的时候，也可以表现出鲜明清晰的画面效果。

4. 锐化边缘

此滤镜查找图像中颜色发生显著变化的区域，然后将其锐化。"锐化边缘"滤镜只锐化图像的边缘，同时保留总体的平滑度。

5. 智能锐化

此滤镜通过设置锐化算法或控制阴影和高光中的锐化量来锐化图像，如果尚未确定要运用的特定锐化滤镜，那么这是一种可以考虑的锐化方法，智能锐化的图像效果如图10-137所示，智能锐化的基本参数如图10-136所示。

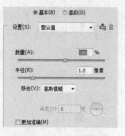

- 数量：设置像素锐化程度。
- 半径：设置像素锐化半径。

图10-136 参数设置　　　图10-137 智能锐化效果

10.6.6 "素描"滤镜组

"素描"滤镜组内置于"滤镜库"中，此组滤镜用于模拟美术或手绘的效果，许多"素描"滤镜在重绘图像时使用前景色和背景色。

1. 半调图案

"半调图案"可将图像制作成中间模拟半调网屏的打印效果。其参数设置界面如图10-138所示。

- 大小：值越大，图案越多。
- 对比度：值越大，颜色的对比度也变大，图像显得更加清晰。

图10-138 设置参数

- 图案类型：可在3种图案中选择，得到绘画效果的图像。

提示

"素描"滤镜组

在素描滤镜组中，除了"水彩画纸"滤镜以外，其他滤镜效果颜色都受前景色与背景色影响，滤镜效果会根据前景色与背景色的颜色而变化。

提 示

"半调图案"滤镜的常规应用

"半调图案"滤镜常用于制作不同颜色的网点或者线条效果。

图10-140即是在图10-139基础上添加"半调图案"滤镜后，形成的细密的红色网点效果。

图10-139 原图　　　　图10-140 "半调图案"效果

2. 便条纸

此滤镜可创建类似手工制作的纸张图像，图像的暗区显示为纸张上层中的洞，使背景色显示出来，如图10-142所示。此滤镜的参数如图10-141所示。

● 图像平衡：值越大，图像的阴影部分越多。

● 粒度：值越大，运用在图像上的仿木纹效果越多。

● 凸显：值越小，表现出来的仿木纹效果越柔和。

图10-141 设置参数　　图10-142 "便条纸"效果

3. 粉笔和炭笔

此滤镜可重绘高光和中间调，并使用粗糙粉笔绘制纯中间调的灰色背景。阴影区域用黑色对角炭笔线条提换。炭笔用前景色绘制，粉笔用背景色绘制，如图10-144所示，此滤镜的参数如图10-143所示。

● 炭笔区：设置木炭的表现范围。

● 粉笔区：设置粉笔的表现范围。

● 描边压力：设置线条的浓度。

图10-143 设置参数　　图10-144 "粉笔和炭笔"效果

4. 铬黄渐变

此滤镜可在图像上表现金属合金的感觉。视觉上高光部分向外凸，而阴影部分则向内凹，如图10-146所示。此滤镜的参数如图10-145所示。

● 细节：设置合金质感的表现程度。

● 平滑度：设置质感的柔和程度。

图10-145 设置参数　　图10-146 "铬黄渐变"效果

5. 绘图笔

此滤镜使用细线状的油墨描边以捕捉原图像中的细节，如图10-148所示。对于扫描图像，效果尤其明显。绘图笔的参数如图10-147所示。

● 描边长度：值越大，笔画越长。

● 明/暗平衡：值越大，阴影部分越大。

● 描边方向：设置笔画的方向。

图10-147 设置参数　　图10-148 "绘图笔"效果

6. 基底凸现

此滤镜可变换图像，使之呈现浮雕的雕刻状，并突出光照下变化各异大的表现。图像的暗区呈现前景色，而浅色使用背景色，如图10-150所示。基底凸现的参数如图10-149所示。

● 细节：设置滤镜的表现范围。

● 平滑度：设置质感的柔和程度。

● 光照：选择光的方向。

图10-149 参数设置　　图10-150 "基底凸现"效果

7. 石膏效果

此滤镜用立体石膏复制图像，然后使用前景色和主背景色为图像上色，较暗区域上升，较亮区域下沉，如图10-152所示。此滤镜的参数如图10-151所示。

● 图像平衡：调节前景色和背景色之间的平衡。

● 平滑度：控制图像的圆滑程度。

● 光照：控制光照位置。

图10-151 参数设置　　图10-152 "石膏效果"效果

8. 水彩画纸

此滤镜利用有污点的，类似画在潮湿的纤维纸的涂抹，使颜色流动并混合，如图10-154所示。此滤镜的参数如图10-153所示。

● 纤维长度：值越大，晕开的效果越明显。

● 亮度：值越大，图像的整体颜色就会越亮。

● 对比度：值越大，颜色的对比也会变大，图像会显得更加清晰。

图10-153 参数设置　　图10-154 "水彩画纸"效果

9. 撕边

此滤镜重建图像，使之产生类似由粗糙、撕边的纸片状组成的效果，然后使用前景色与背景色为图像着色，如图10-156所示。此滤镜的参数如图10-155所示。

● 图像平衡：值越大，阴影部分越多。

● 平滑度：值越大，效果越柔和。

● 对比度：值越大，颜色对比值也会加大。

图10-155 设置参数　　图10-156 "撕边"效果

10. 炭笔

此滤镜产生色调分离的涂抹效果，主要边缘以粗线条绘制，而中间色调用对角边进行素描，如图10-158所示。此滤镜的参数如图10-157所示。

● 炭笔粗细：设置木炭的粗细。

● 细节：设置滤镜的表现程度。

● 明/暗平衡：调整黑白的颜色均衡。

图10-157 设置参数　　图10-158 "炭笔"效果

11. 炭精笔

此滤镜在图像上模拟抹黑和纯白的炭精笔纹理，如图10-160所示。此滤镜的参数如图10-159所示。

● 前景色阶：设置前景色的颜色范围。

● 背景色阶：设置背景色的颜色范围。

● 纹理：设置纹理材质的种类。

图10-159 设置参数　　图10-160 "炭精笔"效果

12. 图章

此滤镜将简化图像，使之看起来就像是用橡皮或木制图章创建的一样，如图10-162所示。此滤镜的参数如图10-161所示。

● 明/暗平衡：值越大，阴影部分越多。

● 平滑度：值越大，表现的滤镜效果越柔和。

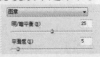

图10-161 参数设置　　图10-162 "图章"效果

13. 网状

此滤镜模拟胶片乳胶的可控制收缩和扭曲来创建图像，使阴影部分呈现结块状，高光部分呈现轻微的颗粒化，如图10-164所示。网状滤镜的参数如图10-163所示。

- 浓度：值越大，生成的网点越紧凑。
- 前景色阶：值越大，前景色的颜色范围越大。
- 背景色阶：值越大，背景色的颜色范围越大。

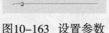

图10-163 设置参数　　　图10-164 "网状"效果

14. 影印

此滤镜模拟影印图像效果，大的暗区只复制边缘四周，而中间色调要么表现为纯黑色，要么表现为纯白色，如图10-166所示。该滤镜的参数如图10-165所示。

- 细节：值越大，表现出来的图像越细腻。
- 暗度：值越大，阴影部分越多。

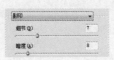

图10-165 设置参数　　　图10-166 "影印"效果

10.6.7 "纹理"滤镜组

该类滤镜可以在图像上应用纹理质感，除了基本材质质感以外，用户也可以自己制作，并保存起来，以备以后在图像上运用相同的纹理滤镜效果。此组滤镜已经内置到"滤镜库"中，可直接在库中应用滤镜。

1. 龟裂缝

此滤镜表现好像笔画质感那样带有龟裂缝的材质效果，如图10-168所示。该滤镜的参数如图10-167所示。

- 裂缝间距：设置龟裂之间的间距大小。
- 裂缝深度：设置龟裂的深度。
- 裂缝亮度：设置龟裂亮度，表现画面效果。

图10-167 设置参数　　　图10-168 "龟裂缝"效果

2.颗粒

此滤镜可在图像上设置多种杂点,如图10-170所示。该滤镜的设置参数如图10-169所示。

● 强度:值越大,颗粒效果越密集。

● 对比度:设置杂点的颜色对比值。

● 颗粒类型:提供了形态各异的10种杂点。

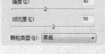

图10-169 设置参数　　图10-170 "颗粒"效果

3.马赛克拼贴

此滤镜在图像上表现马赛克形态的瓷砖效果,如图10-172所示。该滤镜的参数如图10-171所示。

● 拼贴大小:值越大,瓷砖也就越大。

● 缝隙宽度:设置瓷砖之间的龟裂宽度。

● 加亮缝隙:调整龟裂的亮度。

图10-171 设置参数　　图10-172 "马赛克拼贴"效果

4.拼缀图

此滤镜可形成矩形瓷砖的表面纹理,如图10-174所示。该滤镜的参数如图10-173所示。

● 方形大小:调整举行的网格大小。

● 凸现:值越大,表现出的图像越具有立体感。

图10-173 设置参数　　图10-174 "拼贴图"效果

5.染色玻璃

此滤镜可表现镶嵌彩色玻璃效果,如图10-176所示。该滤镜的参数如图10-175所示。

● 单元格大小:调整网格的大小。

● 边框粗细:设置边线的粗细。

● 光照强度:设置光照的强度。

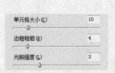

图10-175 设置参数　　图10-176 "染色玻璃"效果

6. 纹理化

此滤镜将选择或创建的纹理运用于图像，并可调整具体的光照、凸现效果，如图10-178所示。该滤镜的参数如图10-177所示。

● 纹理：设置纹理的种类。

● 缩放：值越大，纹理就越大。

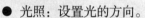
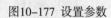

● 凸现：值越大，扭曲程度也就越大。

● 光照：设置光的方向。　　　图10-177 设置参数　　　图10-178 "纹理化"效果

● 反相：翻转纹理，表现图像。

10.6.8 "像素化"滤镜组

变形图像的像素并重新构成，一般用于在图像上显示网点或者表现铜板画效果。

1. 彩块化

此滤镜将类似颜色的像素捆绑起来，将图像的颜色单纯化，表现绘画效果。设置像素的平均值，可以制作出更具绘画效果的图像，一般用于需要取消锯齿部分和制作画面柔和的图像。

2. 彩色半调

此滤镜模拟在图像的每个通道上使用放大的半调网屏的效果。选择该滤镜命令后，弹出如图10-179所示的对话框。

● 最大半径：设置数值调整像素的大小。

● 网角（度）：设置各个通道的网点角度。

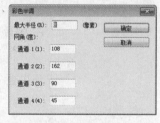

图10-179 "彩色半调"对话框

图10-181即是在图10-180的基础上添加"彩色半调"滤镜得到的网点效果。

图10-180 原图　　　图10-181 "彩色半调"效果

3. 点状化

此滤镜将图像中的颜色分解为随机分布的网点，如同点状化的绘画一样，并使用背景色作为网点之间的画布区域，如图10-182所示。

4. 晶格化

此滤镜使像素结块形成多边形纯色，如图10-183所示。选择该滤镜命令后，弹出"晶格化"对话框，设置"单元格大小"可以调整多边形的大小，值的输入范围为3～999。

图10-182 "点状化"效果　　图10-183 "晶格化"效果

5. 马赛克

此滤镜使像素结为方形块，方形块中的像素为纯色，块颜色代表选区中的颜色，效果如图10-184所示。选择该滤镜命令后，弹出"马赛克"对话框，设置"单元格大小"可以调整马赛克的大小，值的范围为2～64。

6. 碎片

此滤镜可制作出类似拍照时相机晃动的图像效果。重复运用该滤镜，可以表现出更强烈的效果，添加"碎片"滤镜后的效果如图10-185所示。

图10-184 "马赛克"效果　　图10-185 "碎片"效果

7. 铜板雕刻

此滤镜将图像转换为黑白区域的随机图案或彩色图像中色彩完全饱和的随机图案，如图10-186所示。选择该滤镜命令后，弹出"铜板雕刻"对话框，如图10-187所示，在"类型"下拉列表中可以选择通过点或线来构成图像。

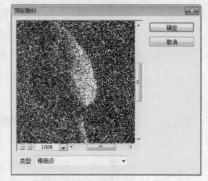
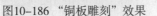

图10-186 "铜板雕刻"效果　　　图10-187 "铜板雕刻"对话框

10.6.9 "渲染"滤镜组

该组滤镜可在图像中创建3D形状、云彩图案、折射图案和模拟的光反射，也可在3D空间中操纵对象，创建3D对象（立方体、球面和圆柱），并从灰度文件创建纹理填充以产生类似3D的光照效果。

1. 分层云彩

"分层云彩"滤镜可在翻转图像的颜色以后制作云彩形态的图像，表现独特的底片形态的云彩效果。图10-189是在图10-188的基础上添加"分层云彩"滤镜得到图像效果。

图10-188 原图　　　　图10-189 "分层云彩"效果

2. 光照效果

此滤镜可在图像上添加光照效果，并可设置光源的位置和照明，如图10-191所示。此滤镜的参数如图10-190所示。

● 光照类型：选择灯光的样式，包括聚光灯、点光、无线光。

● 颜色：设置灯光颜色。

● 着色：设置光照后图像的整体色调。

● 光泽：设置光照强度。

● 金属质感：设置图片的金属感觉。

图10-190 设置参数　　　图10-191 "光照效果"效果

● 环境：设置光照色调为偏暖或偏冷。

3.镜头光晕

此滤镜在图像上表现反射光，模拟光晕效果，如图10-193所示。该滤镜的参数设置对话框如图10-192所示。

● 亮度：通过设置数值来调整亮度。

● 镜头类型：提供了4种不同的镜头可供选择。

图10-192 设置参数　　图10-193 "镜头光晕"效果

4.纤维

此滤镜利用前景色和背景色在图像上表现纤维材质，如图10-195所示。该滤镜的参数设置对话框如图10-194所示。

● 差异：值越大，表现的纤维材质越多。

● 强度：值越大，越能进一步强烈地表现材质。

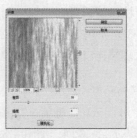

图10-194 设置参数　　图10-195 "纤维"效果

5.云彩

此滤镜利用前景色和背景色制作出云彩形态的图像。将图像的背景部分设置为选区以后，在工具箱中设置前景色和背景色，再应用此滤镜就可以通过不规则的图案表现云彩形态的图像，如图10-196所示。

图10-196 "云彩"效果

10.6.10 "艺术效果"滤镜组

可以使用"艺术效果"级联菜单中的滤镜，为美术或商业项目制作艺术效果，该滤镜用于表现具有艺术特色的绘画效果。

1.壁画

此滤镜使用短而圆的、粗略涂抹的小块颜料，以一种粗糙的风格绘制图像。该滤镜的设置参数如图10-197所示。

● 画笔大小：值越大，画笔就越大。

● 画笔细节：设置画笔的细致程度。

● 纹理：在图像上设置纹理，制作类似墨水在灰墙上晕开的效果。

图10-199为在图10-198的基础上添加"壁画"滤镜后得到的图像效果。

图10-197 设置参数　　　　图10-198 原图　　　图10-199 "壁画"效果

2. 彩色铅笔

此滤镜使用彩色铅笔在纯色背景上绘制图像，保留边缘，外观呈粗糙阴影线，纯色背景色透过比较平滑的区域显示出来，如图10-201所示。该滤镜的参数如图10-200所示。

- 铅笔宽度：设置铅笔的粗细。
- 描边压力：设置线条的强度。
- 纸张亮度：设置纸张的亮度，调整色调。

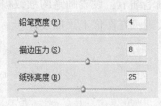

图10-200 设置参数　　　图10-201 "彩色铅笔"效果

3. 粗糙铅笔

此滤镜可制作出类似用彩色蜡笔在图像上绘制的效果，如图10-203所示。该滤镜的参数如图10-202所示。

- 描边长度：值越大，笔画越长。
- 描边细节：值越小，绘画效果越精细。
- 纹理：提供4种材质。
- 缩放：设置纹理大小。
- 凸现：调整滤镜的运用程度。
- 光照：设置光照方向。
- 反相：反转应用选定的纹理。

图10-202 设置参数　　　图10-203 "粗糙铅笔"效果

4.底纹效果

此滤镜在图像上设置质感，制作出绘画的效果，如图10-205所示。该滤镜的参数如图10-204所示。

● 画笔大小：参数值越大，画笔就越大。

● 纹理覆盖：参数值越大，运用滤镜效果的区域越大。

● 纹理：提供了4种滤镜。

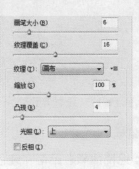

图10-204 设置参数   图10-205 "底纹效果"效果

5.干画笔

此滤镜使用干画笔技术绘制图像边缘，如图10-207所示。该滤镜的参数如图10-206所示。

● 画笔大小：值越大，画笔就越大，可以表现粗糙的图像。

● 画笔细节：设置画笔的细致程度。

● 纹理：在图像上添加纹理。

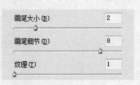

图10-206 设置参数   图10-207 "干画笔"效果

6.海报边缘

此滤镜根据设置的"海报化"选项减少图像中的颜色数量，并查找图像的边缘，在边缘上绘制黑色线条，如图10-209所示。此滤镜的参数如图10-208所示。

● 边缘厚度：值越大，轮廓越粗。

● 边缘强度：值越小，轮廓的颜色越深。

● 海报化：值越大，图像上运用的轮廓线的颜色浓度越深。

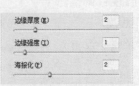

图10-208 设置参数   图10-209 "海报边缘"效果

7. 海绵

此滤镜模拟用海绵轻拂画面的效果，用于表现图像上的斑纹效果，如图10-211所示。此滤镜的参数如图10-210所示。

● 画笔大小：值越大，画笔越大。

● 清晰度：值越大，颜色对比值也会越大，图像变得清晰，表现的效果更加强烈。

● 平滑度：值越大，越容易制作被挤压出更多水的海绵拂过的效果。

图10-210 设置参数　　　　图10-211 "海绵"效果

8. 绘画涂抹

此滤镜可模拟出用画笔涂抹的特殊绘画效果，如图10-213所示。该滤镜的参数如图10-212所示。

● 画笔大小：值越大，画笔就越大，描绘的图像越粗糙。

● 锐化程度：设置画笔的锋利程度。

● 画笔类型：选择的画笔的不同类型，包括简单未处理光照、暗光、宽锐化、宽模糊和火花。

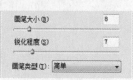

图10-212 设置参数　　　　图10-213 "绘画涂抹"效果

9. 胶片颗粒

此滤镜在图像上分散杂点，制作出类似老照片的感觉，如图10-215所示。此滤镜的参数如图10-214所示。

● 颗粒：值越大，图像上的杂点越多。

● 高光区域：调整被强调的杂点的范围。

● 强度：值越大，饱和度也会提高，图像的颜色就会变亮，阴影部分会显示出杂点。

图10-214 设置参数　　　　图10-215 "胶片颗粒"效果

10. 木刻

此滤镜可让图像的颜色变化更加明显，以制作出木刻的效果，如图10-217所示。此滤镜的参数如图10-216所示。

● 色阶数：设置图像表现颜色的显示级别。

● 边缘简化度：设置线条的范围。

● 边缘逼真度：设置线条的准确度。

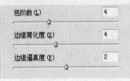

图10-216 设置参数　　　　图10-217 "木刻"效果

11. 霓虹灯光

此滤镜可将各种类型的灯光添加到图像中的对象上，用于在柔化图像外观的同时给图像着色，如图10-219所示。此滤镜的参数如图10-218所示。

● 发光大小：值越大，霓虹灯效果的范围越大。

● 发光亮度：值越大，霓虹灯效果的亮度越大。

● 发光颜色：单击颜色框，设置霓虹灯颜色。

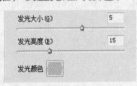

图10-218 设置参数　　　　图10-219 "霓虹灯光"效果

12. 水彩

此滤镜以水彩的风格绘制图像，使用沾了水和颜料的中号画笔绘制以简化细节，如图10-221所示。此滤镜的参数如图10-220所示。

● 画笔细节：值越大，画笔的细纹程度就会越高。

● 阴影强度：值越大，应用在边线区域的深色区域就越大。

● 纹理：利用值调整质感的运用范围。

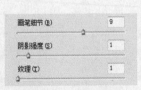

图10-220 设置参数　　　　图10-221 "水彩"效果

13. 塑料包装

此滤镜制作图像类似被蒙上塑料薄膜的效果，一般应用于制作具有柔和光泽的效果，如图10-223所示。此滤镜的参数如图10-222所示。

● 高光强度：值越大，图像表面反射光的轻度就会越大。

● 细节：值越大，起伏不平的表面则越细致。

● 平滑度：值越大，图像上应用的透明薄膜效果越柔和。

图10-222 设置参数　　图10-223 "塑料包装"效果

14. 调色刀

此滤镜可减少图像中细节，以生成描绘得很淡的画笔效果，如图10-225所示。其参数如图10-224所示。

● 描边大小：值越小，图像的轮廓显示得越清晰。

● 描边细节：值越大，图像越细致。

● 软化度：值越大，图像的边线越模糊。

图10-224 设置参数　　图10-225 "调色刀"效果

15. 涂抹棒

此滤镜利用画笔表现出好像水彩画的效果，如图10-227所示。其参数如图10-226所示。

● 描边长度：值越大，笔画线条越长。

● 高光区域：值越大，高光部分的区域也就越宽。

● 强度：值越小，整个图像上运用滤镜的效果越明显。

图10-226 设置参数　　图10-227 "涂抹棒"效果

10.6.11 "杂色"滤镜组

"杂色"滤镜用于添加或移去杂色或带有随机分布色阶的像素，有助于将选区混合在周围的像素中，在打印输出的时候，经常会使用这种滤镜。

1.减少杂色

选择"减少杂色"滤镜命令后，即会弹出如图10-228所示对话框。此滤镜在基于影响整个图像或各个通道的设置保留边缘的同时，减少杂色。

● 强度：设置滤镜强度。

● 保留细节：设置在图像中保留细节的程度。

● 减少杂色：设置滤镜处理时减少杂色的程度。

图10-228 "减少杂色"对话框

● 锐化细节：设置细节的锐化程度。

图10-230所示为在图10-229的基础上添加"减少杂色"滤镜后的图像效果。

图10-229 原图   图10-230 "减少杂色"效果

2.蒙尘与划痕

此滤镜通过更改相异的像素减少杂色，在锐化图像和隐藏瑕疵之间取得平衡，或者将滤镜的运用于图像中的选定区域。选择此滤镜命令后，弹出如图10-231所示的对话框，添加该滤镜效果的图像如图10-232所示。

图10-231 设置参数   图10-232 滤镜效果

● 半径：值越大，可以设置越宽的像素相似颜色范围。

● 阈值：设置运用在中间颜色上的像素范围。

3.去斑

此滤镜可以检测图像的边缘（发生显著颜色变化的区域），并模糊除那些边缘以外的所有选区。该模糊操作会移去杂色，同时保留图像细节。添加该滤镜效果后的图像如图10-233所示。

图10-233 "去斑"效果

4. 添加杂色

此滤镜在图像上按照像素形态产生杂点，表现出陈旧的感觉，如图10-235所示。选择该滤镜命令后，将会弹出如图10-234所示的对话框。

图10-234　设置参数　　　　图10-235 滤镜效果

● 数量：值越大，杂点的数量越多。杂点的颜色或位置可以随意设置。

● 分布：选择杂点的应用形态。

● 单色：勾选该复选框后，可通过单色表现杂色。

5. 中间值

此滤镜可运用周围的颜色来清除杂点，选择该滤镜命令后，弹出"中间值"对话框，如图10-236所示。通过调整"半径"值来控制效果的应用程度，"半径"值范围为1~16。应用此滤镜后的效果如图10-237所示。

图10-236　设置参数　　　　图10-237 "中间值"效果

10.7　智能滤镜

智能滤镜是Photoshop CS3版本中出现的功能。普通滤镜需要修改像素才能呈现特效，而智能滤镜是一种非破坏性的滤镜，它作为图层效果出现在"图层"面板中，因而不会真正改变图像中的任何像素，并且可以随时修改参数或者删除滤镜。

10.7.1　智能滤镜与普通滤镜的区别

在Photoshop中，普通的滤镜通过修改像素来生成效果。图10-238为一个普通图像文件，直接采用"调色刀"滤镜处理后得到如图10-239所示的效果。此时图像的像素被修改了，如果将图像保存并关闭，就无法恢复为原来的效果了。

智能滤镜则是一种非破坏性的滤镜，它将滤镜效果运用于智能对象上，但不会修改图像的原始数据，图10-340为智能滤镜的处理结果。可以看到，它与普通"调色刀"滤镜的图层效果完全相同，但是原图像的像素并未损坏，可以随意修改滤镜参数，或者删去滤镜，而原图像效果不变。

图10-238 原图

图10-239 "调色刀"处理后的图像

图10-340 智能滤镜处理后的图像

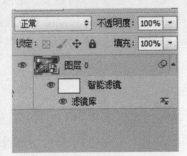

图10-341 "图层"面板

❶提示

智能滤镜蒙版编辑
智能滤镜蒙版与图
层蒙版类似，对蒙
版进行编辑后图像
上的效果同时发生
变化。单击选择智
能滤镜蒙版缩览图，
单击画笔工具，设
置画笔后在图像上
涂抹，即可隐藏该
处的滤镜效果。

10.7.2 添加与编辑智能滤镜 ∥∥∥∥∥∥∥∥∥∥∥∥∥∥∥∥∥∥∥∥∥∥∥∥∥

要将图像的滤镜添加为智能滤镜，只需打开图像文件后，选择"滤镜 > 转换
为智能滤镜"，图像便会自动转换为智能对象图层，然后选择"滤镜"中的任一
滤镜，该滤镜即会转换为智能滤镜，一般可以对智能滤镜进行如下操作。

● 遮盖智能滤镜。对图层添加滤镜后，智能滤镜将会自带一个蒙版，对该蒙
版进行操作，将会控制该滤镜在图像中的效果。

● 重新排列智能滤镜。为一个图层添加多个智能滤镜后，可以在智能滤镜列
表中上下拖动这些滤镜，即可重新排列它们，图像效果也会随之发生变化。

● 显示与隐藏智能滤镜。如果要隐藏单个智能滤镜，可以单击该滤镜前的眼
睛图标，该智能滤镜对图像的效果将被隐藏，重新单击该图标处，智能滤镜效果
将重新显示。

● 复制智能滤镜。在"图层"面板中，按住Alt键的同时，将智能滤镜从一个
智能对象拖动到另一个智能对象上，或拖动到智能滤镜列表中的新位置，放开鼠
标左键以后即可复制该智能滤镜；如果要复制所有智能滤镜，可在按住Alt键的同
时拖动智能滤镜对象图层旁边出现的智能滤镜图标。

● 删除智能滤镜。如果要删除单个智能滤镜，可以将它拖动到"图层"面板
中的删除按钮上；如果要删除运用于智能对象的所有智能滤镜，可以选择智能对
象图层，然后选择"图层>智能滤镜>清除智能滤镜"命令。

1. 以下操作不能对智能滤镜使用的是（　）。

A. 同一滤镜控制多个图层　　　B. 利用蒙版对智能滤镜进行操作

C. 隐藏滤镜效果　　　　　　　D. 移动滤镜顺序

2. 对于广角镜拍摄的图像，应使用以下何种滤镜进行修正（　）。

A. "自适应广角"滤镜

B. "镜头校正"滤镜

C. "径向模糊"滤镜

D. "凸出"滤镜

3. 下列关于滤镜库的说法正确的是（　）。

A. 滤镜库中所包含的所有滤镜是"滤镜库"中所独有的

B. 滤镜库中的滤镜效果可以相互叠加，制作混合效果

C. 滤镜库是一个多余的功能，所包含滤镜都是重复效果

D. 对滤镜参数进行调整，对滤镜效果影响不明显

4. 按如下步骤完成操作。

Step 01 打开光盘中的素材文件"鱼.jpg"，如图 10-342所示。

Step 02 将图像置换成智能对象图层，然后添加 "水彩"智能滤镜。

Step 03 对添加智能滤镜后的图像蒙版进行操作，使图像的一半为滤镜效果，一半为原本显示效果。

5. 利用渐变颜色与"风"滤镜，制作火焰字效果。

图10-342　素材图像

11 3D图像处理

本 章 导 读

3D功能是Photoshop中将二维图形转换为三维图形的重要途径，在软件中能模仿出如三维软件般逼真的效果。Photoshop的3D功能，通常需要与其他三维软件相结合使用，比如3ds Max、Maya等软件。本章将详细介绍Photoshop中3D功能的相关知识。

本 章 要 点

- 导入3D模型
- 创建3D模型
- 调整3D对象
- 3D相机的使用
- 在Photoshop中进行三维设计
- 3D模型的渲染

11.1 导入与创建3D模型

Photoshop的建模功能无法与专业的三维软件相提并论，但它兼容很多常用三维软件的模型，可以在专业的三维软件中建模后，导入到Photoshop中。另外，很多模型库提供了丰富的模型资源，我们可以直接导入Photoshop中进行相关设计。

在Photoshop中，可以直接导入在三维软件中创建的模型。在Photoshop中打开3D文件时，选择"3D>从文件新建3D图层"命令，这样打开模型后可以保留它们的纹理、渲染和光照等信息，如图11-1所示。3D模型放在3D图层上，3D对象的纹理出现在3D图层下面的条目中，如图11-2所示。

图11-1 3D文件　　图11-2 "图层"面板

除了可以导入第三方软件创建的模型外，Photoshop本身也可以创建一些简单的3D模型，创建的过程为，在新建图层上输入PS两个字母，然后选择"从所选图层新建3D突出"命令即可，字母PS已被转换为3D模型，3D界面介绍如图11-3所示。

> **提示**
>
> **新建3D图形**
> 新建3D图形时，如果绘制的是路径或是选区，在将其转换为3D模型时，需选择"3D>从所选路径新建3D凸出"和"3D>从所选选区新建3D凸出"命令。

3D模型操作工具栏

视窗切换面板

3D图形显示窗口

3D面板

图11-3 3D图形界面

11.2 调整3D对象

在创建3D对像后，我们的模型是处在视图中心的，我们需要对模型进行移动、缩放、旋转等操作，当操作模型时，相机视图保持固定，当然也可以通过对相机进行操作，从而观察3D模型，在渲染的时候，选择合适的视角及模型位置。

11.2.1 移动和旋转3D对象

如图11-4所示为3D模型操作选项栏，在选项栏后面的是对3D对象的操作工具，工具介绍如下。

图11-4 3D模型操作选项栏

● 旋转：使用3D对象旋转工具上下拖动可以使模型围绕X轴旋转，两侧拖动可围绕其Y轴旋转，按住Alt键的同时拖动则可以滚动模型，如图11-5所示。

● 滚动：使用3D对象滚动工具在两侧拖动可以使模型围绕Z轴旋转，如图所11-6所示。

● 平移：使用3D对象平移工具在两侧拖动可沿水平方向移动模型，上下拖动可沿垂直方向移动模型，按住Alt键的同时拖动可沿X/Z轴移动，如图11-7所示。

● 滑动：使用3D对象工具在两侧拖动可沿水平方向移动模型，上下拖动可将模型移近或移远，按住Alt键的同时拖动可沿X/Y轴移动，如图11-8所示。

● 缩放：使用3D比例工具上下拖动可放大或缩小模型，按住Alt键的同时拖动可沿Z轴缩放，如图11-9所示。

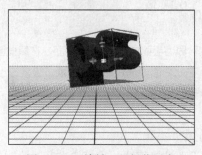
图11-5 3D旋转工具操作对象

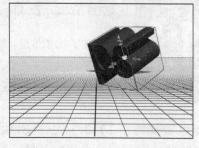
图11-6 3D滚动工具操作对象

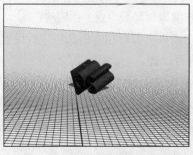
图11-7 3D平移工具操作对象

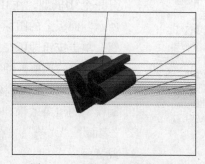
图11-8 3D滑动工具操作对象

图11-9　3D缩放工具操作对象

提示

在视窗内外操作的区别

在视窗内选择3D模型，所有的操作工具将对模型进行操作，在视窗外部单击，缩放工具 将变成 形状，代表所有的操作工具都是对摄像机进行操作。

11.2.2　缩放3D对象

在视窗内单击（不要选择3D模型），选择3D缩放工具，按住鼠标左键上下拖动鼠标，即可对3D模型进行缩放。

11.2.3　移动3D相机

在"11.2.1 移动和旋转3D对象"一节的提示中已经提到过，在视窗外单击鼠标，缩放工具由 变成 ，即可对3D相机进行缩放、旋转、移动等操作，与对模型的操作无异。

使用3D旋转相机工具拖动鼠标可以将相机沿x或y方向环绕移动，按住Ctrl键的同时进行拖移可以滚动相机；使用3D平移相机工具拖动可以将相机沿x或y方向平移，按住Ctrl键的同时拖动可沿x或z方向平移；使用3D缩放相机工具拖动可以更改3D相机的视角，最大视角为180°。

11.3　进行三维设计

在创建了3D模型后，软件界面会跳转为3D模式界面，在原先图层面板的地方，我们可以找到3D模式的界面，在此界面中通过切换子界面，设置三维场景和模型材质及渲染参数等，从而完成对三维模型的进一步设计制作。

提示

"横截面"复选框

勾选"横截面"复选框后，"横截面"选项区域的选项即变为可用，在此可创建以所选角度与模型相交的平面横截面，这样可切入模型内部，查看里面的内容。

11.3.1　设置3D场景

使用3D场景可以设置渲染模式，选择要在其上绘制的纹理或创建横截面，打开一个3D模型，在3D面板中我们可以切换当前我们所要调整的面板，如图11-10所示。面板上的图标分别为"场景" 、"网格" 、"渲染" 和"灯光" 按钮，单击按钮即可在3D面板上方对相应的选项进行设置，也可以直接在3D面板中选择相应的选项，再进行设置。

图11-11所示为场景设置面板，在该面板中我们可以用"预设"中的效果来控制模型的渲染效果，也可以选择"样式"来设置模型在场景中的显示效果。勾选"表面"、"线条"、"点"或"背面"复选框，可设置是否显示模型表面、线条、点或背面。

- 平面：勾选此复选框，可以显示创建横截面的相交平面，并设置平面颜色和不透明度，如图所示。

勾选"平面"

- 相交线：勾选此复选框，会以高亮显示横截面相交的模型区域，单击色块可以设置高光颜色，如图所示。

勾选"相交线"

- 翻转横截面：单击"互换横截面侧面"按钮，可将模型的显示区域更改为相交平面的反面，如图所示。

翻转横截面

- 位移：可设置沿平面的轴移动平面，而不更改平面的斜度。
- 倾斜：可设置将平面朝任意一个可能的倾斜方向旋转360°。

图11-10　3D面板

图11-11　场景设置面板

11.3.2　设置3D网格

在3D面板中单击"网格"按钮，将出现如图11-12所示的网格设置面板，在网格设置面板中我们可以设置在场景中是否显示投影、阴影及场景中的物体是否可见，图11-13为取消阴影显示的效果。

图11-12　网格设置面板

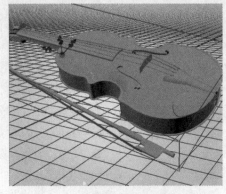

图11-13　不显示阴影的图像效果

（1）捕捉阴影：在"光线跟踪"渲染模式下，控制选定的网格是否在其表面显示来自其他网格的阴影。

（2）投影：在"光线跟踪"渲染模式下，控制选定的网格是否在其他网格表面产生投影。必须设置光源才能产生阴影。

（3）不可见：隐藏网格，但显示其表面的所有阴影。

11.3.3 设置3D材质

在材质设置面板中，我们可以设置材质的类型、材质的属性以及是否使用贴图，如图11-14所示。单击"漫射"后的按钮，在弹出的下拉列表中选择"编辑纹理"选项，即可对模型表面的纹理进行编辑。单击材质球，在弹出的材质库中可选择软件中自带的材质效果，即可为模型添加上相应的材质，然后可以在面板中对材质属性进行调整。

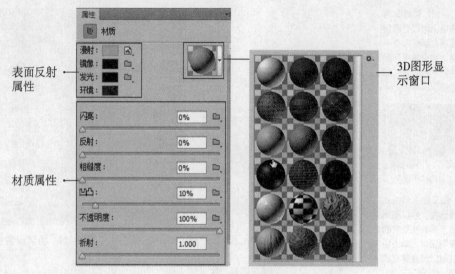

图11-14 材质设置面板

● 漫射：材质的颜色，它可以是实色或任意的2D内容，单击 ⬚ 按钮 ，载入一个图像文件贴在模型表面。

● 镜像：可以为镜面属性设置显示的颜色，例如高光光泽度和反光度。

● 发光：可以不依赖光照即可显示的颜色，可以创建从内部照亮3D对象的效果。

● 环境：可储存3D模型周围环境的图像，环境映射会作为球面全景来运用，可以在模型的反射区域看到环境映射的内容。

● 闪亮：定义"光泽度"设置所产生的反射光的散射，低反光度（高散射）产生更明显的光照，高反光度（低散射）产生较亮、较耀眼的高光。

● 反射：设置反射率，当两种不同反射率的介质（如空气和水）相交时，光线方向发生改变。

● 凹凸：通过灰度图像在材质表面创建凹凸效果，并不会实际修改网格。灰度图像中较亮的值可创建凸出的表面区域，较暗的值可创建平坦的表面区域。

● 不透明度：用来增加或减少材质的不透明度。

● 折射：可增加3D场景，环境映射和材质表面上其他对象的反射。

图11-15所示为设置不同材质时的效果，可以看到表面的颜色及图案的变化。

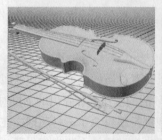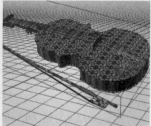

图11-15 材质效果示例

11.3.4 设置3D光源

切换到灯光设置面板，如图11-16所示，在灯光设置面板中可以设置不同的光照类型、光线颜色、强度等属性。

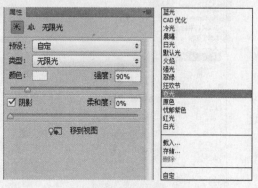

图11-16 灯光设置面板

● 预设：在下拉列表中可以选择光照样式。

● 光照类型：在下拉列表中可选择光照类型，包括点光、聚光灯、无限光三种，点光显示为小球，聚光灯显示为锥形，无限光显示为颜色。

● 强度/颜色：选择列表中的光源后，可调整它的亮度。单击颜色块，可以打开"拾色器"对话框，设置光源的颜色。

● 阴影：创建从前景表面到背景表面，从单一网格到其自身或从一个网格到另一个网格的投影。取消勾选该复选框时可以稍微改善性能。

● 柔和度：可以模糊阴影边缘，形成逐渐衰减的效果。

图11-17分别是无限光、点光、聚光灯对模型的光照效果。

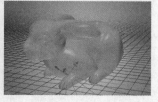

图11-17 不同光照效果

11.4 3D模型的渲染

在Photoshop中可以直接渲染出3D模型，得到最终的效果图。在渲染之前，需要根据图片的使用标准来设置渲染参数，渲染参数对最终的渲染效果非常重要，并且影响着渲染的时间。在不需要较高渲染标准时，最好将参数设置较低，这样能节省很多时间。

Photoshop CS6中的3D交互渲染，依靠GPU来完成，同时可渲染阴影等光线跟踪效果。相比于之前的版本，CS6中增加了包括交互式渲染、交互式阴影质量、富光标、坐标轴控制等控制选项，选择"编辑>首选项>常规>3D"命令，打开"首选项"对话框，如图11-18所示。

（！提示

3D 参考线的设置

在"3D 叠加"选
项组中，可以更改
参考线的颜色，使
其在实际操作中更
加醒目地显示，从
而提高工作效率。
通过单击各选项后
的色块，可在弹出
的对话框中设置需
要的颜色值。

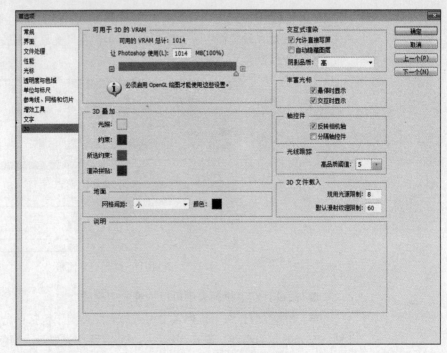

图11-18 3D功能选项面板

在对三维模型的设置完成后，即可对模型进行渲染，无论是在"场景面板"、
"材质面板"，还是"灯光面板"都会有"渲染"按钮，如图11-19所示。单击即可
对模型进行渲染，图像显示窗口会出现如图11-20所示的蓝色方框，表示软件正在
对图像进行渲染。用户只要耐心等待渲染完成即可。如果在渲染过程中，发现渲染
效果不如人意，可按下Esc键，取消渲染，进行调整后再次进行渲染。

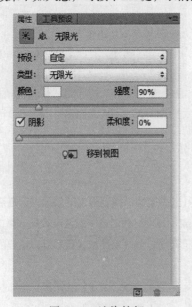

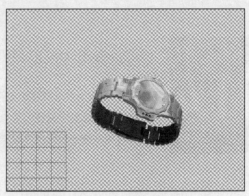

图11-19 渲染按钮

图11-20 图像渲染

练习题

1. 以下对Photoshop中的3D功能说法正确的是（　　）。

A. 只能导入3D模型，不能创建

B. 软件中创建的三维模型并不是真正的立体模型，只是利用光影产生的视觉效果

C. 不能对三维模型进行UV编辑

D. 以上说法均不正确

2. 以下步骤能取消软件中2D模型的阴影效果的是（　　）。

A. 在"环境面板"中，取消勾选"阴影"复选框

B. 在"灯光面板"中，取消勾选"阴影"复选框

C. A和B

D. A和B均不能

3. 以下对于3D模型的操作说法正确的是（　　）。

A. 要对摄像机进行移动操作，需在场景内随意单击，然后选择移动工具进行操作

B. 要对摄像机进行移动操作，需在场景外随意单击，然后选择移动工具进行操作

C. 对3D模型进行 操作时，在场景外随意单击，然后选择旋转工具进行操作

D. 对3D模型进行操作时，在场景内随意单击，然后选择旋转工具进行操作

4. 按如下步骤完成操作。

Step 01 制作如图11-21所示的字体。

Step 02 制作完字体后，为该字体添加一张图片，作为贴图。

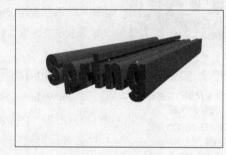

图11-21　示例图片

5. 找一张合适的背景，将上一题所制作的字体与其进行合成，制作立体字海报。

12 视频与动画

本章导读

与Photoshop CS5相比，Photoshop CS6在视频处理方面的功能更为强大，表现为更多的视频格式支持、更多的视频编辑选项、更为直观的编辑窗口、更为高效的渲染引擎。在Photoshop CS6中，不仅可以将蒙版、滤镜、混合选项等效果应用到视频图层上，而且还提供了视频剪切、视频过渡效果等众多人性化的功能。

本章要点

- 熟悉"动画"面板
- 熟悉视频图层
- 创建视频图层
- 编辑视频图层
- 添加调整图层

- 拆分视频图层
- 调整视频图层长度
- 关键帧设置动画效果
- 保存视频文件
- 渲染视频

12.1 Photoshop视频功能

在Photoshop CS6中，不仅可以编辑视频的图像序列帧文件和多种格式的视频文件、创建和编辑视频组、创建和编辑音频、添加视频过渡效果，还可以对文字、图片和智能对象添加动态效果。此外，还可进行滤镜、蒙版、图层样式等效果处理。

12.1.1 视频图层

⚠ 提示

图像序列打开时可能遇到的问题

- 打开图像序列的时候，注意勾选对话框下方的"图像序列"复选框，否则Photoshop只打开选中的图片。
- 如果图像序列中相邻两张图片命名不连续，将会弹出警告对话框。单击"继续"按钮的话，合成的视频也会有间隙。
- Photoshop CS6中支持的图像序列的格式是BMP、Dicom、JPG、Open-EXR、PNG、PSD、Targa、TIFF。

在Photoshop CS6中，可以直接打开AVI、WMV等多种格式的视频文件，打开后会自动创建一个视频组，其中包含一个视频图层。在"图层"面板中，影片开拍打板标志▤标识视频组，连环胶片标志▤标识视频图层。打开视频的图像序列时，会自动创建视频文件，图像帧将按照命名顺序包含于视频图层中。图12-1为打开图像序列时弹出的"打开"对话框，注意要勾选"图像序列"复选框。图12-2为打开图像序列后自动创建的视频图层。

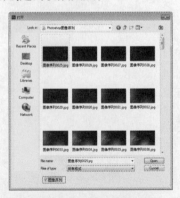

图12-1 "打开"对话框

图12-2 "图层"面板

视频组创建以后，可以向视频组内添加视频图层，也可以对视频图层进行编辑。编辑视频图层的操作与编辑图像图层一样，自由变换、混合选项、图层样式、滤镜、蒙版等都可以应用到视频图层。另外，通过调整图层，可以调整视频组和视频图层的色阶、曲线、色相/饱和度等属性，而且不会对其造成任何破坏。

12.1.2 "动画"面板

选择"窗口>动画"命令，打开"动画"面板，"动画"面板包含两种模式，分别为时间轴模式和帧动画模式。下面将一一介绍各模式下的功能。

1. 视频时间轴模式

打开视频的图像序列或者支持格式的视频文件时，Photoshop会自动调出"动画"面板，默认为时间轴模式，如图12-3所示。动画面板（视频时间轴模式）上各个图标的含义如下。

A：转到第一帧，单击将跳转到视频的第一帧。

B：转到上一帧，单击将跳转到上一帧视频。

C：播放，单击将播放视频预览。

D：转到下一帧，单击将跳转到下一帧视频。

E：启用/关闭声音播放，用于关闭或启用声音。

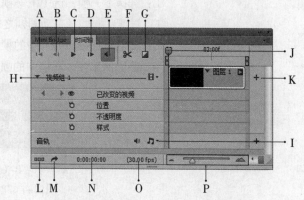

图12-3 "时间轴"面板（视频时间轴模式）

F：拆分 ✂，在时间指示器所在位置将一段视频拆分成两段。

G：选择过渡效果并拖动以应用 ▱，提供五种过渡效果（渐隐、交叉渐隐、黑色渐隐、白色渐隐、彩色渐隐），选择一种，拖动至两段视频中间，即可应用相应效果到视频。

H：▤ ▸添加媒体，继续添加视频文件。新添加的视频或图像排列在视频组的最后，延长视频播放时间；也可以通过"新建视频组"命令新建一个视频组。

I：添加音频，继续添加音频文件。

J：时间指示器，标示当前时间位置。

K：向轨道添加媒体，在时间轴中继续添加视频文件。

L：转换为帧动画，单击该按钮可以将"动画"面板切换为帧动画模式。

M：渲染视频 ↗，视频制作完成后，可以使用Adobe Media Encoder渲染视频。支持输出视频和视频的图像序列。

N：当前时间，显示当前帧所在的时间位置。

O：每秒显示帧数，每秒钟播放的帧数。

P：缩放滑块 ◢ ━━━ △ ━━━ ◣：单击两端的三角形可以放大或缩小视频组时间单位，拖动中间的三角形滑块可以实现同样的效果。

视频组展开以后，下方出现位置、不透明度、样式3个选项，单击左边的闹钟图标⏰，可以通过设置关键帧来创建动画效果。

2. 帧动画模式

在帧动画模式下，可以看到每一帧的缩览图，利用面板底部的工具可以浏览每一帧的画面，复制、增加或删除帧，如图12-4所示。在"图层"面板中，每一帧为一个图层，因此，也可以通过自由变换、混合模式、图层样式等功能来调节每一帧的图像属性。

A：转换为视频时间轴，切换到时间轴模式。

B：选择第一帧，选中视频的第一帧。

C：选择上一帧，选中上一帧。

D：播放，播放动画预览。

E：选择下一帧，选中下一帧。

F：过渡动画帧，在动画帧之间应用转场过渡效果。

G：复制所选帧，对选中的帧进行复制。

H：删除所选帧，对选中的帧进行删除。

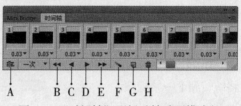

图12-4 "时间轴"面板（帧动画模式）

12.2 创建与编辑视频

在Photoshop中可以直接创建视频文件，不仅可以添加、编辑文字和图像图层，将Photoshop的图像处理功能发挥到极致；也可以导入和编辑视频图层，给视频图层带来不一般的效果。本节将介绍视频的创建与编辑方法。

12.2.1 创建视频图层

● 创建视频：在Photoshop中选择"文件>新建"命令，弹出"新建"对话框，设置"预设"为"胶片和视频"，然后在"大小"下拉列表中设置视频大小，完成后单击"确定"按钮，即创建一个空白的视频文件。

● 创建空白视频图层：选择"图层>视频图层>新建空白视频图层"命令，可以创建新的空白视频图层。在空白图层上，可以通过手绘方式向空白视频图层中添加内容。

● 从文件创建视频图层：选择"图层>视频图层>从文件新建视频图层"命令，可以将视频的图像序列或支持格式的视频文件添加到新建的视频图层中。

提示

常用的电视制式

● NTSC彩色电视制式：1952年美国国家电视标准委员会制定的彩色电视广播标准，采用正交平衡调幅的技术。在美国、加拿大等大部分西半球国家，以及中国台湾、日本、韩国、菲律宾等均采用这种制式。

● PAL制式：1962年西德制定的彩色电视广播标准，采用逐行倒相正交平衡调幅技术，克服了NTSC制相位敏感造成色彩失真的缺点。西德、英国等欧洲国家，中国、新加坡、澳大利亚、新西兰等国家采用这种制式。

● HDTV/高清电视：传送的电视信号达到的分辨率高于传统电视信号（NTSC、PAL、SECAM），有1080p、720p、1080p等规格。

● 胶片：分辨率较高，一般用于电影院放映。

12.2.2 将视频帧导入图层

选择"文件>导入>视频帧到图层"命令，弹出"将视频导入图层"对话框，如图12-5所示。这里可以设置导入的帧数，最多可导入500帧，超出的部分不会被导入。导入完成后，时间轴内逐帧显示导入的动画，"动画"面板默认以帧动画模式显示。

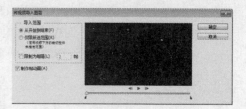

图12-5 将"视频导入"对话框

12.2.3 为视频图层添加效果

创建视频图层以后，可以将图层混合模式、不透明度、位置和图层样式应用到视频图层，也可以通过添加调整图层创建视频特效。新建的调整图层默认设置成视频图层的子图层，按住Alt键的同时单击两个图层之间，可以取消父子关系。图12-6为添加黑白调整图层前后效果对比。

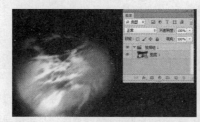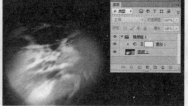

图12-6 添加黑白调整图层前后效果对比图

12.2.4 编辑视频图层

● 变换视频图层：在Photoshop中可以对视频组或图层进行变换和自由变换，但必须首先将其转换为"智能对象"。在时间轴中选中视频组或图层后，可采用如下两种方式进行变换。

方法一：选择"编辑>自由变换"命令。

方法二：选择"编辑>变换"命令，再从级联菜单中选取一种特定的变换方式。

● 拆分视频图层：单击"动画"面板中的"拆分"按钮✄，以时间指示器为界，将视频一分为二。图12-7为拆分前后视频图层发生的变化。

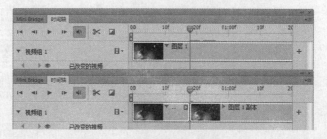

图12-7 视频图层拆分前后对比

● 调整视频长度：选择视频图层的起始帧或结束帧，拖动即可延长或缩短视频长度。缩短时，多余的部分会被删除；延长时，延长的部分是复制相邻图层的部分得到的。

● 关键帧设置动画效果：对于视频图层，结合关键帧和图层特效，可以添加动画效果；对于图像和文字图层，可使静态图像动起来，使视频更具有动感。单击"动画"面板（视频时间轴模式）启动关键帧动画开关图标⏱，时间指示器出会自动设置一个关键帧。两个相邻的关键帧之间，会自动创建动画，如图12-8所示。

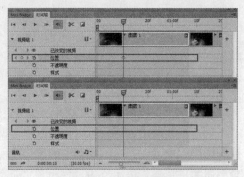

图12-8　打开关键帧动画开关

● 改变视频图层顺序：直接拖动要移动的视频图层到选定位置即可。

<table>
<tr><td>12.3</td><td>保存与导出视频文件</td></tr>
</table>

在编辑完视频之后，需要将视频保存，并且渲染出最终的视频文件。保存与渲染视频操作非常重要，稍有不慎可能会影响视频的最终效果，甚至会导致素材丢失。在渲染视频时，Photoshop提供的预设规格，基本可以满足各种播放要求。

● 保存视频：选择"文件>存储"命令，默认存储为.psd格式，可以供After Effects和Adobe Premiere编辑。需要注意的是，这个.psd文件只是视频的一个索引，并不包含使用的视频素材。如果将原素材删除或者转移位置，那么打开时会提示素材丢失。

● 渲染视频：选择"文件>导出>渲染视频"命令，会弹出"渲染选项"对话框，默认采用Adobe Media Encoder渲染。在Adobe Media Encoder区域中，可选择输出图像序列。在"预设"下拉列表中，提供了多种分辨率格式，如图12-9所示。

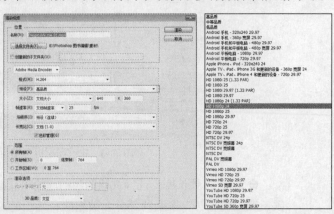

图12-9　视频渲染设置

Step 01 创建视频。选择"文件>新建"命令，弹出"新建"对话框，设置"名称"为"流行音乐排行榜"，"预设"为"胶片和视频"，"大小"为HDV/HDTV 720P/29.97，"背景内容"为"白色"。设置完成后，单击"确定"按钮，如图12-10所示。

图12-10 新建视频文件设置

Step 02 创建视频时间轴。单击"动画"面板中的"创建视频时间轴"按钮。设置背景色为黑色（R0、G0、B0），新建视频图层，按下快捷键Alt+Backspace或者使用油漆桶工具 将图层填充成黑色。

Step 03 添加文字图层。单击横排文字工具 T，输入"流行音乐排行榜"，设置字体为"黑体"，"大小"为100点。"动画"和"图层"面板中都会新增一个文字图层。

Step 04 设置文字效果。在"图层"面板中选择"流行音乐排行榜"文字图层，右击并选择"混合选项>描边"命令，采用默认描边设置，如图12-11所示，此时文字效果如图12-12所示。

图12-11 设置描边

图12-12 文字显示效果

Step 05 为文字图层添加动画效果。在"动画"面板中，展开文字图层属性。单击"变换"选项左边的帧动画开关 ，软件自动生成一个关键帧，如图12-13所示。选择"编辑>自由变换"命令或按下快捷键Ctrl+T，锁定宽高比，将其设置为1000%。

Step 06 设置时间指示器位置。右击时间指示器 ，选择"转到时间"命令，弹出"设置当前时间"对话框，如图12-14所示，输入215，单击"确定"按钮，时间指示器转到第2秒15帧位置。

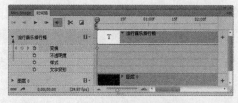

图12-13 打开帧动画开关

图12-14 设置当前时间

Step 07 创建多个关键帧。再次对图层进行自由变换，锁定宽高比，将其设置为10%。软件自动在此位置生成关键帧。同样的，将时间指示器移到最后，即4秒29帧的位置，宽高比都设置为1000%。完成以后，单击"播放"按钮，可以预览文字的动态效果。

Step 08 为文字图层添加过渡效果。单击"动画"面板中的"选择过渡效果并拖动以应用"按钮。弹出"过渡效果设置"对话框，选择"渐隐"，并将其分别拖动到文字体层的开始和结束位置，如图12-15所示。

Step 09 添加媒体。单击"动画"面板中轨道左边的 按钮或者轨道右边的 + 按钮，如图12-16所示。在弹出的窗口中选择光盘中的素材文件"001音乐.mp4"、"002 音乐.mp4"和"003 音乐.mp4"3个文件，单击"打开"按钮，此时"图层"面板中增加3个图层，增加图层与文字图层合并成为一个视频组。"动画"面板中，新增的三个视频图层按顺序排列在文字图层后面。

图12-15 过渡效果   图12-16 添加媒体

Step 10 为三个视频图层添加过渡效果。单击 按钮，选择"黑色渐隐"，拖动到视频的开始、末尾或者两个视频的交界处。为三个视频图层都添加过渡效果，如图12-17所示。

Step 11 设置音频淡入淡出。选择视频图层并右击，在弹出的设置面板中设置音频的淡入淡出时间均为3秒，如图12-18所示。

图12-17 添加过渡效果后的图层   图12-18 音频淡入淡出设置

Step 12 为文字图层添加背景音乐。单击音轨右侧的"添加媒体"图标 + ，添加光盘中的"开场音乐.mp3"文件到音轨。向左拖动音乐轨道尾部，直至与文字图层长度一致。在"动画"面板中右击音轨，设置淡出时间为2秒。

Step 13 渲染视频。选择"文件>导出>渲染视频"命令，弹出"渲染视频"对话框，设置"预设"为"高品质"，选择保存位置以后单击"渲染"按钮。

📝 练习题

1. NTSC DV格式的视频的分辨率是（　　）。

A. 1080×720　　　B. 720×480　　　C. 720×576　　　D. 480×360

2. 在时间轴中，对于图像图层可以通过更改哪些选项设置动画效果（　　）。

A. 变换　　　　　B. 不透明度　　　C. 样式　　　　　D. 滤镜

3. 视频制作完成后，默认保存的文件格式是（　　）。

A. AVI　　　　　B. MP4　　　　　C. PSD　　　　　D. WMV

4. 视频制作完成后，默认渲染完成后的文件格式是（　　）。

A. AVI　　　　　B. MP4　　　　　C. PSD　　　　　D. WMV

5. 将视频帧导入图层时，最多可导入的帧数（　　）。

A. 50　　　　　　B. 150　　　　　C. 300　　　　　D. 500

6. 在时间轴中，可以使用的渐变效果有_____、_____、_____、_____和_____。

7. 按如下方法完善"流行音乐排行榜"动画。

Step 01 调整文字图层出现以及在不同状态下持续的时间，增加文字图层的动画效果和视觉效果；

Step 02 向相邻视频图层之间增加文字图层，文字图层内容分别为NO.1、NO.2、NO.3；

Step 03 调整图层之间的过渡效果及过渡效果的持续时间，使其更为自然；

Step 04 添加更多的歌曲到"流行音乐排行榜"。

8. 打开光盘中的文件夹"Photoshop图像序列"中的文件，将其合成一个完整的视频，添加背景音乐并导出视频文件。

13 动作与自动化

本章导读

在Photoshop中，有时候需要对几十张甚至上百张图片进行同样或者类似的处理。如果对于每个图像都进行单独处理，大量的时间会被浪费在重复操作上，而且处理过程非常枯燥乏味。此时可使用Photoshop提供的"动作"面板，使用动作批量处理大量的图像，提高工作效率。

本章要点

• 认识"动作"面板	• 编辑动作
• 录制及播放动作	• 载入动作
• 插入命令	• 批处理
• 插入停止	• 制作全景图像

13.1 "动作"面板

动作是指在单个文件或一批文件上执行的一系列任务，如菜单命令、面板选项、工具动作等。例如，可以创建这样一个动作，首先更改图像大小，对图像应用效果，然后按照所需格式存储文件。

打开"窗口>动作"命令，或按下快捷键Alt+F9，可调出"动作"面板。正常模式下，使用"动作"面板可以记录、播放、编辑和删除动作，也可存储和载入动作，如图13-1所示。按钮模式下，直接选择某个动作，即可应用到已打开的图像上，如图13-2所示。单击面板右上角的扩展 ，会出现切换选项。

图13-1 正常模式

按钮模式下"动作"面板中各按钮含义如下。

A. 动作组：是一系列动作的集合。

B. 记录的命令：命令列表，显示命令的具体参数。

C. 删除动作：可以删除命令、动作组、动作。

D. 新建动作：创建新的动作。

E. 创建新组：创建新组，用来保存新的动作。

F. 播放动作：单击该按钮，可以播放动作。

G. 开始记录动作：单击可以开始录制动作。

H. 停止播放/记录：停止播放和记录动作。

图13-2 按钮模式

I. 切换对话开/关：命令前显示该标志，表示动作执行到该命令时会暂停，动作组或动作前出现该标志，表示该动作中有部分命令设置了暂停。

J. 包含的命令：选中该项，也就是有黑色对勾，说明包含黑色对勾后面所对应的命令。如果不想显示该命令，可以单击该命令前的对勾，这时该命令消失。

13.2 录制及播放动作

录制并播放动作常用于对图片进行批处理，将图片的处理动作——记录下来，然后应用到后面要进行同样处理的图片上，这种做法可以节省很多时间。录制时首先需要新建动作，然后进行相应的操作，在录制结束时会自动保存动作。

单击"动作"面板右上方的扩展按钮 ，弹出扩展菜单，如图13-3所示。扩展菜单中提供了很多命令，包括"新建动作"、"开始记录"、"插入菜单项目"、"插入停止"和"回放选项"等。

图13-3 "动作"面板扩展菜单

① 提示

删除动作注意事项

如果要删除"动作1"，则在"动作"面板中选择"动作1"，而不是"模糊画廊当前图层"，单击面板右下角的"删除当前动作"按钮，即可将其删除。

13.2.1 创建并录制动作

"创建动作"命令允许用户根据自己的需要创建动作，以便针对特定的图像文件进行批处理。不过需要注意的是，在Photoshop中并不是所有的操作都可以被录制为动作。

创建并录制动作一般采用如下步骤。

Step 01 新建动作。打开素材文件，单击"动作"面板下方的"新建动作"按钮 ，或者单击扩展按钮 ，在弹出的扩展菜单中选择"新建动作"命令。弹出"新建动作"对话框，可根据需要设置动作名称、所在组、功能键等，如图13-4所示。

Step 02 进入记录状态。设置完成后，单击"记录"按钮即开始录制动作。此时，"动作"面板中的"开始记录动作"按钮变成红色 ，表示开始记录。

Step 03 完成图片修改操作。选择"滤镜>模糊>光圈模糊"命令，采用默认设置，单击"确定"按钮。

Step 04 停止记录。单击"停止记录"按钮 ，可以停止记录。此时，"动作"面板中增加"动作1"，如图13-5所示。动作中包含使用过的"光圈模糊"滤镜操作。

① 提示

插入菜单项目

上面讲述了插入一般命令的方法，但此种方法无法记录绘画和色调工具、"视图"命令和"窗口"命令。使用"插入菜单项目"命令，可将许多不可记录的命令插入到动作中。

图13-4 "新建动作"对话框

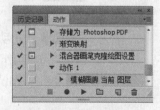

图13-5 生成的"动作1"

13.2.2 在动作中插入命令

对于已经录制好的动作，可以通过插入命令来修改动作。这里我们以上一节创建的"动作1"为例，讲解在动作中插入命令的方法。

Step 01 开始记录。在"动作"面板中，选择"模糊画廊当前图层"选项，单击 按钮开始记录。

Step 02 完成录制。 执行需要插入的命令操作，这里选择"图像>自动色调"命令。此时"动作1"增加一个"色阶"命令，如图13-6所示。单击■按钮停止录制。

图13-6 插入命令

Step 03 查看新增命令。可以看到新增加的命令默认排在"模糊画廊 当前图层"命令的后面。

13.2.3 在动作中插入停止

有些任务是无法被动作所记录的，比如说绘图工具等，因此无法在播放动作的时候自动执行。在动作中插入停止，可以方便地执行这些无法自动完成的任务。完成任务之后，单击"动作"面板中的"播放"按钮，Photoshop会继续执行动作。也可以在动作停止时显示一条简短消息，提示继续执行动作之前要完成的任务。

📟 上机实践　在动作中插入停止命令

Step 01 插入停止菜单。打开光盘中的素材文件13-2.jpg，选择"窗口>动作"命令，或按下快捷键Alt+F9，调出"动作"面板。找到"默认动作>四分颜色"动作，展开"四分颜色"动作，可以看到很多命令。选择"色阶"命令，单击"动作"面板右上角的扩展按钮 ▼≡ ，选择"插入停止"命令，如图13-7所示。"动作"面板中"停止"命令出现"色阶"命令之后，如图13-8所示。

图13-7 插入停止菜单　图13-8 完成插入

Step 02 填写"记录停止"信息。弹出"记录停止"对话框，在"信息"栏里输入"添加渐变效果"，不勾选"允许继续"复选框，单击"确定"按钮，如图13-9所示。

Step 03 停止动作。此时，"停止"已经插入完成。选择"四分颜色"动作，单击 ▶ 按钮播放该动作。动作执行到"停止"处时停止，弹出"信息"对话框，如图13-10所示，单击"停止"按钮后，手动执行任务。

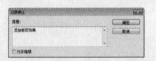

图13-9 填写"记录停止"信息　图13-10 弹出对话框

Step 04 手动执行"添加渐变"任务。单击渐变工具■，选择预设组中的"前景色到透明渐变"，如图13-11所示。单击"确定"按钮后，在图片中从左到右添加渐变，如图13-12所示。再次单击▶按钮，继续播放动作，最终完成操作。

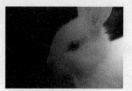

图13-11 渐变设置　　　　图13-12 渐变效果

13.2.4 设置回放选项

单击"动作"面板右上角的扩展按钮，选中扩展菜单中的"回放选项"命令，如图13-13所示，弹出"回放选项"对话框，如图13-14所示。软件提供"加速"、"逐步"、"暂停"三个选项。

- 加速：为默认回放设置，播放速度较快，只显示最终结果。
- 逐步：显示每一个命令执行后的效果，然后进行下一个命令，速度较慢。
- 暂停：可以通过设置暂停时间间隔，设置更慢的播放速度。

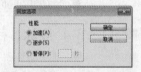

图13-13 选择"回放选项"　　　图13-14 "回放选项"对话框

13.3　调整及编辑动作

"动作"是Photoshop中非常重要的一项功能，它可以详细记录处理图像的全过程，并且可以在其他图像中使用，这在以相同方法处理大量图像时，非常实用。在"动作"面板中还包含很多预置的动作，单击动作前的三角形可以看见动作中包含的命令。

Photoshop中内置十组动作，包括"默认动作"、"命令"等。该命令的打开方式是选择"窗口>动作"命令，打开"动作"面板后，单击右上角的扩展按钮，就打开了内置的十组动作，具体见图13-15所示，大约包含有150个动作。利用这些动作，可以做出炫丽的图片和视频效果。但是，这些动作还不能满足实际需求，可通过调整和编辑现有动作或者已创建动作，来满足实际需求，也可以减少一些工作量。

图13-15 内置动作

13.3.1 重定义动作中的命令执行顺序

在"动作"面板中，要改变动作的执行顺序，只需要拖动命令到指定的位置即可。如图13-16所示，要将"四分颜色"中的"色阶"命令移动到"色彩平衡"和"设置选取"命令之间，则拖动"色阶"命令至想要的位置，当出现一条提示线时，松开鼠标左键，即可完成调整。

图13-16 调整顺序

13.3.2 更改命令参数

打开一个图像或视频文件，双击要修改的命令，即可重新设置参数。注意：一定要打开一个文件，否则将无法设置。

13.3.3 复制组、动作或命令

在Photohshop CS6中可以采用如下三种方法复制组、动作或命令。

● 按住 Alt键的同时将动作或命令拖动到"动作"面板中的新位置。当突出显示行出现在所需位置时，释放鼠标左键。

● 选择动作或命令，然后单击"动作"面板右上角的扩展按钮 ，选择扩展菜单中的"复制"命令。

● 将动作或命令拖到"动作"面板底部的 按钮上进行创建。

13.3.4 删除、存储与载入动作

● 删除动作：在"动作"面板中，选中要删除的组、动作或命令，单击 按钮，或者将其拖到 按钮上。

● 载入动作：默认情况下，"动作"面板显示内置的动作和已创建的所有动作。也可以将其他动作载入"动作" 面板。单击"动作"面板右上角的扩展按钮 ，选择扩展菜单中的"载入动作"命令，找到并选择动作文件。

● 存储动作：选择一个动作组，单击"动作"面板右上角的扩展按钮 ，选择扩展菜单中的"存储动作"命令，选择保存位置，单击"存储"按钮。

提示

存储单个动作

如果要存储单个动作，则需要先创建一个动作组，将动作移动到组内，再进行存储。

13.4 批处理

"批处理"命令可以对一个文件夹中的文件运行动作。如果有带文件输入器的数码相机或扫描仪，也可以用单个动作导入和处理多个图像。扫描仪或数码相机可能需要支持动作的取入增效工具模块。

选择"文件>自动>批处理"命令，弹出"批处理"对话框，如图13-17所示。"批处理"对话框中包含"播放"、"源"、"目标"和"错误"4个选项区域。这里我们对4个选项区域中的参数分别进行详细讲解。

图13-17 "批处理"对话框

1. "播放"选项区域

● 在"组"下拉列表中，可以选择要播放的组名称。

● 在"动作"下拉列表中，可以选择要播放的动作名称。

每次批处理，只能选择一个动作进行播放，"播放"菜单如图13-18所示。

实际工作中，可能需要使用多个动作进行批处理。但是，动作组并不能被播放。所以需要创建一个播放所有其他动作的新动作，然后使用新动作进行批处理。

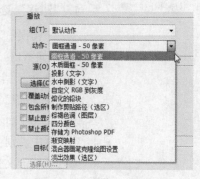

图13-18 "动作"下拉列表

2. "源"选项区域

带有子文件夹文件的批量处理

若需要批量处理的图像放置在同一个文件夹下，且带有子文件夹时，需要在"批处理"对话框中勾选"包含所有的子文件夹"复选框，即可同时对子文件夹中的图像进行批量处理。

源选项区域如图13-19所示。"源"下拉列表中包含4个选项，一般选择"文件夹"。单击"选择"按钮，选择要处理的图片所在的文件夹。

● 覆盖动作中的"打开"命令：默认不勾选。要使用此选项，动作中必须包含"打开"命令。否则，"批处理"命令将不会打开已经选择用来进行批处理的文件。

● 包含所有子文件夹：视情况而定，确定是否将所有子文件夹作为源文件。

● 禁止显示文件打开选项对话框：视情况而定。打开DNG、TIF等相机原始图像文件时，首先会打开Camera Raw。勾选以后，不会弹出Camera Raw。

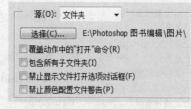

图13-19 "源"选项区域

● 禁止颜色配置文件警告：默认不勾选。用于关闭颜色方案信息的显示。

提 示

"目标"下拉列表

● 无：使文件保持打开而不存储所作的更改（除非动作中包括了"存储"命令）。

● 存储并关闭：将文件存储在它们的当前位置，并覆盖原来的文件。

● 文件夹：将处理过的文件存储到另一位置。单击"选取"可指定目标文件夹，或者创建新的文件夹。

"目标"下拉列表

3. "目标"选项区域

"目标"选项区域如图13-20所示。"目标"下拉表中包含3个选项："无"、"存储并关闭"、"文件夹"，一般选择"文件夹"。可以将修改后的文件版本存储到新位置，不会对原始版本造成损坏。

● 覆盖动作中的"存储为"命令：建议勾选。确保将已处理的文件存储到在"批处理"命令中指定的目标文件夹中。

● 文档命名：一般使用默认设置，即 "文档名称.后缀"的格式，便于批处理后查找和再次编辑。

● 兼容性：使文件名与 Windows、Mac OS 和 UNIX 操作系统兼容。

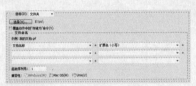

图13-20 "目标"选项区域

4. "错误"选项区域

"错误"下拉列表中提供两个选项："由于错误而停止"和"将错误记录到文件"，如图13-21所示。多数情况下选择"将错误记录到文件"。

● 由于错误而停止：挂起进程，直到用户确认了错误信息为止。

● 将错误记录到文件：将每个错误记录在文件中而不停止进程。如果有错误记录到文件中，则在处理完毕后出现一条信息。要查看错误文件，请在运行"批处理"命令之后，使用文本编辑器打开。

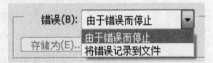

图13-21 "错误"选项区域

13.5 制作全景图像

全景图像是指以固定视点为中心旋转拍摄图像序列，利用图像间边界重叠部分进行定位和重合，使相似图像间尽可能地匹配以达到无缝平滑，最后形成水平方向360° 环视全景的图像环境，相当于人们从一个固定点向四周转一圈所看到的景象。

提 示

合成全景图像时的注意事项

使用Photomerge合成照片时，一般相邻两张源图片要有一定的重叠部分。通常情况下，相邻源图片的重叠量应不低于25%。对于广角镜头拍摄的透视效果强烈的照片，需要更高的重叠量。

现在市面上的绝大多数相机都支持拍摄全景图像，但即便有三脚架加固，也很难成功拍摄出高质量的全景图像。而Photoshop提供了制作全景图像的简单方法。

● 在Photoshop中，选择"文件>自动>Photomerge"命令，打开Photomerge对话框，单击"浏览"按钮，添加要合成为全景图像的图片，单击"确定"按钮。

● 在Bridge中选中要合成的文件，选择"工具>Photoshop>Photomerge"命令，单击"确定"按钮。

1. 创建动作时，下面哪些操作不能被记录下来（ ）。

A. 复制图层　　B. 自由变换　　C. 移动图层　　D. 滤镜　　E. 渐变　　F. 做选区　　G. 放大及缩小视图

2. 使用Photomerge处理图片时，要求相邻图片的重叠度至少为（ ）。

A. 5%　　　　　　B. 10%　　　　　　C. 25%　　　　　　D. 40%

3. Photoshop中的Photomerge提供了____种合并选项（ ）。

A. 2　　　　　　B. 5　　　　　　C. 6　　　　　　D. 8

4. 在"动作"面板下方，Photoshop CS6提供了_____、_____、_____、_____、_____和_____6个按钮。

5. 播放"动作"时，可以设置播放速度为_____、_____和_____。

6. 按如下步骤完成操作。

Step 01 打开光盘中的素材文件"练习001.jpg"，输入"知行时代"4个字（100点、隶书），图层混合模式设为"柔光"，对文字进行变形，使之看起来漂浮在天空。

Step 02 分别使用"默认动作"组中的"投影（文字）"和"水中倒影（文字）"动作对文字进行处理。完成后，将投影图层移动到水面上。

Step 03 进一步调整，使图像更为逼真。查看两个动作包含的命令，每一步完成后的效果，理解每一步命令的意义。

7. 使用软件内置的10组样式，分别使用几个感兴趣的动作处理自己的照片，感受Photoshop内置动作的强大功能，尝试自己做出一个精美的特效动作。

14 图像的输出应用

本章导读

Photoshop提供了多种图像输出类型，按应用方向可以分两大类，即Web和打印输出。Web图像一般对分辨率要求比较低，由于受网速限制，文件越小越节省流量，所以倾向于压缩；而打印输出，尤其是照片，要求分辨率相对较高，倾向于保持图像所有的颜色、曝光度等信息。本章将对图像的输出应用进行详细讲解。

本章要点

• 存储为Web所用格式	• 打印分辨率
• Zoomify导出	• 色彩管理

14.1 Web输出与Zoomify输出

网络作为图片应用的一大领域，对图片的要求也越来越高。网上随处可见的照片绝大多数都是经过处理的，图片优化是网站优化的一个重要环节。为了适应网站的发展，先后出现了gif和png格式，web输出也成为一个网站制作者的一项重要技能。

在Photoshop中，有如下3种方式可对文件进行直接存储。当然，也可以利用Zoomfy插件进行输出。

● 选择"文件>存储"命令，保存前面所作的更改，但不改变文件格式。
● 选择"文件>存储为"命令，在弹出对话框中选择一种格式进行存储。
● 选择"文件>存储为Web所用格式"命令，弹出对话框设置具体参数。

1. 存储为Web所用格式

选择"文件>存储为Web所用格式"命令，弹出"存储为Web所用格式"对话框，如图14-1所示。在此对话框中可以控制图像的大小及预览GIF文件在其他操作系统和浏览器上的显示情况，并可设置压缩、透明度和颜色表等。勾选"透明度"选项区域下方 "交错"复选框，可以保证下载图像时是连续的，但会增大文件。

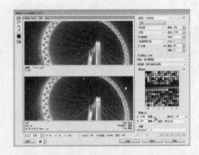

图14-1 "存储为Web所用格式"对话框

2. Zoomify导出

选择"文件>导出>Zoomify"命令，弹出 "Zoomify导出"对话框，如图14-2所示。单击"文件夹"按钮，选择输出文件夹。勾选"在Web浏览器中打开"复选框，单击"确定"按钮，在浏览器中显示如图14-3所示的预览效果，同时生成一个HTML文件、一个SWF文件和一个文件夹。

提示

在浏览器中预览

要在浏览器中查看缩放视图，需要安装Flash插件。单击图像中的某个区域，图像会自动放大；按住Alt键单击，图像会缩小。单击导航器中的某个区域，图像会自动转移到该区域。

图14-2 "Zoomify导出"对话框

图14-3 在浏览器中预览

14.2 打印输出

图像打印输出是很常见的，在照相馆里打印出照片、在公司里将产品图片打印并装订成册等。打印输出的产品，比如纸板广告等，随处可见。但由于打印油墨和屏幕介质的差异，打印出的产品往往出现偏色，本节将就如何尽量避免偏色这个问题进行讲解。

在Photoshop中，选择"文件>打印"命令，将弹出"Photoshop打印设置"对话框，如图14-4所示。

● 打印机设置：在此选项区域可以设置打印机、打印份数和打印版面。单击"打印设置"按钮，可以调出系统打印机设置对话框。

● 色彩管理：一般情况下，软件提供3个选项，即"无色彩管理"、"Photoshop 管理颜色"、"打印机管理颜色"。由于大多数打印机管理颜色功能很差，因此多选择"Photoshop 管理颜色"，可以获得最佳的打印品质。Photoshop 提供"可感知"、"饱和度"、"相对比色"、"绝对比色"4种渲染方法。对于常

提示

用于打印的文件分辨率设置

一般来说，打印文件的分辨率设置如下所述。

海报：72ppi左右；Word文档：300ppi；照片：300ppi左右；会议/晚会背板：40ppi~60ppi；室内装饰墙纸：30ppi~45ppi；电脑屏幕：96ppi。

图14-4 "Photoshop打印设置"对话框

规的打印，一般选择"相对比色"，这样可以保留原始图像的大部分颜色。"黑场补偿"有利于保留最深的黑色，因此建议勾选。

● 位置和大小设置：设置打印的实际大小。勾选"缩放以适合介质"复选框后，图片会自动匹配纸张大小，分辨率同时发生变化。需要注意的是，如果打印分辨率过低，实际效果会非常差。

1. 若在修改文件后，想同时保留原文件与修改后的文件，应当采用（ ）命令进行操作。

A. 文件>存储

B. 文件>存储为

C. 文件>导出>Zoomify

D. 文件>打印

2. 将文件存储为Web所用格式后，在Web浏览器中查看文件效果时，可以通过（ ）来增大显示比例。

A. 单击 B. 按住Alt键单击 C. 按住Ctrl键单击 D. 按住Shift键单击

3. 将文件存储为Web所用格式后，在Web浏览器中查看文件效果时，可以通过（ ）来缩小显示比例。

A. 单击 B. 按住Alt键单击 C. 按住Ctrl键单击 D. 按住Shift键单击

4. 在打印文件时，下面哪种操作无法更改文档的打印缩放比例（ ）？

A. 在"Photoshop打印设置"对话框中设置"缩放"为50%

B. 在"Photoshop打印设置"对话框中更改"高度"与"宽度"值

C. 在"Photoshop打印设置"对话框中勾选"缩放以适合介质"复选框

D. 在"Photoshop打印设置"对话框中勾选"位置"选项区域中的"居中"复选框

5. 根据本章学习的内容，将一幅作品存储为Web所用格式，并在浏览器中进行预览。

15 综合案例

本章导读	在打开Photoshop CS6准备工作时，一定离不开图像文件的基本操作，包括打开、创建图像文件，图像大小、形状的调整等。在操作过程中，往往会有误操作，或需要对比操作前后的效果，"历史记录"面板与撤销、恢复功能是必备的技能。	
本章要点	• 应用画笔描边路径功能 • 滤镜效果的应用 • 利用图层混合模式更改图像颜色 • 置入与编辑智能对象 • 应用3D功能制作立体效果 • 利用网格进行画面布局排版 • 为立体文字应用不同的材质	• 快速修改矢量图层的填充效果 • 应用图层蒙版进行图像合成 • 应用剪贴蒙版显示特定形状的图像 • 绘制基本的形状并进行填充 • 创建文本并进行美化 • 链接图层进行同步操作 • 应用图层样式添加特殊效果

15.1 星火文字的设计

本例导读	本例是星火文字的设计。设计师通过将文字路径化，以及反复应用图层滤镜效果，从而给路径文字添加了发光的效果。看似过程复杂，其实操作是有规律可循的，设计师进行了反复的重复性操作，最终打造出生动的星火文字效果。
核心技能	• 学习如何将文字转化为路径文字 • 使用画笔描边路径功能 • 为图像添加滤镜效果 • 使用图层混合模式为图层添加色彩
最终文件	实例文件\Chapter15\Complete\星火文字.psd

01 新建文件。选择"文件>新建"命令，或者按下快捷键Ctrl+N，在弹出的对话框中设置"宽度"为1377、"高度"为768、单位为"像素"；设置"分辨率"为72像素/英寸；"颜色模式"为RGB颜色；设置"背景内容"为"白色"，如图15-1所示。单击"确定"按钮，新建一个空白文件。

02 输入文字。首先将前景色更改为黑色，按下快捷键Alt+Backspace，将"背景"颜色填充为黑色。在工具箱中选择横排文字工具 T ，在背景上输入文字FOREVER，设置字体颜色为白色、字体为Lucida Calligraphy、字号为220点。选中文字图层，单击工具箱中的移动工具 ，按下快捷键Ctrl+A，全选文字图层，此时在选项栏中会显示对齐选项，单击"垂直对齐"按钮 和"水平对齐"按钮 ，使文字居中对齐，如图15-2所示。

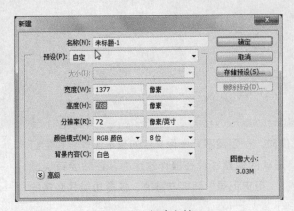

图15-1 新建文档

图15-2 输入文字

03 将文字转化为图形。将"光标"拖动到文字图层上,单击右键,在弹出的快捷菜单中选择"栅格化文字"命令,如图15-3所示。即可将文字转化为图形,转化后的图层如图15-4所示。

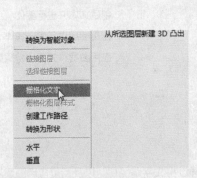

图15-3 栅格化文字

图15-4 转换文字图层

⚠️ 提 示

将文字载入选区必须先栅格化文字

要想载入选区,该图层必须是图形图层,也就是像素,在Photoshop CS6中,只有图形才能载入选区,所以文字需要先进行栅格化处理,才能载入选区。

04 将文字转化为选区。选择菜单栏中的"选择>载入选区"命令,在弹出的对话框中选择"新建选区"单选按钮,单击"确定"按钮,如图15-5所示。此时已经载入了选区,将当前的文字图层隐藏,只留下选区,方便之后将选区转化为路径,其效果如图15-6所示。

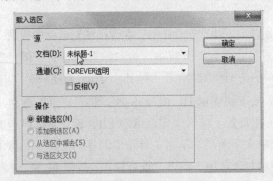

图15-5 "载入选区"对话框

图15-6 载入文字选区

05 将文字转化为路径。单击"路径"面板中的"从选区生成路径"按钮 ，即可将选区转化为路径，如图15-7所示。

06 设置画笔。返回"图层"面板，新建图层，在工具箱中选择画笔工具 ，在选项栏中单击"切换画笔面板"按钮 ，此时弹出"画笔"面板，将画笔"大小"设置为9像素，"间距"设置为181%，如图15-8所示。

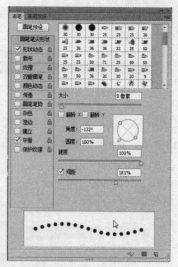

图15-7 将"选区"转化为"路径"　　　　　图15-8 "画笔"面板

07 用画笔描边路径。返回"路径"面板，单击面板下方的"用画笔描边路径"按钮 ，在工作路径上右击，在弹出的快捷菜单中选择"删除路径"命令，如图15-9所示。删除路径后得到如图15-10所示的效果。

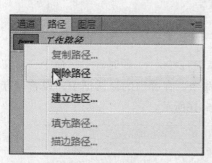

图15-9 删除路径　　　　　　　　图15-10 删除路径后的效果

！提示

描边之前需要新建图层

在使用"用画笔描边路径"之前必须先新建图层，否则该功能无法使用。

08 为文字添加"扭曲"滤镜。选择"滤镜>扭曲"命令，在其级联菜单中选择"极坐标"命令，如图15-11所示。在弹出的对话框中选择"极坐标到平面坐标"单选按钮，单击"确定"按钮，如图15-12所示。

图15-11 添加"极坐标"滤镜　　　　　图15-12 设置"极坐标"参数

09 为文字添加"风"滤镜。选择"滤镜>风格化"命令，在其级联菜单中选择"风"命令，如图15-13所示。在弹出的对话框中选择"风"单选按钮，设置"方向"为"从右"，单击"确定"按钮，如图15-14所示。

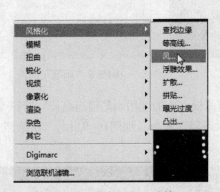

图15-13 添加"风"滤镜　　　　　图15-14 设置"风"参数

10 旋转文字并继续添加"风"滤镜。选择"图像>图像旋转>90°（顺时针）"命令，对文字进行旋转，如图15-15所示。选择"滤镜>风格化>风"命令，在弹出的对话框中，设置"方法"为"风"、"方向"为"从左"，单击"确定"按钮，如图15-16所示。

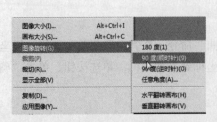

图15-15 选择旋转命令　　　　　图15-16 设置"风"参数

11 继续为文字添加"扭曲"滤镜。选择"图像>图像旋转>90°（逆时针）"命令，对文字进行旋转，如图15-17所示。然后选择"滤镜>扭曲>极坐标"命令，在弹出的"极坐标"对话框中，选择"平面坐标到极坐标"单选按钮，如图15-18所示。

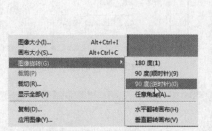 

图15-17 选择旋转命令　　　　图15-18 设置"极坐标"参数

12 得到初步效果。单击"确定"按钮，完成以上操作，得到初步的文字效果，如图15-19所示。

图15-19 初步文字效果

13 导入素材。打开光盘中的素材文件"花纹.jpg"，如图15-20所示，并将其拖曳到背景上，按下快捷键Ctrl+T调整素材的大小，并将素材摆放在合适的位置，按下Enter键确认此时素材即导入进来了，如图15-21所示。

图15-20 素材文件"花纹"　　　　图15-21 导入素材后的效果

> **⚠ 提示**
>
> **等比例缩放图像**
>
> 在进行图像的缩放时，一定要按住Shift键进行操作，以防止在缩放过程中图像发生变形。如果想让图像只改变大小，不改变位置，则可按下Ctrl键进行缩放，此时缩放的图像只改变大小，而并不改变位置（围绕中心点进行缩放）。

14 更改图像模式并拼合图像。在"花纹"图层上右击，在弹出的快捷菜单中选择"栅格化图层"命令，将智能对象转化为普通图层。将"花纹"图层的图层模式改为"变亮"，此时即去掉了花纹周围的黑色背景。选择"图像>模式>灰度"命令，更改图像的颜色模式，如图15-22所示。在弹出的对话框中单击"拼合"按钮。单击"拼合"按钮之后会弹出"信息"对话框，单击"扔掉"按钮，如图15-23所示。

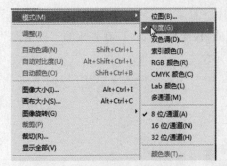
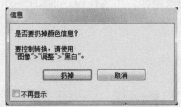

图15-22 设置图像颜色模式　　　　图15-23 "信息"对话框

变换智能对象

我们可以像编辑普通图像一样对智能对象进行缩放、旋转等变换操作，但无法对其进行扭曲及透视等操作，如果要进行类似的操作，则必须将智能对象栅格化。

15 为图层改变颜色。经过以上操作之后，图层已经拼合为一层，此时选择 "图像>模式>索引颜色"命令，改变图像的颜色模式，如图15-24所示。选择"图像>模式>颜色表"命令，将图层模式改为颜色表模式，如图15-25所示。

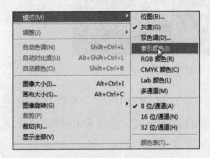
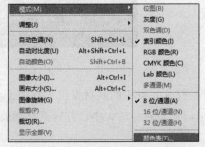

图15-24 设置"索引颜色"模式　　　　图15-25 设置"颜色表"模式

调整图像颜色模式的原因

在选择"索引颜色"模式之后，Photoshop将会构建一个颜色表来存放并索引图像中的颜色。而"颜色表"模式就是用来设置索引颜色的。本例中我们制作的星火效果就是选择 "颜色表"中的"黑体"选项得到的。进行一类的设计，有一套相对固定的方法。常见的火焰字、爆炸之类的特效都会用到索引颜色模式。

基本的思路是：先将图像去色，再将图像颜色模式转换为索引颜色模式，然后在"颜色表"中选择黑体，这时类似于火焰的颜色就出来了。

16 应用颜色。在弹出的"颜色表"对话框中，将"颜色表"设为"黑体"，单击"确定"按钮，如图2-26所示。此时"图层"将被赋予"颜色表"中的颜色，最终效果如图15-27所示。

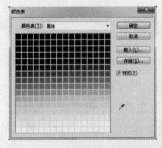

图15-26 设置"颜色表"参数　　　　图15-27 最终效果

15.2 水果主题的月历设计

本例导读	本例是水果主题月历桌面图片设计。设计师通过简单的矩形图形的绘制和排列，给排列好的矩形添加透视关系，以及3D文字的创建，从而打造出一种立体空间感。水果图案和矩形的缤纷的色彩又打造出炙热的夏日风情。
核心技能	• 使用置入图像功能确保缩放时图像始终清晰 • 使用图层蒙版隐藏不需要的图像 • 快速修改矢量图层的填充效果 • 使用3D功能制作立体文字
最终文件	实例文件\Chapter15\Complete\水果月历.psd

01 新建文件。选择"文件>新建"命令，在弹出的对话框中设置"宽度"为1600、"高度"为1050，这是高清桌面的尺寸；设置"分辨率"为72像素/英寸、"颜色模式"为RGB颜色，用于屏幕显示的图片一般使用这样的分辨率和颜色模式；设置"背景内容"为"白色"，如图15-28所示。单击"确定"按钮，新建一个空白文件。

02 设置网格。选择"编辑>首选项>参考线、网格和切片"命令，在打开的"首选项"对话框中设置"网格线间隔"为20、"单位"为"百分比"、"子网格"数为4。选择"视图>显示>网格"命令，或者按下快捷键Ctrl+'，显示网格。在界面上方的标尺处单击并向下拖动至图像竖直2/5处，释放鼠标左键创建一条参考线，如图15-29所示。

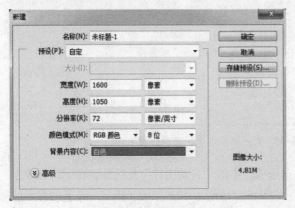

图15-28 新建文档

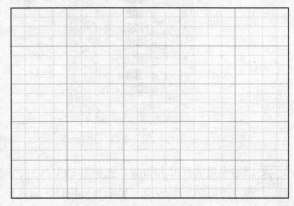

图15-29 创建参考线

03 置入水果素材。选中光盘中所有水果的素材文件，并拖动至当前文件上，释放鼠标左键后，软件将自动依次置入这些图像，如图15-30所示。根据需要调整每张图像的尺寸和位置，按下Enter键确认，然后自动置入下一张图像。

04 为水果图层设置蒙版。选中第一个水果图层，选择快速选择工具 ，在水果上涂抹，以选择水果主体区域，如图15-31所示。单击"图层"面板下方的"添加图层蒙版"按钮，为图层创建蒙版。

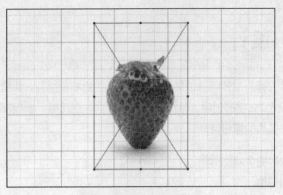

图15-30 置入水果照片

图15-31 选择水果主体区域

05 利用图层组优化操作。单击"图层"面板中的"创建新组"按钮□，创建一个图层组，单击组左侧的"指示图层可见性"图标以隐藏该组。将建立好蒙版的图层拖入该组中，则该图层也被隐藏。选择第二个图层，重复上述步骤，直到所有的水果图层添加好蒙版并放入"组1"中，此时"图层"面板如图15-32所示。选择"组1"，按下快捷键Ctrl+T，缩小并调整水果的位置，如图15-33所示。

图15-32 "图层"面板

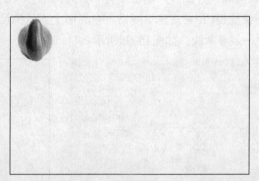

图15-33 统一调整水果尺寸及位置

06 调整水果的尺寸和位置。选择移动工具，勾选选项栏中的"自动选择"复选框，在下拉列表选择"图层"，并勾选"显示变换控件"复选框，如图15-34所示。按照第02步拖出一条新的参考线作为水果对齐的参考线，单击每个水果，调整其位置，如图15-35所示，对齐后的结果如图15-36所示。

图15-34 设置移动工具属性

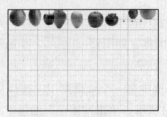

图15-35 调整水果的位置

图15-36 最终效果

07 绘制色带。新建一个图层，选择矩形工具 ▣，绘制色带，如图15-37所示。选择路径选择工具 ▶，选择一个色带，单击选项栏中的"填充"按钮，在弹出的面板中单击"拾色器"按钮，取样水果的颜色，设置色带颜色，如图15-38所示。

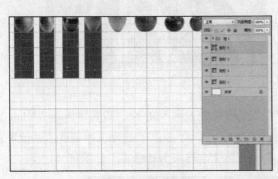 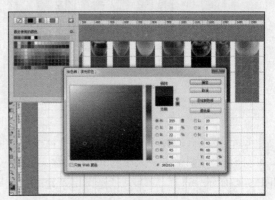

图15-37 绘制色带　　　　　　　　　　　　　　　图15-38 调整色带颜色

！提示

设置形状的填充和描边
选项栏中的形状填充和描边选项是CS6的新变化。通过这个功能可以快速设置矢量形状填充和描边的颜色/渐变/图案，极大地优化了Photoshop中的矢量操作。

---

08 调整水果图层蒙版。放大图像，可以观察到水果图像周围有白边。选择画笔工具 ✎，选中水果图层的蒙版缩览图，设置画笔大小为2，涂抹水果边缘，去除白边，如图15-39所示。

09 调整色带宽度。选择快速选择工具 ✎，然后选择色带，按下快捷键Ctrl+T，调整色带宽度，使其与水果宽度一致，如图15-40所示。

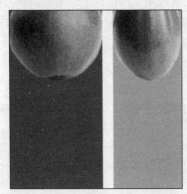 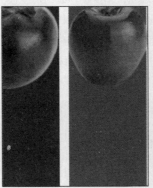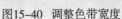

图15-39 调整水果图层蒙版　　　　　　　　　图15-40 调整色带宽度

10 创建地面。选择全部色带图层，按下快捷键Ctrl+G，将其归入一组。选中此组，拖动到"创建新图层"按钮 ▣ 上，复制该组。选中新组，选择移动工具 ▶✛，在选项栏中取消勾选"自动选择"复选框，按住Shift键的同时在竖直方向拖动鼠标，移动新的色带衔接于之前的色带，作为地面，如图15-41所示。按下快捷键Ctrl+T，调整地面色带的透视关系，如图15-42所示。

图15-41 复制色带

图15-42 变形色带

11 创建3D文字。选择横排文字工具 T，单击图像左侧偏下位置，输入文字6。设置字体为"Adobe黑体Std"，调整文字大小为500，设置文字颜色为（R255、G174、B0），拖动文字到适当的位置，如图15-43所示。选择"3D>从所选图层新建3D凸出"命令，将文字转换为3D效果，如图15-44所示。

图15-43 输入文字

图15-44 创建3D文字

12 设置材质。Photoshop转换为3D工作区布局，在选中"当前视图"的情况下，拖动调整文字角度，如图15-45所示。双击3D面板中的文字图标，在"属性"面板中设置"凸出深度"为150，如图15-46所示。单击3D面板中的"前膨胀材质"选项，按住Shift键单击"后膨胀材质"选项，选中它们之间的所有材质，如图15-47所示。打开"属性"面板，设置"闪亮"为100%、"反射"为80%、"不透明度"为95%、"折射"为1.5，如图15-48所示。

图15-45 调整文字

图15-46 设置深度

图15-47 选择材质

图15-48 设置材质

13 设置灯光并渲染。双击灯光图标，设置"柔和度"为20%，如图15-49所示。观察预览草图，透明效果不够明显。再次全选所有材质，调整"不透明度"为90%、"折射"为1.000。双击"前膨胀材质"选项，设置其"折射"为1.5。单击"渲染"按钮进行渲染，这一过程需要较长的时间。渲染完成后，如果不需要再次调整，则右击文字图层，在弹出的快捷菜单中选择"栅格化"命令，栅格化文字图层，该图层将变为普通图层。渲染结果如图15-50所示。

图15-49 设置灯光

图15-50 渲染结果

14 置入前景中的水果照片。按照第02步的方法置入图片"19801027.jpg"，并调整其尺寸位置，放置于文字6之前，如图15-51所示。按照第03步和第07步的方法添加并调整图层蒙版，使其与背景自然地融合，结果如图15-52所示。

图15-51 置入图片

图15-52 调整图片效果

15 创建日期区域。选择圆角矩形工具，在选项栏中设置"填充"为白色、"描边"为白色，在图像右侧拖动创建一个圆角矩形形状，如图15-53所示。在"图层"面板中设置此图层的"填充"为80%，调整其描边宽度为6点。在"图层"面板中双击此图层名称的右侧，弹出"图层样式"对话框，选择"投影"样式，设置"距离"为0、"大小"为20，如图15-54所示。

图15-53 绘制圆角矩形

图15-54 设置圆角矩形样式

16 添加日期数据。单击"确定"按钮，效果如图15-55所示。选择横排文字工具 T，在圆角矩形内拖曳出一个段落文本框，设置文字大小为36、行距为46、段落的对齐方式为"强制两端对齐"。在文本框中输入星期数及日期，每个日期间插入一个空格，大部分日期会自动排列好，如图15-56所示。

图15-55　圆角矩形效果

图15-56　键入日期

17 设置对齐方式。选择两个日期间的空格，在"字符"面板中设置文字横向比例为240%，设置这一行的日期格式。选择星期数和第一行日期，设置行距为70。选择"日"字，设置其颜色为（R195、G57、B58），如图15-57所示。使用同样的方法设置03、10、17、24等数字的样式，完成后选择移动工具 ，按下键盘上的方向键，微调文字框的位置，完成操作，最终效果如图15-58所示。

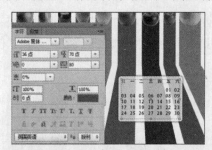

图15-57　调整文字属性

图15-58　最终效果

15.3 科技企业画册

本例导读	随着科技的飞速发展，每个行业都有自己的发展趋势。本例讲解的是关于科技方面的画册设计过程，以蓝色为象征色，与白色相结合，体现了诚信与成功的含义。再利用简单的图形稍加修饰，庄重而又大气。
核心技能	• 利用多边形套索工具制作特殊形状 • 创建剪贴蒙版图层，限制内容图层的显示范围 • 应用图层样式与混合模式，表现出不同的效果 • 绘制形状并设置形状属性
最终文件	实例文件\Chapter15\Complete\ 蓝梦科技.psd

01 新建文件。执行"文件>新建"命令或按下快捷键Ctrl+N，弹出"新建"对话框，设置参数，如图15-59所示。单击"确定"按钮，新建一个空白文件，如图15-60所示。

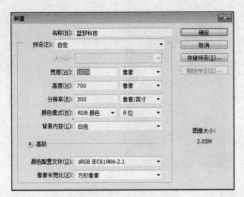

图15-59 新建对话框

图15-60 空白文件

02 设置背景颜色。设置前景色为（R206、G228、B242），如图15-61所示。 按下快捷键Alt+Delete，填充背景为天蓝色，如图15-62所示。

图15-61 设置背景颜色

图15-62 填充背景色

03 创建辅助线。按下快捷键Ctrl+R，显示标尺，从垂直标尺处拖曳出一条辅助线，将其拖曳到页面的中心位置，如图15-63所示。

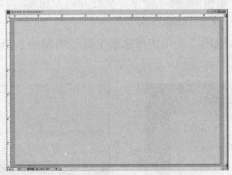

图15-63 添加辅助线

04 绘制矩形。新建一个图层，将画册左半部分创建为选区，如图15-64所示。设置前景色为（R0、G74、B121），按下快捷键Alt+Delete用前景色填充选区完成后按快捷键Ctrl+D，取消选区。如图15-65所示。

图15-64 创建选区

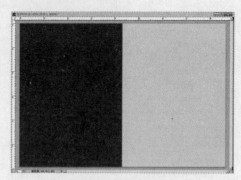

图15-65 填充选区

05 绘制图形选区。继续新建一个图层，利用矩形选框工具 ▦ 绘制一个矩形选区，如图15-66所示。切换到多边形套索工具 ▽ ，按住Shift键绘制一个三角形选区，更改选区后的效果如图15-67所示。

图15-66 绘制矩形选区

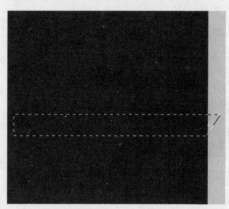

图15-67 更改后的选区效果

06 给选区填充颜色。选择"编辑>填充"命令，在打开的"填充"对话框中选择填充内容为"前景色"，单击"确定"按钮，如图15-68所示。

07 新建图层。新建一个空白图层，利用矩形选框工具 ▦ 绘制一个矩形选区，然后增加一个矩形选区，如图15-69所示。

图15-68 填充选区颜色

图15-69 绘制矩形选区

08 载入素材。将该选区填充任意颜色，然后取消选区。置入光盘中的素材文件"人物.jpg"，用鼠标右键单击该图像的图层，在弹出的快捷菜单中选择"栅格化图层"命令，将智能图层转换为普通图层，如图15-71所示。

图15-70 载入素材　　　　　　　图15-71 栅格化图层

09 设置图片的大小和位置。按下快捷键Ctrl+T，显示自由变换控制框，按住Shift键，拖动图像四周的控制点，等比例缩小图像，完成后按下Enter键确认变换。然后将图像移至合适位置，如图15-73所示。

图15-72 等比例缩小图片　　　　图15-73 将图片移到合适位置

亮度/对比度

在本例中要想让图片看上去更美观，可以调整亮度/对比度，使用"亮度/对比度"命令可以对图像的色调范围进行简单的调整。它与"曲线"和"色阶"命令不同，该命令是对图像中的每个像素进行同样的调整。因此，如果要调整局部亮度，这种方法并不适用。

亮度：主要用于调整图像中的亮度，参数值越大，图像越亮，反之则越暗。亮度的变化如图所示。

原图　　　　　　　"亮度"为100　　　　　"亮度"为-100

• 亮度：主要用于调整图像中的亮度，参数值越大，图像越亮，反之则越暗。亮度的变化如图所示。

10 创建剪贴蒙版。按下快捷键Ctrl+Alt+G，创建剪贴蒙版，用下一图层的图形来限定本图层的显示范围，然后将两个图层同时选中，并按下"图层"面板下方的"链接图层"按钮 ⇔ ，将两个图层链接，如图15-75所示。

图15-74 限制上层图像显示　　　　图15-75 链接图层

11 输入文字。单击横排文字工具 T ，在选项栏中设置文字的相关参数，然后在图像中输入文字P，按下快捷键Ctrl+Enter结束输入。利用移动工具 ⊹ 将文字移至合适位置，如图15-76所示。

12 输入文字。再次单击横排文字工具 T ，在选项栏中设置文字的相关属性，然后在图像中输入相关文字，按下 ✓ 键结束输入，同样利用移动工具 ⊹ 将文字移至合适位置，如图15-77所示。

图15-76 输入并移动文字 　　　　图15-77 输入并移动文字

13 绘制不规则图形。新建空白图层，单击多边形套索工具 ⊻ ，在图像左下角绘制如图15-78所示的不规则选区，设置前景色为（R30、G73、B148），按下快捷键Alt+Delete填充选区，效果如图15-79所示。

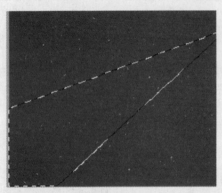 

图15-78 绘制选区 　　　　　　图15-79 填充颜色

14 叠加颜色。选择"图层>图层样式>颜色叠加"命令，在打开的"图层样式"对话框中设置相关参数，如图15-80所示。然后单击"确定"按钮，效果如图15-81所示。

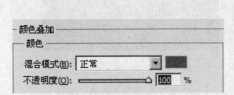

图15-80　颜色叠加后的效果　　　　图15-81　设置"图层样式"参数

15 继续绘制不规则图形。按照同样的方法新建图层，然后绘制一个不规则的选区，填充颜色并设置图层样式。也可以将上一步中创建的图层图像复制生成新图层，然后更改图层样式的参数。最终结果如图15-83所示。

图15-82　绘制不规则图形　　　　图15-83　更改图层样式

16 链接图层。单击移动工具，将图层移动至合适位置，如图15-84所示。然后选中01、02、03图层，选择"图层>链接图层"命令，链接选中图层，如图15-85所示。

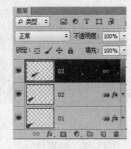

图15-84　将图层移动到合适位置　　　　图15-85　链接图层

> **! 提示**
>
> **减少图层数量**
>
> 在对图像执行操作的时候，常常需要创建很多图层，这样操作起来非常麻烦。其实，我们可以通过以下方法来减少图层数。
>
> ● 合并可见图层：在"图层"面板中只合并激活了"指示图层可见性"按钮 的图层。单击"指示图层可视性"按钮 即可隐藏相应图层，在"指示图层可见性"按钮未被激活的状态下，单击"图层"面板右上角的扩展按钮，在弹出的扩展菜单中选择"合并可见图层"命令，将合并除该图层外的所有图层。
>
> ● 拼合图像：将"图层"面板上的所有图层合并为一个图层。单击"图层"面板右上角的扩展按钮，在弹出的扩展菜单中选择"拼合图像"命令。若有隐藏的图层，此时会弹出提示对话框，单击"确定"按钮后将会丢失隐藏的图层。
>
>
>
> 　　　　原图层　　　　合并可见图层后

17 输入文字。单击横排文字工具 T，在选项栏中设置文字的属性，在图像窗口中输入文字，按下快捷键Ctrl+Enter结束操作，如图15-86所示。再次单击横排文字工具 T，在图像窗口中拖曳，绘制一个文字框，然后输入段落文字，在"段落"面板中设置文字的段落属性，最终效果如图15-87所示。

图15-86 输入文字

图15-87 输入段落文字

18 绘制正面图形。按照绘制多边形的方法，绘制右侧图形，填充不同程度的蓝色之后，设置图层的不透明度，并且将其移至页面合适位置，分布情况如图15-88所示。最后将三个图形图层链接，如图15-89所示。

图15-88 绘制右侧图形

图15-89 链接图层

19 绘制异形图。再次新建一个图层，利用多边形套索工具 ⌐ 绘制一个异形图，如图15-90所示。填充蓝色后取消选区。在"图层"面板中双击该图层缩览图以外的空白处，在弹出的"图层样式"对话框中勾选"颜色叠加"复选框，设置参数后单击"确定"按钮，如图15-91所示。

图15-90 绘制异形图

图15-91 设置"颜色叠加"参数

20 完成制作。按照上述输入文字与绘制图形以及设置图层样式的方法，制作其他文字以及修饰元素，如图15-92所示。然后将素材文件"钟表.psd"导入该图像中，并调整合适的大小与位置，设置不透明度为20%，最终图像效果如图15-93所示。

图15-92 初步效果

图15-93 完成设计

15.4 中秋海报的设计

本例导读	本例是中秋海报的设计。本例给到的素材很多，这就涉及到各种素材的摆放，以及合理地安排各种素材之间的关系。设计师通过图层叠加模式的应用；图层不透明度的改变；图形的绘制；文字的应用等，设计出富有浓郁中秋节日气氛的海报作品。
核心技能	结合图层蒙版和图层不透明度使图像之间衔接自然
最终文件	实例文件\Chapter 15\Complete\ 中秋海报.psd

01 新建文件。执行"文件>新建"命令或按下快捷键Ctrl+N，弹出"新建"对话框，设置"宽度"为40厘米、"高度"为40厘米、"分辨"率为300 像素/ 英寸，单击"确定"按钮，如图15-94所示。

02 设置背景颜色。选中"背景"图层，将前景色设置为（R148、G123、B71），按下快捷键Alt+Delete 填充前景色，如图15-95所示。

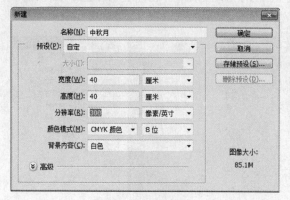

图15-94 新建文件   图15-95 填充背景色

03 添加背景花纹。按下快捷键Ctrl+O， 打开光盘中的素材文件"素材6.psd"，将打开的图像拖曳到正在操作的文件窗口中，如图15-96所示。然后将图层不透明度设为50%，如图15-97所示。

图15-96 添加背景花纹   图15-97 设置不透明度

04 创建矩形填充效果。单击矩形选框工具 ，在图像中创建矩形选区。将前景色设置为（R221、G219、B197），按下快捷键Alt+Delete 填充选区为前景色，按下快捷键Ctrl+D取消选区，如图15-98所示。

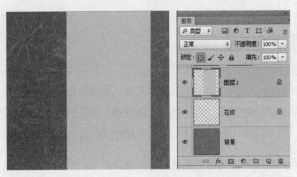

图15-98 创建并填充选区

05 应用素材图片。按下快捷键Ctrl+O，打开光盘中的素材文件"素材7.psd"，将打开的图像拖曳到正在操作的文件窗口中，并将图层混合模式设置为"正片叠底"、"不透明度"为30%，如图15-99所示。

06 应用蒙版使图片自然过渡。选中花纹图层，单击"添加图层蒙版"按钮 ▢，为其添加蒙版。单击矩形选框工具 ▢，在图像中创建矩形选区。选中图层蒙版缩览图，单击渐变工具 ▰，在选区内绘制由黑到白的线性渐变，如图15-100所示。

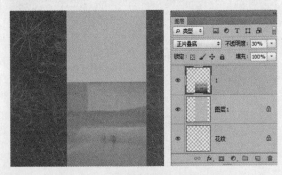

图15-99 应用素材并设置图层属性

图15-100 创建平滑过渡

⚠ 提 示

了解图层混合模式

图层混合模式决定了上下两个图层之间颜色混合的方式，这在合成图像时非常有用。读者可参阅第4章，了解各种混合模式的效果及混合方式。

---

07 绘制月亮。新建"图层2"，单击椭圆选框工具 ▢，按住Shift键创建正圆选区，将前景色设置为（R181、G156、B85），按下快捷键Alt+Delete填充选区为前景色。按下快捷键Ctrl+D取消选区。单击"添加图层蒙版"按钮 ▢，为其添加蒙版，如图15-101所示。

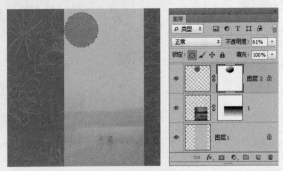

图15-101 绘制月亮

08 为月亮添加渐变效果。单击椭圆选框工具 ⬭，在图像中创建椭圆选区。选中图层蒙版缩览图，单击渐变工具 ▬，在选区内绘制由黑到灰的径向渐变。按下快捷键Ctrl+D取消选区，如图15-102。

图15-102　添加渐变

09 输入文字。将前景色设置为黑色，选择直排文字工具 ⟁T，设置合适的字体和字号，在图像中输入相应文字，如图15-103所示。

10 应用素材。按下快捷键Ctrl+O，打开光盘中的素材文件"素材8.psd"，将打开的图像拖曳到正在操作的文件窗口中，如图15-104所示。

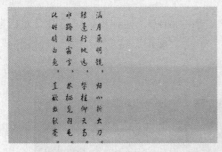

图15-103　输入文字　　　　　　　图15-104　拖入素材

11 输入文字。将前景色设为黑色，选择直排文字工具 ⟁T，设置合适的字体和字号，在图像中输入相应文字，如图15-105所示。

12 应用素材。按下快捷键Ctrl+O，打开光盘中的素材文件"素材9.psd"，将打开的图像拖曳到正在操作的文件窗口中，并调整素材图像的位置及大小。至此，本案例就制作完成了，最终效果如图15-106所示。

图15-105　输入文字　　　　图15-106　最终效果

ⓘ 提　示

变换智能对象

如果导入的素材是智能对象，或者我们将对象更改为了智能对象，可以像编辑普通图像一样对智能对象进行缩放、旋转等变换操作，但无法对其进行扭曲及透视等操作，如果要进行类似操作，则必须将智能对象栅格化。

15.5 阑尊世家的设计

本例导读	本例制作的是一张房地产的广告形象墙，主要面向中高收入人群，画面色彩对比鲜明，风格比较大气，达到很好的宣传效果。下面我们就来制作这张房地产广告形象墙。
核心技能	• 使用渐变工具制作背景 • 使用钢笔工具配合画笔工具绘制虚线 • 使用自定义形状工具绘制五角星 • 使用图层样式为图像添加各种效果
最终文件	实例文件\Chapter15\Complete\阑尊世家.psd

01 打开背景文件。执行"文件>打开"命令或按下快捷键Ctrl+O，在弹出的"打开"对话框中，如图15-107所示选择光盘中的素材文件"背景.jpg"，单击"确定"按钮，打开"背景.jpg"文件，如图15-108所示。

图15-107 "打开"对话框　　　　　图15-108 打开素材文件

02 创建选区。单击多边形套索工具，在图像中创建多边形选区，如图15-109所示。将前景色设置为（R136、G97、B76），背景色设置为（R81、G54、B40），选择渐变工具，单击选项栏上的渐变条，打开"渐变编辑器"对话框，选择前景色到背景色渐变，如图15-110所示。

图15-109 绘制选区　　　　　图15-110 设置渐变颜色

03 为选区添加渐变。按下快捷键Ctrl+Shift+N新建"图层1"，单击径向渐变按钮 ，在选区内拖曳，绘制渐变，效果如图15-111所示。按下快捷键Ctrl+D取消选区，图层效果如图15-112所示。

04 绘制路径。单击钢笔工具 ，在图像中单击确定起始点，绘制直线路径，如图15-113所示。

图15-111 为选区添加渐变

图15-112 添加渐变图层

图15-113 绘制直线路径

05 设置画笔参数。单击画笔工具 ，选择"窗口>画笔"命令，打开"画笔"面板，参数设置如图15-114所示。

06 制造虚线效果。按下快捷键Ctrl+Shift+N新建"图层2"，将前景色设置为白色，切换到"路径"面板，单击"用画笔描边路径"按钮 ，得到的图像效果如图15-115所示。

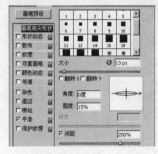

图15-114 "画笔"面板

图15-115 虚线效果

07 绘制五角星。单击自定义形状工具 ，在选项栏中选择五角星形状，并单击路径按钮 ，在图像中拖动绘制五角星。单击直接选择工具 ，调整五角星形状，如图15-117所示。

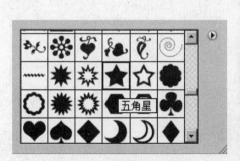

图15-116 选择五角星形状

图15-117 绘制图形

08 填充五角星的颜色。按下快捷键Ctrl+Shift+N新建"图层3"，按下快捷键Ctrl+Enter将路径转换为选区，将前景色设置为（R252、G214、B141），按下快捷键Alt+Delete填充五角星为前景色，如图15-118所示。

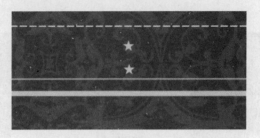

图15-118　为五角星填充颜色

09 应用素材。按下快捷键Ctrl+O，打开光盘中的素材文件"素材1.psd"，将打开的图像拖曳到正在操作的文件窗口中，如图15-119所示。生成新的图层，如图15-120所示。

图15-119　将素材拖入　　　　　　　图15-120　素材图层

10 输入文字。将前景色设置为（R252、G214、B141），选择横排文字工具 T，设置合适的字体和字号，在图像中输入相应文字，如图15-121所示。

11 设置图层样式。选中文字图层，单击"添加图层样式"按钮 fx，在弹出的下拉列表中选择"渐变叠加"选项，弹出"图层样式"对话框，设置相应参数，如图15-122所示。

图15-121　输入文字　　　　　　　图15-122　设置"渐变叠加"参数

12 输入文字并设置颜色。选择横排文字工具 T，设置合适的字体和字号，在图像中输入相应文字并填充颜色，如图15-123所示。

13 为文字添加投影。按住Ctrl键的同时单击"逐鹿家居市场，谁能问鼎鸢都？"文字图层缩览图，将其载入选区。按下快捷键Ctrl+Shift+N新建"阴影"图层，调整图层顺序，将前景色设为黑色，按下快捷键Alt+Delete填充前景色，调整阴影位置，如图15-124所示。

图15-123　输入文字　　　　　　　　　　图15-124　为文字添加投影

14　应用素材。按下快捷键Ctrl+O，打开光盘中的素材文件"素材2.psd"，将打开的图像拖曳到正在操作的文件窗口中，如图15-125所示。此时的"图层"面板如图15-126所示。

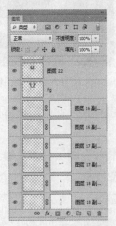

图15-125　应用素材　　　　　　　　　　图15-126　当前"图层"面板

⚠ 提示

了解"自动色调"命令

"自动色调"命令可以自动调整图像中的黑场和白场，将每个颜色通道中最亮和最暗的像素映射到纯白（色阶为255）和纯黑（色阶为0），中间像素值按比例重新分布，从而增强图像对比度。

打开一张色调有些发白的照片，如图1所示，选择"图像>自动色调"命令，Photoshop会自动调整图像色调，使色调变得清晰自然，如图2所示。

图1　　　　　　　　图2

15　绘制圆形。按下快捷键Ctrl+Shift+N新建"圆环"图层，单击椭圆选框工具 ◯，按下Shift键在图像中绘制正圆选区。将前景色设置为白色，按下快捷键Alt+Delete填充选区为前景色，如图15-127所示。此时的"图层"面板如图15-128所示。

图15-127　绘制圆形图案　　　　　　　图15-128　当前"图层"面板

16 添加图层样式。选择"选择>变换选区"命令，缩小正圆选区，按下Delete键删除选区内图像，如图15–129所示。按下快捷键Ctrl+D取消选区。单击"添加图层样式"按钮 *fx.*，选择"投影"选项，在弹出的"图层样式"对话框中设置各项参数，如图15–130所示。

图15–129 绘制圆环   图15–130 设置"投影"参数

17 继续设置图层样式。在"图层样式"对话框中勾选"斜面和浮雕"对话框，参数设置如图15–131所示。

18 添加"渐变叠加"图层样式。继续在"图层样式"对话框中勾选"渐变叠加"复选框，其参数设置如图15–132所示。

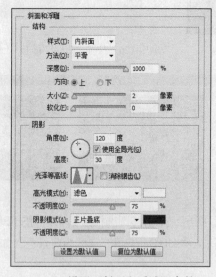

15–131 设置"斜面和浮雕"参数   图15–132 设置"渐变叠加"参数

19 应用图层样式。设置完毕后，按Enter键确认。应用图层样式后的图像效果如图15–133所示。

20 绘制正圆。按下快捷键Ctrl+Shift+N新建"正圆"图层，单击椭圆选框工具 ⬭，按住Shift键绘制正圆选区。将前景色设置为（R250、G225、B150），按下快捷键Alt+Delete填充选区为前景色，如图15–134所示。

图15-133 应用图形样式

图15-134 绘制并填充选区

21 设置图层样式。按下快捷键Ctrl+D取消选项。单击"添加图层样式"按钮 **fx.**，选择"渐变叠加"选项，在弹出的"图层样式"对话框中设置参数，如图15-135所示。

22 应用素材。设置完毕后按Enter键确认，应用图层样式后的图像效果如图15-136所示。按下快捷键Ctrl+O，打开光盘中的素材文件"素材3.psd"，将打开的图像拖曳到正在操作的文件窗口中，如图15-137所示。

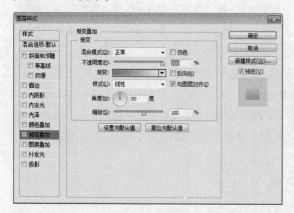
图15-135 设置"渐变叠加"参数

图15-136 应用图形样式

图15-137 拖入素材

23 得到最终效果。将前景色设置为（R64、G38、B26），选择横排文字工具 **T**，设置合适的字体和字号，在图像中输入相应文字，按下快捷键Ctrl+T进行旋转使其更适合图形。至此，本案例就制作完成了，最终的效果如图15-138所示。

图15-138 最终效果

15.6 手机广告设计

本例导读	本例是手机广告设计。设计师将手机置于蓝天草地之间，配以蝴蝶花卉，营造出浪漫有趣的氛围，吸引观众注意。不仅如此，将手机放置于这样的一种环境下，让人觉得心旷神怡，所以很容易就会记住这款手机。这是一种非常成功的营销手段，贴合消费者的消费心理。
核心技能	• 使用置入图像功能确保缩放编辑时图像始终清晰 • 使用图层蒙版隐藏不需要的图像 • 用路径描边功能制作光带 • 使用调整图层调整整体色调
最终文件	实例文件\第15章\Complete\手机广告.psd

01 新建文件。选择"文件>新建"命令，在弹出的对话框中设置"宽度"为1000、"高度"为1200、"分辨率"为100像素/英寸、"颜色模式"为RGB颜色、"背景内容"为"白色"，如图15-139所示。单击"确定"按钮，新建一个空白文件。

02 创建渐变图层。在"图层"面板中单击"创建新的调整或填充图层"按钮 ，选择"渐变"选项，创建渐变填充图层。设置渐变颜色分别为（R127、G206、B24）、（R129、G244、B251）、（R236、G249、B253）、"位置"分别设为0%、70%、90%。设置"样式"为"径向"、"缩放"为220%，勾选"反向"和"与图层对齐"复选框，在对话框外单击并拖动渐变中心至上边缘附近，单击"确定"按钮，创建渐变图层，如图15-140所示。

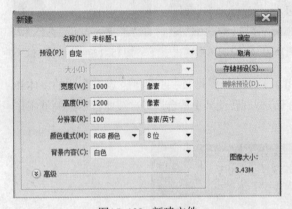

图15-139 新建文件

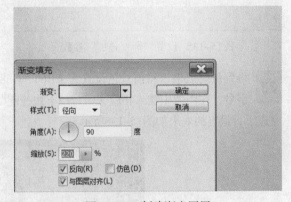

图15-140 创建渐变图层

03 置入素材图片。将光盘中的素材文件pic（2）.jpg拖动至当前文件上，并调整大小和位置。单击"添加图层蒙版"按钮 ，创建蒙版。选择渐变工具 ，选择预设的"黑白渐变"，保持蒙版被选中的状态，在天空与草地的交接处竖直拖动，绘制渐变蒙版。同样置入素材文件pic（6）.jpg，并创建图层蒙版。查看交界处，可根据需要调整渐变图层的渐变位置，效果如图15-141所示。

04 调整蓝天草地的明暗色调。单击"图层"面板中的"创建新的调整或填充图层"按钮 ，在弹出的下拉列表中选择"曲线"选项，在弹出的面板中调整曲线形状，如图15-142所示。

图15-141　置入蓝天草地图

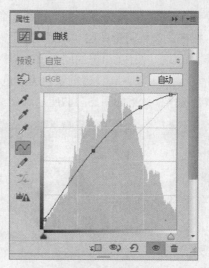

图15-142　设置曲线调整图层

05 置入手机图片并绘制蒙版。将光盘中的素材文件pic（1）.jpg拖至当前文件上。选择魔棒工具，设置"容差"为10，勾选 "连续"复选框，在白色背景处单击，选择部分背景，单击"图层"面板中的"添加图层蒙版"按钮，选中图层蒙版，按下快捷键Ctrl+I反转黑白，如图15-143所示。放大显示手机底部区域。选择画笔工具，选择"硬边圆"画笔，设置"大小"为13、"不透明度"为100%，设置前景色为黑色，涂抹手机倒影区域，消除这部分图像，效果如图15-144所示。

06 调整手机图片角度。按下快捷键Ctrl+T，按住Shift键的同时拖动变形控制框点，在保持长宽比例的情况下放大图像至适当大小；然后按住Shift键的同时顺时针转动手机30°。此时，手机图像原缘边处可能会出现白色的细线，使用画笔工具在蒙版上涂抹以去除这些像素，效果如图15-145所示。

图15-143　创建图层蒙版

图15-144　完善图层蒙版

图15-145　旋转手机图像

07 绘制手机阴影。复制手机图层，选择下面的手机图层并右击，在弹出的快捷菜单中选择"栅格化图层"命令。在蒙版缩览图上右击，选择"应用图层蒙版"命令。按下快捷键Ctrl+T，在按住Ctrl键的同时向左拖动变形控制框顶部中端控制点，对手机图像进行斜切变形，作为手机的阴影。调整阴影位置、长度和宽度直到满意，结果如图15-146所示，按下Enter键确认变形。按住Ctrl键单击阴影图层缩览图，将其载入选区。按下快捷键Shift+F5，填充选区为黑色。

08 调整阴影效果。选择"滤镜>模糊>高斯模糊"命令，在弹出的对话框中设置"半径"为23.7，单击"确定"按钮。设置阴影图层"不透明度"为75%、混合模式为"正片叠底"。将调整图层"曲线1"拖至图层最顶端。按住Ctrl键的同时单击阴影图层缩览图，将其载入选区。选择"曲线1"的蒙版缩览图，选择油漆桶工具，设置前景色为黑色，在选区内单击，消除此处的曲线调整效果。按下快捷键Ctrl+D取消选区，效果如图15-147所示。

图15-146　调整阴影图像　　　　　　　　　　图15-147　设置阴影效果

09 调整画笔。按住Alt键，拖动草地图层至手机图层之上，复制该图层。选择新图层的蒙版，按下快捷键Shift+F5，在弹出的对话框中设置填充内容为"黑色"，将蒙版全部填充为黑色。选择画笔工具，选择"草"画笔，设置大小为158。在"画笔"面板中，取消勾选"平滑"、"传递"、"颜色动态"复选框，设置"形状动态"选项面板中的"最小直径"为0%、"角度抖动"为10%、"圆度抖动"为65%、"最小圆度"为9%，如图15-148所示；设置"画笔笔尖形状"选项面板中的"间距"为26%，其他参数保持默认。

10 制作草丛效果。设置前景色为白色，并调整画笔"不透明度"为100%。选中新的草地图层"pic（2）副本"的图层蒙版，在手机底部区域横向涂抹；调整画笔的"不透明度"为75%后继续涂抹，创建出自然的草丛效果，如图15-149所示。

图15-148　设置画笔参数　　　　　　　　图15-149　制作草丛效果

11 置入花朵图片。将光盘中的素材文件pic（4）.jpg拖至当前文件上。选择快速选择工具，设置画笔大小为7，在花朵图案内部涂抹。根据区域调整画笔大小，直到选区与花朵图案最贴合。在"图层"面板中为图像添加蒙版，结果如图15-150所示。移动花朵位置至手机底部，并调整花朵大小，如图15-151所示。

12 复制与置入花朵。按住Alt键，向左拖动复制出另外一个花朵。选择"编辑>变换>水平翻转"命令，翻转图案。按下快捷键Ctrl+T，调整新花朵的位置、大小和角度。同样置入另外一个花朵文件pic（5）.jpg。参照Step09与Step10的方法，在花朵前添加一些草丛效果，效果如图15-152所示。

图15-150 添加蒙版后的花朵

图15-151 调整花朵的位置

图15-152 添加草丛效果

13 为花朵添加"投影"效果。选择画笔工具，保持刚才的画笔设置，调整画笔大小为67，选择草地图层pic（2）的图层蒙版，在天空和草地交界处横向涂抹，创造出自然的交界。选择其中一个花朵图层，打开"图层样式"对话框，勾选"投影"复选框，设置"角度"为-61°、"距离"为1、"大小"为10，如图15-153所示，单击"确定"按钮。

14 调整投影参数。按住Alt键，拖动图层样式图标至其他花朵图层上，复制样式给所有的花朵图层。选择最大的花朵所在的图层pic（4），双击图层样式图标，在弹出的对话框中修改投影参数"不透明度"为50%、"距离"为0、"大小"为20，如图15-154所示。

图15-153 设置投影参数

图15-154 修改投影参数

15 更改花朵颜色。创建"色相/饱和度"调整图层，设置"色相"为-5、"饱和度"为12，将此图层置于所有图层顶端。选择花朵图层pic（5），添加"色相/饱和度"调整图层，设置"色相"为66、"饱和度"为42。按住Alt键，拖动花朵图层的蒙版至调整图层"色相/饱和度2"，以替换蒙版，修改花朵的颜色。同样修改图层pic（4）的花朵颜色，设置"色相"为18、"饱和度"为12，使相同形状的花朵具有不同的颜色，如图15-155所示。

16 置入蝴蝶图片。将光盘中的素材文件pic（3）.jpg拖至当前文件上。为蝴蝶图像图层添加蒙版，并调整位置、大小，最终效果如图15-156所示。

图15-155　更改花朵颜色　　　　　　　图15-156　置入蝴蝶图像

17 制作蝴蝶倒影。按住Alt键向下拖动复制蝴蝶图层pic（3）。选中新图层，按下快捷键Ctrl+T，向下拖曳控制框上端中间控制点，制作出蝴蝶图像的倒影，如图15-157所示。按住Ctrl键的同时单击图层蒙版缩览图，载入蒙版选区。选择渐变工具，选择预置的"黑白渐变"，在选区中部单击，在竖直方向拖动至蝴蝶翅膀附近，制作渐变效果，按下快捷键Ctrl+D取消选区，效果如图15-158所示。选择画笔工具，选择"柔边圆"画笔，设置"不透明度"为100%，擦掉手机之外的蝴蝶倒影，设置图层"不透明度"为75%，效果如图15-159所示。

图15-157　制作蝴蝶倒影　　　　图15-158　添加渐变蒙版　　　　图15-159　最终倒影效果

18 制作另一只蝴蝶。按住Alt键向上拖动复制蝴蝶图层pic（3）。按下快捷键Ctrl+T，调整新图层的位置、大小和角度。参照Step15，添加 "色相/饱和度" 调整图层，设置 "色相" 为31，效果如图15-160所示。

19 绘制光带路径。新建图层，选择钢笔工具，设置 "类型" 为 "路径"，在手机上绘制出螺旋向上的曲线，如图15-161所示。

图15-160 添加另一只蝴蝶   图15-161 绘制路径

20 描边路径。选择画笔工具，选择 "柔边缘" 画笔。在 "画笔" 面板中，设置 "画笔笔尖形状" 的 "间距" 为140%；"形状动态" 的 "大小抖动" 为100%、"最小直径" 为0%、"角度抖动" 和 "圆度抖动" 为0%；"散布" 的 "散布" 为210%，勾选 "两轴" 复选框；勾选 "湿边" 复选框。设置画笔大小为22、前景色为（R230、G171、B255）。单击 "路径" 面板中的 "用画笔描边路径" 按钮，如图15-162所示。

21 继续描边路径。新建图层，再次单击 "用画笔描边路径" 按钮。重复上述步骤。修改画笔 "大小" 为8，新建图层，同样方法描边路径，效果如图15-163所示。

图15-162 描边路径   图15-163 描边后的路径

22 设置光带样式。为一个光带图层添加"外发光"图层样式，设置发光颜色为（R198、G62、B248）、"方法"为柔和、"大小"为3。复制该图层样式给其余三个光带图层。设置自上至下第一、三个图层"图层4"、"图层2"的混合模式为"线性光"，第二个图层"图层3"的混合模式为"强光"，第四个图层"图层1"的混合模式为"柔光"，制作出丰富多变的光晕效果。在"路径"面板中删除路径，效果如图15-164所示

23 创建光带蒙版并完成案例。选中这4个图层，按下快捷键Ctrl+G，将它们编为一组。选中组，给这个组创建一个蒙版。选择画笔工具，设置前景色为黑色，在蒙版上涂抹，隐去部分色带，效果如图15-165所示。按住Alt键向下拖动复制该组。设置组的"不透明度"为60%。将两个光带图层组拖曳到花卉图层组之下，整理各图层，得到最终结果如图15-166所示。

图15-164　为光带添加样式

图15-165　调整光带效果

图15-166　最终效果

15.7　产品包装设计

本例导读	本例制作的是产品包装的设计，产品包装既能保证商品的原有状态及质量在运输、流动、交易、贮存及使用时不受损害和影响，又能对商品进行美化和宣传。本例设计了一款化妆品的包装，设计风格突显了化妆品的健康、自然。
核心技能	• 图层的排列与合成 • 制作投影、阴影等效果 • 对图像进行翻转、旋转、扭曲等操作 • 包装图案的制作
最终文件	Chapter15\Complete\产品包装.psd

01 打开背景文件。执行"文件>打开"命令或按下快捷键Ctrl+O，在弹出的"打开"对话框中选择要打开的素材文件，如图15-167所示。单击"打开"按钮，打开光盘中的素材文件"背景1.jpg"，如图15-168所示。

图15-167 "打开"对话框

图15-168 打开素材文件

02 调整背景。选择"视图>标尺"命令或按下快捷键Ctrl+R，显示标尺，将光标移到标尺上，拖出辅助线至合适的位置，如图15-169所示。在工具箱中选择矩形选框工具▣，框选背景右上角的正方形区域，按下Delete键，将这部分像素删去，按下快捷键Ctrl+H隐藏辅助线，如图15-170所示。

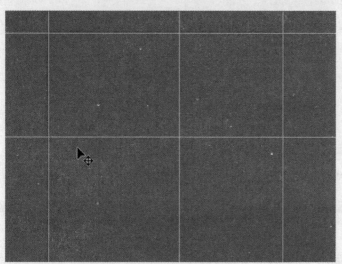

图15-169 添加辅助线

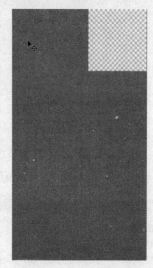

图15-170 减去部分像素

！ 提 示

标尺与辅助线

要想创作出比较精确的设计作品，Photoshop的辅助线和标尺作用很大，打开标尺的快捷键是Ctrl+R，当显示标尺后，再次按下该快捷键可以隐藏标尺。在拖动辅助线时，按住Alt键可以在水平辅助线和垂直辅助线之间切换。按住Alt键单击已经存在的辅助线，也同样可以进行切换。拖动辅助线时按住Shift键将强制辅助线对齐到标尺上的刻度，隐藏辅助线的快捷键是Ctrl+H。

03 将"背景1"切片。按下快捷键Ctrl+H，显示之前的辅助线，选择工具箱中的切片工具▣，按照辅助线所划分的范围进行切割，如图15-171所示。选择"文件>存储为Web所用格式"命令，在弹出的对话框中单击"存储"按钮，如图15-172所示。

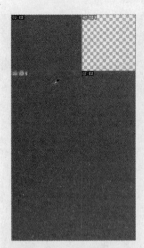

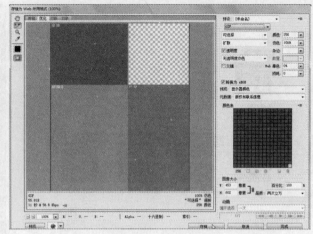

图15-171　创建切片　　　　　　　　图15-172　"存储为Web存储格式"对话框

04 存储"切片"。单击"存储"按钮后弹出"将优化结果存储为"对话框，选择存储位置，并将"文件名"改为"包装拆分部分.gif"，设置"格式"为"仅限图像"、"设置"为"默认设置"、"切片"为"所有切片"，如图15-173所示。单击"保存"按钮，此时在所指定的位置就出现了存储切片的文件夹images，如图15-174所示。

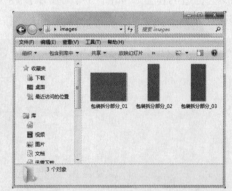

图15-173　"优化结果存储为"对话框　　　　图15-174　images文件夹

⚠ 提示

切片工具的应用

切片工具切割的图片一般都是应用在网页上，本例中应用切片工具主要是为了使分离更快捷、更准确。在存储切片的文件夹中可能会出现多余的切片部分，将不需要的切片部分删除即可，在切割过程中要尽量做到精确。还需要注意一点，切片存储的格式为GIF格式。当我们再次将各切片部分导入Photoshop中时，要记得存储为PSD格式，以方便后续制作。

05 转换图案格式。选择"文件>打开"命令，在弹出的"打开"对话框中，选择images文件夹中的"包装拆分部分_03"文件，单击"打开"按钮，如图15-175所示。选择"文件>存储为"命令，在弹出的对话框中将"格式"设置为"Photoshop(*.PSD;*.PDD)"，单击"确定"按钮。此时所打开的"包装拆分部分_03"已经转为PSD格式了。

06 打开背景花纹图像文件。选择"文件>置入"命令，置入光盘中的素材文件"背景花纹.psd"，如图15-176所示。

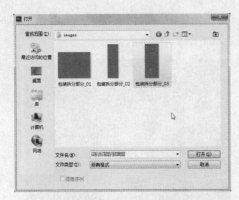

图15-175 "打开"对话框　　　　　　图15-176 置入素材

颜色模式的变化

另存为PSD格式后，图层的颜色模式变为"索引颜色"，此时会发现图层无法编辑，选择"图像>模式>CMYK颜色"命令，将颜色模式更改为CMYK颜色模式，就可以进行编辑了。

07 调整花纹图层。将图像调整到合适的大小和位置，如图15-177所示。在"背景花纹"图层上右击，选择"栅格化图层"命令，将花纹路径转化为图像。选择"图像>调整>色相/饱和度"命令，设置"色相"设置为-18、"饱和度"设置为10，单击"确定"按钮，如图15-178所示。效果如图15-179所示。

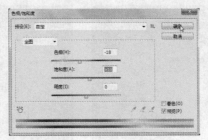

图15-177 调整图像大小　　　图15-178 设置"色相/饱和度"　　　图15-179 调整后效果

08 置入素材。选择"文件>置入"命令，置入光盘中的素材文件"图案背景.psd"，如图15-180所示。将图案调整到合适位置，如图15-181所示。

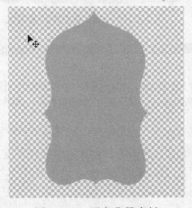
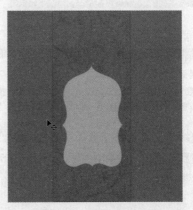

图15-180 图案背景素材　　　　　图15-181 调整素材位置

09 置入图案背景花纹。选择"文件>置入"命令，置入光盘中的素材文件"图案背景花纹.psd"，如图15-182所示。将图案调整到合适的大小和位置，如图15-183所示。

图15-182 图案背景花纹素材

图15-183 调整素材位置

10 载入图案背景图层选区。按住Ctrl键的同时单击"图案背景"图层的缩览图，即可载入该图层的选区，如图15-184所示。

11 删除多余的花纹。选择"图案背景花纹"图层，按下快捷键Ctrl+Shift+I，将选区反转。按下Delete键删除多余的部分，按下快捷键Ctrl+D取消选区，得到如图15-185所示的效果。

图15-184 载入选区

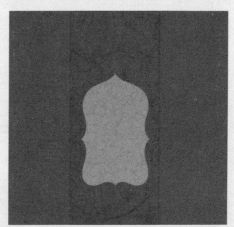

图15-185 删去多余的花纹

ⓘ **提 示**

按照一个图像的形状裁剪另一个图像

选择需要用作裁剪形状的图像图层，按住Ctrl键单击图层缩略图，载入图层选区，然后选择另一个图像图层，此时第一个图层中载入的选区就作用于第二个图像了，按下快捷键Ctrl+Shift+I，反转选区，删除选中的部分，得到的图形就和第一个图形形状完全一致了。

12 置入图案边缘与文字素材。选择"文件>置入"命令，置入光盘中的素材文件"图案边缘.psd"，将图案调整到合适的大小和位置，如图15-186所示。同样的，置入素材文件"文字素材.psd"，并调整大小与位置，如图15-187所示。

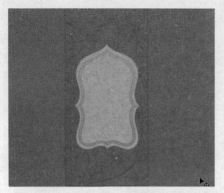

图15-186 添加边缘后的效果

图15-187 添加文字后的效果

13 置入文字和花朵素材。选择"文件>置入"命令，置入光盘中的素材文件"图案上的花朵.psd"和"佰花集文字素材.psd"，并将图案调整到合适的大小和位置，如图15-188和图15-189所示。

图15-188 添加花朵素材

图15-189 添加文字素材

14 添加Logo并输入文字。置入光盘中的素材文件"左下角Logo.psd"，并将图案调整到合适的大小和位置，如图15-190所示。在Logo右侧输入文字SOBASSIN，设置"字体"为Algerian、"大小"为12点。在该文字下方输入"云南赛博兴生物科技有限公司"，设置"字体"为"黑体"、"大小"设置为12点，并调整到合适的位置，如图15-191所示。将设计好的包装正面以PSD格式保存在切片素材所在的文件夹images中。

图15-190 添加Logo

图15-191 输入文字

15 打开切片生成的文件。选择"文件>打开"命令，选择images文件夹中的 "包装拆分部分_02"
文件，单击"打开"按钮，如图15-192所示。选择"文件>存储为"命令，在弹出的对话框中设
置"格式"为"Photoshop(*.PSD;*.PDD)"，单击 "确定"按钮。将"包装拆分部分_02"转换为PSD格
式，将图层的颜色模式更改为CMYK颜色模式。

16 打开背景花纹文件。选择"文件>置入"命令，置入光盘中的素材文件"背景花纹.psd"，如图
15-193所示。

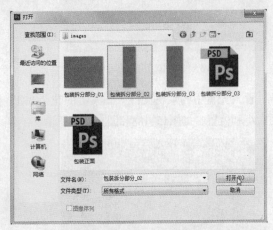

图5-192 "打开"对话框   图5-193 "置入"对话框

17 调整花纹图层。将图像调整到合适的大小和位置后，按下Enter键，如图15-194所示。在"背景
花纹"图层上单击鼠标右键，在弹出的快捷菜单中选择"栅格化图层"， 将花纹路径转化为图
像。选择"图像>调整>色相/饱和度"命令，在弹出的对话框中设置"色相"为-18、"饱和度"设置
为10，单击"确定"按钮，如图15-195所示，设置参数后的花纹效果如图15-196所示。

图15-194 置入花纹   图15-195 "色相/饱和度"对话框   图15-196 调整效果

18 置入素材并输入文字。选择"文件>置入"命令，置入光盘中的素材文件"佰花集文字素材.
psd"，并将图像调整到合适的大小和位置，如图15-197所示。输入如图15-198所示的文字，将
"字体"设置为"宋体"、"大小"设置为12点，并将文字调整到合适的位置。

图15-197　置入文字素材　　　　　　图15-198　输入文字

自定义图形的载入

本例中由于企业的Logo是有特定标准的，所以置入的标志是客户直接提供的素材，这类标志可以在工具箱中选择自定义形状工具进行绘制。在应用形状工具时，如果找不到合适的形状，还可以将外部的形状导入到形状库中，但是外部形状的文件格式必须是CSH格式。选择自定义形状工具，在选项栏中单击形状库下三角按钮  ，打开形状库，如图所示。单击右上角的扩展按钮，选择"载入形状"命令，在弹出的对话框中选择要载入的形状文件，单击"载入"按钮即可。

19 置入标志。选择"文件>置入"命令，置入光盘中的素材文件"可循环标志.psd"、"可循环标志1.psd"、"保质期标志.psd"，并调整各素材图像的大小，将素材摆放至合适的位置，如图15-199所示。

20 置入条形码。选择"文件>置入"命令，置入光盘中的素材文件"条形码.psd"，并调整素材图像大小，将素材调整到合适位置，如图15-200所示。将设计好的包装侧面保存成PSD格式，保存在切片素材所在的文件夹images中。

图15-199　置入标志　　　　　　图15-200　置入条形码

21 打开切片生成的文件。选择"文件>打开"命令，在弹出的"打开"对话框中，选择images文件名夹中的"包装拆分部分_01"，单击"打开"按钮，打开后的图片如图15-201所示。选择"文件>存储为"命令，设置"格式"为"Photoshop(*.PSD;*.PDD)"，单击"确定"按钮。将"包装拆分部分_01"转换为PSD格式，将图层的颜色模式更改为CMYK颜色模式。

22 置入背景花纹。选择"文件>置入"命令，置入光盘中的素材文件"背景花纹.psd"，调整花纹图层的色相/饱和度，调整之前记得要栅格化图层，将"色相"设置为–18、"饱和度"设置为10，单击"确定"按钮，得到的效果如图15-202所示。

图15-201 打开切片文件

图15-202 调整后的效果

23 保存包装顶面。将设计好的包装侧面保存成PSD格式，保存在切片素材所在的文件夹images中，命名为"包装顶面.psd"。

24 打开背景文件。选择"文件>打开"命令或按下快捷键Ctrl+O，打开光盘中的素材文件"背景2.jpg"，如图15-203所示。

25 添加背景花纹。选择"文件>置入"命令，置入光盘中的素材文件"背景花纹.psd"，如图15-204所示。

图15-203 打开背景文件

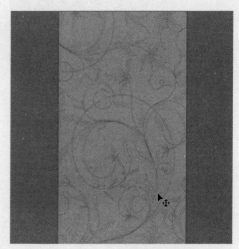
图15-204 置入背景花纹素材

26 删减背景。选择"视图>标尺"或者按下快捷键Ctrl+R，显示标尺，拖动出辅助线到合适的位置，如图15-205所示。在工具箱中选择矩形选框工具▣，框选"背景2.jpg"右上角的正方形区域，按下Delete键，将这部分图像从"背景2.jpg"上删除，如图15-206所示。

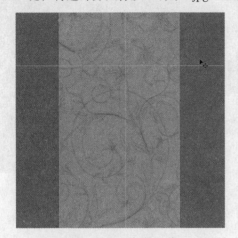
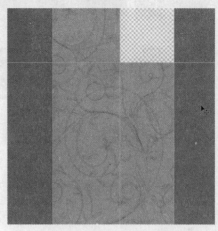

图15-205　添加辅助线　　　　　　　　　　图15-206　删除一部分背景

27 将"背景2"分离成包装盒的3个面。首先复制"背景2"生成3个图层，此时辅助线将"背景2"划分为了3个区域，选择工具箱中的矩形选框工具▣，按照辅助线所划分的范围框分别在两个图层上各选其中两个区域（仅保留一个区域），如图15-207所示。按下Delete删除选中的区域。将3个图层分别保存，此时"背景2"就被分离了。将分离的部分分别命名为"包装正面1.psd"、"包装侧面1.psd"、"包装顶面1.psd"，将它们保存在上一个包装切片所在的文件夹images中，如图15-208所示。

图15-207　分离背景

图15-208　保存分离后的文件

28 打开包装正面1。选择"文件>打开"命令，在弹出的"打开"对话框中选择images文件夹中的"包装正面1.psd"文件，单击"打开"按钮，如图15-209所示。

29 绘制矩形色块。在工具箱中选择矩形工具▣，在合适的位置绘制矩形。双击矩形图层缩览图，在弹出的"拾色器"对话框中设置颜色为（C62、M29、Y51、K0），单击"确定"按钮。将该图层的"不透明度"设置为82%，效果如图15-210所示。

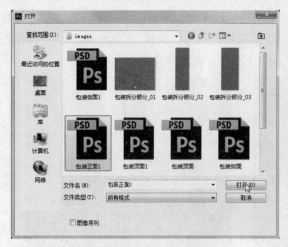

图15-209 "打开"对话框

图15-210 绘制矩形

30 置入素材文字。选择"文件>置入"命令，置入光盘中的素材文件"图案上整体文字素材.psd"，并调整到合适的大小和位置，如图15-211所示。

31 添加Logo并输入文字。选择"文件>置入"命令，置入光盘中的素材文件"左下角Logo.psd"，将图案调整到合适的大小和位置。在Logo右侧输入文字SOBASSIN，设置"字体"为Algerian、"大小"为12点。在该文字下方输入公司名称，设置"字体"为"黑体"、"大小"为12点，并调整到合适的位置，如图15-212所示。

图15-211 置入素材文字

图15-212 置入Logo并输入文字

32 置入素材文字。选择"文件>置入"命令，置入光盘中的素材文件"佰花集文字素材.psd"，并将图案调整到合适的大小和位置，如图15-213所示。将设计好的正面保存成PSD格式，保存在切片素材所在的文件夹images中，这里可以覆盖原有的"包装正面1.psd"。

33 打开包装侧面1。选择"文件>打开"命令，在弹出的"打开"对话框中选择images文件夹中的"包装侧面1.psd"，单击"打开"按钮，如图15-214所示。

图15-213 置入素材文字　　　　　　　　　　　　图15-214 "打开"对话框

34 绘制矩形色块。在工具箱中选择矩形工具■，绘制矩形，并将矩形调整到合适的位置和大小。双击矩形图层缩览图，在弹出的"拾色器"对话框中设置颜色为（C62、M29、Y51、K0），单击"确定"按钮。将该图层的"不透明度"设置为82%，如图15-215所示。

35 置入素材并输入文字。选择"文件>置入"命令，置入光盘中的素材文件 "佰花集文字素材.psd"和"条形码.psd"，并调整素材图像大小与位置。输入文字，这里的文字可以自己设计，设置"字体"为"宋体"、"大小"为12点，将文字调整到合适的位置，如图15-216所示。将设计好的侧面保存成PSD格式，保存在images文件夹中，这里可以覆盖原有的"包装侧面1.psd"。

图15-215 绘制并调整矩形　　　　　　　　　　图15-216 置入素材并输入文字

36 打开背景3素材。选择"文件>打开"命令，打开光盘中的素材文件"背景3.jpg"，如图15-217所示。

37 导入瓶子素材。选择"文件>打开"命令，打开光盘中的素材文件"佰花集 瓶子.jpg"，将瓶子调整到当前文件中的合适位置，如图15-218所示。

图15-217　打开素材

图15-218　导入素材

38 制作瓶子倒影。复制瓶子所在的图层，将复制的图层移到下层。选择复制的图层，按下快捷键 Ctrl+T，右击并选择"垂直翻转"命令，然后将图层的"不透明度"调整到38%，将图像放置在合适的位置，如图15-219所示。在"图层"面板下方单击"创建新组"按钮 ▣，创建新组，将瓶子图层和倒影图层移动到新建的图层组中，将该图层组命名为"瓶子"，如图15-220所示。

图15-219　制作倒影

图15-220　创建图层组

⊘ 提 示

图层组的建立

本例中我们会用到大量的图层组。如果我们设计同一个文件时有多个设计方案的话，可以创建多个图层组，以便于管理和编辑图层。

39 置入包装正面。选择"文件>置入"命令，置入images文件夹中的"包装正面.psd"，调整到合适的大小和位置，按下Enter键。在该图层上右击，在弹出的快捷菜单中选择"栅格化图层"命令，将图层栅格化处理，如图15-221所示。

40 对包装正面进行扭曲变形。按下快捷键Ctrl+T，在当前操作窗口上右击，在弹出的快捷菜单中选择"扭曲"命令，对图像进行变形，如图15-222所示。

图15-221　置入包装正面

图15-222　扭曲变形图像

41 置入包装侧面。选择"文件>置入"命令，置入images文件夹中的"包装侧面.psd"，调整到合适的大小和位置，按下Enter键。在该图层上右击，在弹出的菜单中选择"栅格化图层"命令，将图层栅格化处理，如图15-223所示。

42 对包装正面进行扭曲变形。按下快捷键Ctrl+T，右击并在弹出的快捷菜单中选择"扭曲"命令，对图像进行扭曲变形，如图15-224所示。

图15-223 置入包装侧面

图15-224 扭曲变形图像

43 制作阴影。新建图层并命名为"阴影"，选择"包装侧面"图层，选择"选择>载入选区"命令，在弹出的"载入选区"对话框中单击"确定"按钮。选择"阴影"图层，将前景色设置为黑色，按下快捷键Alt+Backspace，将前景色填充到选区，如图15-225所示。

44 完成阴影的制作。将"阴影"图层的"不透明度"设置为26%，按下快捷键Ctrl+D取消选区，此时就完成了阴影的制作，如图15-226所示。

图15-225 制作阴影

图15-226 调整阴影透明度

45 完成盒盖的制作。这里为了让盒子更美观，更有立体感，我们置入一个盒盖素材。选择"文件>置入"命令，置入光盘中的素材文件"盒盖.jpg"，将盒盖调整到合适的大小和位置，如图15-227所示。

46 制作盒子高光部分。新建图层，在工具箱中选择多边形套索工具🔽，在包装正面右上角绘制三角形选区，右击并选择"羽化"命令，设置羽化值为25。将前景色设置为白色，填充到选区。将图层的"不透明度"设置为6%，完成高光的制作，如图15-228所示。

图15-227　置入盒盖

图15-228　制作高光

47 制作盒子转角处的折痕。在工具箱中选择直线工具✏️，在正面与侧面的连接处，按住Shift键绘制直线，制作出正面与侧面粘连痕迹的效果，如图16-229所示。

48 制作包装正面的倒影。复制"包装正面"图层，选择副本图层，按下快捷键Ctrl+T，右击并在弹出的快捷菜单中选择"垂直翻转"命令，按住Shift+向下方向键，将图像移动到合适的位置。再次右击，在弹出的快捷菜单中选择"扭曲"命令，对图像进行扭曲变形，将副本图层的"不透明度"设置为39%，效果如图15-230所示。

图15-229　制作转角折痕

图15-230　制作包装正面倒影

49 制作包装侧面的倒影。复制"包装侧面"图层，选择副本图层，按下快捷键Ctrl+T，右击并选择"垂直翻转"命令，按住Shift+向下方向键，将图像移动到合适的位置。再次右击，在弹出的快捷菜单中选择"扭曲"命令，对图像进行扭曲变形，将副本图层的"不透明度"设置为39%，得到如图15-231所示的效果。

50 完成倒影的制作。在工具箱中选择直线工具✏️，在正面和侧面倒影连接处绘制直线，栅格化该形状图层后设置图层"不透明度"为51%。按住Ctrl键，选中这3个图层，按下快捷键Ctrl+T，向下移动这3个倒影，得到如图15-232所示的效果。新建图层组，并重命名为"盒子1"，将包装盒用到的所有素材都放置在该图层组中。

图15-231 完成包装侧面倒影

图15-232 完成倒影的制作

51 置入包装正面。选择"文件>置入"命令，置入images文件夹中的"包装正面1.psd"，调整到合适的大小和位置，按下Enter键。在该图层上右击，在弹出的快捷菜单中选择"栅格化图层"命令，将图层栅格化处理，如图15-233所示。

52 对包装正面进行扭曲变形。按下快捷键Ctrl+T，右击并在弹出的快捷菜单中选择"扭曲"命令，对图像进行变形，如图15-234所示。

图15-233 置入包装正面

图15-234 扭曲变形图像

53 置入包装侧面。选择"文件>置入"命令，置入images文件夹中的"包装侧面1.psd"，调整到合适的大小和位置，按下Enter键。在该图层上右击，在弹出的快捷菜单中选择"栅格化图层"命令，将图层栅格化处理，如图15-235所示。

54 对包装侧面进行扭曲变形。按下快捷键Ctrl+T，右击并在弹出的快捷菜单中选择"扭曲"命令，对图像进行扭曲变形，如图15-236所示。

图15-235 置入包装侧面

图15-236 扭曲变形图像

55 绘制阴影。新建图层并命名为"阴影",选择"包装侧面"图层,选择"选择>载入选区"命令,在弹出的"载入选区"对话框中单击"确定"按钮。选择"阴影"图层,将前景色设置为黑色,按下快捷键Alt+Backspace,将前景色填充到选区,如图15-237所示。

56 完成阴影的制作。将"阴影"图层的"不透明度"设置为26%,按下快捷键Ctrl+D取消选区,完成阴影的制作,效果如图15-238所示。

图15-237 绘制阴影

图15-238 完成阴影制作

57 完成盒盖的制作。选择"文件>置入"命令,置入光盘中的素材文件"盒盖.jpg",将盒盖调整到合适的大小和位置,如图15-239所示。

58 制作盒子高光部分。新建图层,选择多边形套索工具,在包装正面右上角绘制三角形选区,右击并选择"羽化"命令,设置羽化值为25。将前景色设置为白色,填充到选区。将图层"不透明度"设置为11%,完成高光的制作,如图15-240所示。

图15-239 置入盒盖

图15-240 制作高光

59 制作盒子的折痕。选择直线工具,在正面与侧面的连接处绘制直线,制作出正面与侧面粘连痕迹的效果,如图16-241所示。

60 制作包装正面的倒影。复制"包装正面1"图层,选择副本图层,按下快捷键Ctrl+T并右击,选择"垂直翻转"命令,按住Shift+向下键,将图像移动到合适的位置。再次右击并选择"扭曲"命令,对图像进行扭曲变形,将包装正面图1层副本的"不透明度"设置为39%,得到如图15-242所示的效果。

图15-241 制作盒子的粘连痕迹

图15-242 制作包装正面倒影

61 制作包装侧面1的倒影。复制"包装侧面1"图层,选择副本图层,按下快捷键Ctrl+T,右击并在弹出的快捷菜单中选择"垂直翻转"命令,将图像移动到合适的位置。再次右击并选择"扭曲"命令,对图像进行扭曲变形,将图层"不透明度"设置为39%,得到如图15-243所示的效果。

62 完成倒影的制作。在工具箱中选择直线工具 ,在正面和侧面倒影连接处绘制直线,栅格化该形状图层后设置图层"不透明度"为51%,得到如图15-244所示的效果。新建图层组并命名为"盒子2",将第2个盒子包装用到的所有素材都放置在该图层组中。

图15-243 完成包装侧面倒影

图15-244 完成倒影的制作

63 为盒子2添加高光效果。新建图层,在工具箱中选择多边形套索工具 ,在第2个盒子右上角绘制三角形选区,右击并选择"羽化"命令,设置羽化值为25。将前景色设置为黑色,填充到选区。将图层"不透明度"设置为81%,完成高光的制作,如图15-245所示。

64 制造桌面效果。在工具箱中选择画笔工具 ,选择一个比较柔软的笔刷,设置"大小"为170像素、"不透明度"为47%、颜色为白色。新建图层,使用画笔在画面的下方进行涂抹,将该涂抹图层的"不透明度"设置为42%,得到最终效果,如图15-246所示。至此,完成本例制作。

图15-245 添加高光

图15-246 最终效果

附录1

Adobe Photoshop CS6培训大纲

本培训大纲针对Photoshop CS6软件，列出了最为关键的知识点。对于这些知识点，应该分了解、熟悉和掌握3个层次递进学习，用户在学习时不应仅停留在理论层面，还应通过大量练习深入掌握这些概念在实际操作中的应用方法。

第1课——掌握Photoshop基础知识

1. 调整Photoshop工作界面
掌握Photoshop的工作环境，包括菜单栏、工具箱、选项栏、面板以及调整面板与工具箱的基本操作。能够根据操作的需要，调整Photoshop工作界面。

2. 图像类型与格式
了解矢量图形与位图图形的异同，以及不同图像格式的特征、用途，包括TIFF、JPEG、PSD、PDF等文件格式。

3. 使用Adobe Bridge 管理图像
掌握Adobe Bridge的基本功能，熟练使用它进行管理、浏览和寻找所需的图形图像文件资源等操作。掌握在Adobe Bridge中查看图片元数据、将常用图片文件夹添加至收藏夹等的方法。

4. Photoshop基本操作
掌握Photoshop的启动与退出操作，并能够设置Photoshop的首选项，了解Photoshop "首选项" 对话框中可设置的内容。

第2课——图像处理基本操作

1. 图像基本操作
掌握对图像文件的各项基本操作，包括打开、创建、保存、查看图像文件，以及重置图像大小、更改画面尺寸。
掌握将图像保存为不同格式时的参数设置，了解 "新建" 对话框中各项参数的含义。
掌握图像文件操作的相关快捷键，并通熟练运用快捷键进行操作。
熟练运用缩放工具、菜单命令、缩放控件与鼠标滚轮对图像进行缩放操作。

2. 图像变换操作
掌握 "自由变换" 命令的功能，包括图像的缩放、移动、变形、旋转等操作。
掌握利用 "变形" 命令将图像变形的方法。

掌握利用预设的变形样式对图像进行变形的方法，以及利用网格调整变形效果的操作。

掌握"操控变形"命令，了解该命令选项栏中各项参数的含义，并能够自主调整变形效果；掌握 Photoshop CS6新增的透视裁剪工具的使用方法。

3. 撤销与恢复操作

掌握撤销操作的方法，区分"编辑"菜单下的"还原"、"前进一步"及"后退一步"命令，可以在上一步、下一步或限定操作步骤数以内的操作步骤间切换，以及利用"历史记录"面板更为直观地执行回退或前进操作。

第3课——选区创建与编辑

1. 选区创建的基本概念

掌握选区的创建模式，包括"新选区"、"添加到选区"、"从选区减去"、"与选区交叉"，了解不同创建模式的异同。

掌握选区羽化的方法，以及"正常"、"固定比例"、"固定大小"这3种选区样式的含义。

2. 创建选区

熟练掌握使用工具创建选区的方法，以及这些工具对应的选项栏中各项参数的含义，包括矩形选框工具、椭圆选框工具、单行选框工具、单列选框工具、套索工具、多边形套索工具、磁性套索工具。

掌握利用颜色创建选区的方法，包括利用魔棒工具选取颜色区域、利用快速选择工具创建选区、利用"色彩范围"命令选取色块等操作。

了解魔棒工具与快速选择工具选项栏中各项参数的含义，以及"色彩范围"对话框中各项参数的含义。

3. 调整选区

掌握"选择"菜单中的各项选区操作命令，包括"反向"、"取消选择"、"羽化"、"变换选区"命令。了解"变换选区"命令与"编辑>变换"命令的区别。

掌握利用切片工具与切片选择工具变换选区的操作方法。

4. 路径与选区

掌握利用钢笔工具创建选区的方法，熟悉钢笔工具选项栏中各项参数含义，能够绘制出直线、曲线与其他常见的路径，并掌握路径与选区的置换方法。

掌握绘制路径后的调整方法，包括调整路径锚点，以及转换光滑型锚点和直线型锚点、添加锚点、删除锚点以及描边路径。

掌握使用"路径"面板管理路径的方法，包括新建路径、删除路径、填充路径等操作。

第4课——图层操作

1. 图层的基本操作

熟悉"图层"面板中各控件的作用，包括"图层混合模式"控件、"不透明度"控件、图层锁定控件、"填充"控件、"指示图层可见性"图标、"链接图层"按钮、"添加图层样式"按钮、"添加图层蒙版"按钮、"创建新的填充或调整图层"按钮、"创建新组"按钮、"创建新图层"按钮、"删除图层"按钮，以及扩展菜单中各扩展命令的功能。

掌握图层的基本操作，能够熟练地创建与选择图层、显示和隐藏图层、复制图层、更改图层名称与颜色、删除图层、调整图层次序、栅格化图层、锁定与解锁图层。

2. 图层组的操作

了解图层组在设计工作中的重要性，掌握创建图层组、嵌套图层组、将图层移入或移出图层组、复制图层组、删除图层组的操作方法。

3. 图层的高级操作

掌握图层的对齐与分布方法，熟悉"图层>对齐"级联菜单中各对齐命令的功能，以及"图层>分布"级联菜单中各分布命令的功能，掌握将图层与选区对齐的方法。

了解"图层复合"的含义，掌握"图层复合"面板中各按钮的功能。掌握合并图层的各种方法，包括向下合并图层、合并可见图层、拼合图层等操作。

4. 图层样式

掌握添加图层样式的操作方法，熟悉各图层样式的设置参数，包括"投影"、"内阴影"、"外发光"、"内发光"、"斜面和浮雕"、"光泽"、"颜色叠加"、"渐变叠加"、"图案叠加"、"描边"图层样式。

掌握图层样式的管理操作，包括显示与隐藏图层样式、复制与粘贴图层样式。

5. 图层混合模式

掌握调整图层混合模式的设置。熟悉各种图层模式的效果异同，以及常用图层样式的混合原理。

6. 填充图层、调整图层与智能对象

掌握填充图层与调整图层的创建、编辑、删除方法，熟悉各类型的填充图层与调整图层的特点及设置方法。

了解智能对象的优点，掌握智能对象的创建、编辑、导出与栅格化的操作方法。

第5课——图像色彩调整

1. 图像色彩模式

熟悉各种色彩模式的特点以及用途，了解常见的输出方式对图像色彩模式的要求。

2. 与色彩简单调整

掌握色彩的简单调整方法，包括给照片去色、反相图像色彩、平均图像色调、调整图像亮度与对比度、调整图像色相饱和度、调整图像阴影高光、调整图像整体色调、调整图像自然饱和度。熟悉调整过程中的参数含义。

掌握使用色阶调整图像明暗的方法，熟悉"色阶"对话框中各参数的含义，能够通过直方图判断照片的状况。

掌握"曲线"、"渐变映射"、"通道混合器"、"黑白"、"阈值"命令更改图像色彩的方法。

掌握利用"替换颜色"命令更改图像中某一种颜色的方法，以及利用"HDR色调"命令扩大图像色彩范围的方法。

第6课——绘制与修饰图像

1. 绘图工具
掌握常见的绘图工具的使用方法，以及对应的选项栏中参数含义，包括画笔工具、橡皮擦工具、魔术橡皮擦工具、混合器画笔工具以及铅笔工具。

熟悉"画笔"面板中各项参数的含义，能够自定义画笔样式。

2. 历史记录画笔工具
了解历史记录画笔工具与历史记录艺术画笔工具的功能异同，掌握两种工具的选项参数含义，并能够利用这两种工具修饰或绘制图像。

3. 创建填充与渐变效果
掌握"填充"命令的功能，以及相关的快捷键操作，并能够自定义填充图案进行填充。

掌握渐变工具的使用方法，并熟悉渐变的保存操作。

4. 绘制几何形状
掌握形状图层的基本操作，以及常见的形状工具的使得方法，包括矩形工具、圆角矩形工具、椭圆工具、多边形工具、直线工具、自定形状工具。

5. 修饰与修复图像
掌握模糊工具、锐化工具、涂抹工具、减淡工具、加深工具、颜色替换工具、仿制图章工具、内容感知移动工具、污点修复画笔工具、修复画笔工具以及修补工具的使用方法，包括各工具对应的选项栏中各参数的含义。

第7课——文字操作

1. 创建文字
掌握创建各种类型文字的方法，包括创建横排文字、竖排文字、点文字、段落文字，以及创建文字选区等操作。

2. 调整文字
熟悉"字符"与"段落"面板中各控件的含义。

掌握沿路径编排文字、在形状内输入文字的操作方法。

掌握栅格化文字图层，以及将文字转换为形状的操作方法。

第8课——蒙版的运用

熟悉"蒙版"面板中各控件的功能。

掌握图层蒙版的常用操作，包括添加、编辑、隐藏、链接、删除图层蒙版。

了解剪贴蒙版、图层蒙版与矢量蒙版的异同，掌握为矢量蒙版添加形状与效果的方法，以及将矢量蒙版转换成图层蒙版的操作方法。

第9课——使用通道选取图像

掌握"通道"面板中各控件的功能，以及扩展菜单中扩展命令的功能。

掌握通道的管理与编辑操作，包括通道的新建、复制、删除、重命名，以及通道选项的设置，并能够熟练地分离与合并通道。

了解专色通道，掌握专色通道的创建与编辑方法，掌握Alpha通道与选区的转换方法。

第10课——滤镜效果

了解滤镜库的概念、使用方法及特点。

掌握常见滤镜组中的各种命令，制作各种扭曲、模糊以及浮雕等效果。

了解智能滤镜的优点，解决为智能对象应用滤镜必须将智能对象栅格化的不足之处。

第11课——3D图像处理

掌握Photoshop的3D功能，包括3D模型的创建与导入，3D对象的旋转、缩放与修改操作。掌握3D场景、3D网格、3D相机、3D材质与3D光源的设置，熟悉关键的参数含义。

掌握3D渲染时的参数设置。

第12课——视频与动画

了解视频图层与"动画"面板，包括时间轴模式和帧动画模式下的"动画"面板，能够创建视频图层，将视频导入图层，并能为视频图层添加效果。

掌握动画的编辑方法，包括利用关键帧设置动画，视频图层的变换。

掌握保存与导出视频文件的方法，了解不同视频格式的特点。

第13课——动作与自动化

1. 动作

熟悉"动作"面板中各控件的功能，掌握动作的录制方法，能够在动作中插入命令以及停止，并能够在录制完成后播放动作。

掌握在"动作"面板中调整与编辑动作的方法，包括重定义动作中命令操作顺序、更改命令参数、复制动作、删除动作以及载入动作。

2. 批处理与全景图像

掌握"批处理"对话框中各项参数的含义，包括"播放"、"源"、"目标"与"错误"选项区域。掌握制作全景图像的两种方法。

第14课——图像的输出应用

掌握图像的Web输出方法，并了解Zoomfy输出操作方法。

掌握打印文件的方法，并熟悉"Photoshop打印设置"对话框中各项参数的含义。

附录2

认证介绍

在学习并掌握本书的所有知识后，读者可以根据自身需要，考虑参加以下几类认证，并可在通过后获取相关证书。

1. ACCD证书

ACCD是Adobe China Certified Designer的简称，此证书由Adobe公司中国代表处颁发，是平面设计领域中较为权威的一种证书。目前此项考核已开展了很多年，并且取得了不俗的成绩，直接体现在有大批经认证合格并取得ACCD证书的考生走上了理想的工作岗位。

在学习完本书后，读者可以通过以下方式参加ACCD考试，并可在通过后获取其证书。

就近参加ACTC（Adobe中国授权培训中心）的考前辅导班，进行考前辅导并获取一个培训号码。由ACTC组织或自己报名参加ACEC（Adobe中国授权考试中心）的定期或不定期的考试，在通过后即可获得相关证书。

需要指出的是如果仅参加Photoshop一门软件的考试，在通过考试后仅能获得ACPE（Adobe China Product Expert）证书，只有通过3门以上相关软件的考试才可以获得ACCD证书。

更多详细信息请浏览http://www.xtactc.com.cn/及http://www.adobeedu.com.cn/。

2. CEAC证书

CEAC是Computer Education Authorization Certification的简称，是由信息产业部信息化推进司推出的国家级认证，已在全国40多个城市成立了53家培训中心。此证书由国家信息化办公室颁发，目标是培养具有分析能力、设计能力以及实践能力的实用型信息化人才。

在学习完本书后，读者可以在就近的CEAC国家信息化培训认证中心参加CEAC考试，在通过后可获取其证书。各地CEAC授权培训机构的名录请参见http://www.ceac.org.cn/ceac/index.asp。

更多详细信息请浏览http://www.ceac.org.cn/。

3. OSTA证书

OSTA证书是由劳动和社会保障部职业技能鉴定中心统一核发的"计算机信息高新技术考试合格证书"。此证书作为反映计算机操作技能水平的基础性职业资格证书，在要求计算机操作能力并实行岗位准入控制的相应职业作为上岗证，在其他就业和职位评聘领域作为计算机相应操作能力的证明。

在学习本书后，可以持身份证（或军人证、无身份证的须持户口本）到经劳动和社会保障部职业技能鉴定中心授权的计算机信息高新技术考试站报名参加考试。具体考试时间可就近咨询考试站，考生也可按考试站的培训和考试时间选择适合自己的时间。

更多具体信息请浏览http://www.osta.org.cn。

附录3

Photoshop CS6常用快捷键一览表

下面将列举Photoshop CS6 中最常用的快捷键,主要涉及到常用工具、文件及编辑操作、图像调整、图层操作、视图操作等方面,这些快捷键有助于读者在进行文件操作时提高效率。

工具箱工具	
V	移动工具
M	选框工具组
L	套索工具组
W	魔棒工具、快速选择工具
C	裁剪工具组
T	文字工具组
J	修复工具组
B	画笔工具组
S	图章工具组
Y	历史记录画笔工具组
E	橡皮擦工具组
G	填充工具组
P	钢笔工具组
A	选择工具组
U	形状工具组
K	3D对象工具组
N	3D相机工具组
H	抓手工具
Z	缩放工具
D	默认前景色、背景色
X	切换前景色、背景色
Q	切换标准模式和快速蒙版模式

编辑操作	
Ctrl+Z	还原/重做前一步操作
Ctrl+Alt+Z	一步一步向前还原

Ctrl+Shift+Z	一步一步向后重做
Ctrl+Shift+F	淡入/淡出
Ctrl+X或F2	剪切选取的图像或路径
Ctrl+C	拷贝选取的图像或路径
Ctrl+Shift+C	合并拷贝
Ctrl+V或F4	将剪贴板的内容粘到图形中
Ctrl+Shift+V	将剪贴板的内容粘到选框中
Ctrl+T	自由变换
Ctrl+Shift+T	自由变换复制的像素数据
Ctrl+Shift+Alt+T	再次变换复制的像素数据并建立副本
Ctrl+BackSpace或Ctrl+Del	用背景色填充所选区域或整个图层
Alt+BackSpace或Alt+Del	用前景色填充所选区域或整个图层
Alt+Ctrl+Backspace	从历史记录中填充
Ctrl+Shift+K	打开"颜色设置"对话框
Ctrl+K	打开"首选项"对话框
Ctrl+1	设置"常规"选项（在"首选项"对话框中）
Ctrl+2	设置"界面"选项（在"首选项"对话框中）
Ctrl+3	设置"文件处理"选项（在"首选项"对话框中）
Ctrl+4	设置"性能"选项（在"首选项"对话框中）
Ctrl+5	设置"光标"选项（在"首选项"对话框中）
Ctrl+6	设置"透明度与色域"选项（在"首选项"对话框中）
Ctrl+7	设置"单位与标尺"选项（在"首选项"对话框中）
Ctrl+8	设置"参考线、网格与切片"选项（在"首选项"对话框中）
Ctrl+9	设置"增效工具"选项（在"首选项"对话框中）
Ctrl+0	设置"文字"选项（在"首选项"对话框中）

图像调整

Ctrl+L	调整色阶
Ctrl+Shift+L	自动调整色阶
Ctrl+Alt+Shift+L	自动调整对比度
Ctrl+M	打开"曲线"对话框
Ctrl+Tab	前移控制点（在"曲线"对话框中）
Ctrl+Shift+Tab	后移控制点（在"曲线"对话框中）
Ctrl+D	取消选择所选通道上所有点（在"曲线"对话框中）
Ctrl+⁻	选择彩色通道（在"曲线"对话框中）
Ctrl+数字	选择单色通道（在"曲线"对话框中）
Ctrl+B	打开"色彩平衡"对话框
Ctrl+U	打开"色相/饱和度"对话框

图像调整

Ctrl+⁻	全图调整（在"色相/饱和度"对话框中）
Ctrl+1	只调整红色（在"色相/饱和度"对话框中）
Ctrl+2	只调整黄色（在"色相/饱和度"对话框中）
Ctrl+3	只调整绿色（在"色相/饱和度"对话框中）
Ctrl+4	只调整青色（在"色相/饱和度"对话框中）
Ctrl+5	只调整蓝色（在"色相/饱和度"对话框中）
Ctrl+6	只调整洋红（在"色相/饱和度"对话框中）
Ctrl+Shift+U	去色
Ctrl+I	反相
Ctrl+Alt+X	打开"抽取"对话框
B	边缘增亮工具（在"抽取"对话框中）
G	填充工具（在"抽取"对话框中）
E	擦除工具（在"抽取"对话框中）
C	清除工具（在"抽取"对话框中）
T	边缘修饰工具（在"抽取"对话框中）
Z	缩放工具（在"抽取"对话框中）
H	抓手工具（在"抽取"对话框中）
F	改变显示模式（在"抽取"对话框中）
Alt+BackSpace	完全删除增亮线（在"抽取"对话框中）
Ctrl+BackSpace	增亮整个抽取对像（在"抽取"对话框中）
Ctrl+Shift+X	打开"液化"对话框
W	向前变形工具（在"液化"对话框中）
R	重建工具（在"液化"对话框中）
S	褶皱工具（在"液化"对话框中）
B	膨胀工具（在"液化"对话框中）
O	左推工具（在"液化"对话框中）
F	冻结工具（在"液化"对话框中）
T	解冻工具（在"液化"对话框中）

图层操作

Ctrl+Shift+N	新建图层
Ctrl+Shift+J	通过拷贝的图层
Ctrl+J	通过剪切的图层
Ctrl+E	向下合并图层
Ctrl+Shift+E	合并可见图层
Ctrl+Alt+Shift+E	盖印可见图层
Alt +Ctrl+G	创建剪贴蒙版

图层操作

Alt+ [	选择下一个图层
Alt+]	选择上一个图层
Ctrl+]	将当前图层上移一层
Ctrl+ [	将当前图层下移一层
Ctrl+Shift+]	将图层移动到顶部
Ctrl+Shift+ [	将图层移动到底部
Ctrl+G	图层编组
Ctrl+Shift+G	取消图层编组

文字处理

Ctrl+Shift+L	左对齐或顶对齐
Ctrl+Shift+C	中对齐
Ctrl+Shift+R	右对齐或底对齐
Ctrl+A	选择所有字符
Alt+ ↓	将行距减小2点
Alt+ ↑	将行距增大2点
Shift+Alt+ ↓	将基线位移减小2点
Shift+Alt+ ↑	将基线位移增加2点

视图操作

Ctrl++	放大视图
Ctrl+-	缩小视图
Ctrl+0	满画布显示
Ctrl+Alt+0	实际像素显示
Shift+Ctrl+Page Up	向左滚动10 个单位
Ctrl+~	显示彩色通道
Ctrl+	显示单色通道
Shift+Ctrl+Page Down	向右滚动10 个单位
Alt+Ctrl+;	锁定参考线
Ctrl+H	显示/ 隐藏选区
Ctrl+Shift+H	显示/ 隐藏路径
Ctrl+R	显示/ 隐藏标尺
Ctrl+'	显示/ 隐藏网格
Ctrl+;	显示/ 隐藏参考线
~	显示复合信道
打开/ 关闭色域警告	Ctrl+Shift+Y

附录4

课后练习题答案

下面为每章的课后练习题答案，根据答案检验每章所学成果，可以帮助读者更快地理解本章主要内容和Photoshop技巧，迅速达到学习知识和掌握操作技能的目的。

第一章

1. ABCD   2. A   3. ACD

第二章

1. B   2. A

第三章

1. ABCD   2. AD   3. B
4. BC   5. ABCD

第四章

1. ABD   2. ABC   3. ABCD

第五章

1. D   2. B   3. A
4. C

第六章

1. D   2. C   3. C

第七章

1. A   2. C   3. A

第八章

1. A   2. D   3. D
4. D

第九章

1. D   2. D

第十章

1. A   2. A   3. B

第十一章

1. B   2. A   3. D

第十二章

1. B   2. ABC   3. C
4. B   5. D
6. 渐隐 交叉渐隐 白色渐隐 黑色渐隐 彩色渐隐

第十三章

1. CG   2. C   3. C
4. 停止播放/记录 开始记录 播放选定的动作 创建新组 创建新动作 删除
5. 加速 逐步 暂停

第十四章

1. B   2. A   3. B
4. D